国家级一流本科专业建设成果教材

吉林省特色高水平建设学科研究生教材

Advanced Fluid Mechanics

高等流体力学

蔡伟华　主编

李　倩　李浩然　孙建闯　副主编

化学工业出版社

·北京·

内容简介

《高等流体力学》共分 8 章，系统地介绍了流体力学的进阶理论与知识，具体包括流体力学的基本概念和基本方程、理想不可压缩流体无旋流动、流体的旋涡运动、纳维-斯托克斯方程的解析解、边界层流动、湍流基本理论、可压缩流体流动以及湍流高精度数值模拟方法等，为读者进一步理解和解决流体流动问题提供必要的基础理论。

本书可作为能源动力、航空航天、机械、化工、环境工程、水利、土木工程、核科学与技术等非力学的工科专业低年级研究生和高年级本科生教学用书，并可供相关专业教师、科研人员和工程技术人员参考阅读。

图书在版编目（CIP）数据

高等流体力学 / 蔡伟华主编；李倩，李浩然，孙建闯副主编. — 北京：化学工业出版社，2025. 9.
（国家级一流本科专业建设成果教材）（吉林省特色高水平建设学科研究生教材）. — ISBN 978-7-122-49018-6

Ⅰ. O35

中国国家版本馆 CIP 数据核字第 2025Q3E653 号

责任编辑：于　水　　　文字编辑：王晶晶　师明远
责任校对：宋　玮　　　装帧设计：韩　飞

出版发行：化学工业出版社
　　　　　（北京市东城区青年湖南街 13 号　邮政编码 100011）
印　　装：北京天宇星印刷厂
710mm×1000mm　1/16　印张 13　字数 243 千字
2025 年 10 月北京第 1 版第 1 次印刷

购书咨询：010-64518888　　　售后服务：010-64518899
网　　址：http://www.cip.com.cn
凡购买本书，如有缺损质量问题，本社销售中心负责调换。

定　　价：59.00 元

前　言

党的二十大报告强调了"加快实现高水平科技自立自强"和"打赢关键核心技术攻坚战"在现代科技发展中的重要性。高等流体力学作为基础学科，在多个"卡脖子"技术（如能源动力、航空航天、船舶与海洋工程等）突破中具有核心作用。

高等流体力学是动力工程及工程热物理及相近学科的一门重要的基础理论课程。本书主要针对工科高等院校低年级研究生和高年级本科生编写，期望读者在本科流体力学课程知识的基础上，通过本课程的学习，能够进一步加深理解流体力学的基础理论及其研究方法，具备掌握流体力学相关问题的分析与解决能力，为后续专业课程的学习与科学研究奠定流体力学基础。

本书力求基本概念阐述清晰，基本方程推导过程详细，文字简洁易懂，希望能为读者提供一本易于理解和学习高等流体力学基础理论的教材。本书共分8章。第1章首先对流体运动的描述方法、基本概念和方程进行了简要介绍和推导；第2章介绍了理想不可压缩流体无旋流动的基本知识及经典的绕圆柱体流动；第3章对流体的旋涡运动进行了介绍；第4章详细讲述了定常和非定常平行剪切流动、极低雷诺数流动等经典问题的解析解；第5章介绍了边界层流动的基本概念、方程及近似计算；第6章是对湍流基本概念、统计方法、基本方程及湍流模式理论的介绍；第7章介绍了可压缩流动的基本概念和激波特征；第8章对湍流高精度数值模拟方法进行了介绍。附录给出了场论和张量的相关基础知识。

全书由东北电力大学蔡伟华主编。蔡伟华编写了第4章、第6章、第8章和附录，李倩编写了第5章和第7章，李浩然编写了第2章和第3章，孙建闯编写了第1章。此外，哈尔滨工业大学曹慧哲参编了第8章和习题；哈尔滨工程大学郑鑫参编了第6章和附录，王悦参编了第4章和习题。全书由蔡伟华负责统稿审定。

衷心感谢东北电力大学在本书撰写和出版过程中给予的大力支持！

本书承蒙天津大学李凤臣教授细致审阅，并提出了宝贵的修改意见和建议，在此表示衷心的感谢！

受编者学识所限，书中若有疏漏和不足之处，恳请读者给予批评指正！

编者

2025.4 于美丽的吉林市

目　录

第 1 章

流体力学基础

流体力学是研究流体运动规律及其与固体相互作用的基础学科，广泛应用于工程学和自然科学等多个领域。流体运动遵循质量守恒、动量守恒和能量守恒三个基本定律。这些守恒定律的数学表达形式构成了流体力学的基本方程组，是分析流体力学问题的重要基础。

本章将介绍描述流体运动的两种方法——拉格朗日法和欧拉法。同时，还将讨论速度分解定理、应力张量、雷诺输运定理以及流体运动基本方程。

1.1 描述流体运动的两种方法

根据流体的连续介质模型假设，在流场中的每一时刻和每一空间点，都对应着唯一的一个流体质点。因此，描述流体运动就有两种不同着眼点的方法，分别称为拉格朗日（Lagrange）法和欧拉（Euler）法。

1.1.1 拉格朗日法

拉格朗日法，也称为随体法，是研究流体运动的一种方法。它通过分析流场中每个流体质点的物理量随时间的变化，来探讨整个流场的运动规律。其基本思路是对每个流体质点进行标记，流体质点的物理量可以表示为拉格朗日坐标和时间的函数。假设拉格朗日坐标为 (a, b, c)，则以这些坐标表示的流体质点的物理量，如矢径、速度、加速度和压强等，在任意 t 时刻的值可表示为 a、b、c 和 t 的函数。

在直角坐标系中，任一流体质点 (a, b, c) 的位置可表示为

$$x_i = x_i(a,b,c,t) \quad i=1,2,3 \tag{1-1}$$

或

$$\left.\begin{array}{l} x = x(a,b,c,t) \\ y = y(a,b,c,t) \\ z = z(a,b,c,t) \end{array}\right\} \tag{1-2}$$

当 a、b、c 固定时，上式代表某个确定流体质点的运动轨迹；当 t 确定时，上式表示 t 时刻各流体质点所处的空间位置。式(1-1) 还可用流体质点的矢径来表示，即

$$\boldsymbol{r} = \boldsymbol{r}(a,b,c,t) \tag{1-3}$$

同样，流体质点速度的拉格朗日法描述为

$$\boldsymbol{u} = \boldsymbol{u}(a,b,c,t) \tag{1-4}$$

以 (a,b,c) 标记的流体质点速度是该质点矢径 $\boldsymbol{r}$ 的时间变化率，因而有

$$\begin{aligned} \boldsymbol{u}(a,b,c,t) &= \lim_{\Delta t \to 0} \frac{\boldsymbol{r}(a,b,c,t+\Delta t) - \boldsymbol{r}(a,b,c,t)}{\Delta t} \\ &= \frac{\partial \boldsymbol{r}(a,b,c,t)}{\partial t} \end{aligned} \tag{1-5}$$

可见，在式(1-5)中对 t 求导数时，a、b、c 在求导中是不变的。

流体质点加速度的拉格朗日法描述为

$$\boldsymbol{a} = \boldsymbol{a}(a,b,c,t) \tag{1-6}$$

同理，它是该流体质点速度的时间变化率，因而有

$$\begin{aligned} \boldsymbol{a}(a,b,c,t) &= \lim_{\Delta t \to 0} \frac{\boldsymbol{u}(a,b,c,t+\Delta t) - \boldsymbol{u}(a,b,c,t)}{\Delta t} \\ &= \frac{\partial \boldsymbol{u}(a,b,c,t)}{\partial t} \\ &= \frac{\partial^2 \boldsymbol{r}(a,b,c,t)}{\partial t^2} \end{aligned} \tag{1-7}$$

同样，流体质点密度和压强的拉格朗日法描述为

$$\left.\begin{array}{l} \rho = \rho(a,b,c,t) \\ p = p(a,b,c,t) \end{array}\right\} \tag{1-8}$$

1.1.2 欧拉法

欧拉法，亦称局部法，是研究流体运动的另一种方法。该方法关注流场中空间点的流体运动物理量随时间的变化，以分析整个流场。其基本思路是将流体物理量表示为欧拉坐标和时间的函数。在流动过程中，同一空间点在不同时刻由不同流体质点占据，因此，欧拉法描述的是这些空间点上不同流体质点的物理量。

与之相比，拉格朗日法则侧重于流体质点本身，而非空间点。

流体速度的欧拉法描述为

$$\boldsymbol{u} = \boldsymbol{u}(x, y, z, t) \tag{1-9}$$

或

$$u_i = u_i(x, y, z, t) \quad i = 1, 2, 3 \tag{1-10}$$

或

$$\left. \begin{array}{l} u = u(x, y, z, t) \\ v = v(x, y, z, t) \\ w = w(x, y, z, t) \end{array} \right\} \tag{1-11}$$

式(1-11) 表示在空间点 (x, y, z) 上 t 时刻的流体速度。其中，空间点坐标 x、y、z 和时间 t 称为欧拉变量。

同样，其他物理量如压强 p、温度 T 和密度 ρ 的欧拉法描述为

$$\left. \begin{array}{l} p = p(x, y, z, t) \\ T = T(x, y, z, t) \\ \rho = \rho(x, y, z, t) \end{array} \right\} \tag{1-12}$$

1.1.3　拉格朗日法与欧拉法的相互转换

如果标记参数为 (a, b, c) 的流体质点，在 t 时刻正好到达空间点 (x, y, z) 上，对于任一物理量 ϕ，则有

$$\phi = \phi(x, y, z, t) = \phi[x(a, b, c, t), y(a, b, c, t), z(a, b, c, t), t] = \phi(a, b, c, t) \tag{1-13}$$

可见，两者描述的是同一种流动，这说明两种描述方法之间存在联系，可以相互转换。

（1）由拉格朗日法转换为欧拉法

在直角坐标系中，已知流体质点的运动规律为式(1-2) 以及流体物理量的拉格朗日法描述 $\phi = \phi(a, b, c, t)$，求流体物理量的欧拉法描述 $\phi = \phi(x, y, z, t)$。

对于式(1-2)，如果其函数行列式满足下列关系，即

$$\frac{\partial(x, y, z)}{\partial(a, b, c)} = \begin{vmatrix} \dfrac{\partial x}{\partial a} & \dfrac{\partial x}{\partial b} & \dfrac{\partial x}{\partial c} \\ \dfrac{\partial y}{\partial a} & \dfrac{\partial y}{\partial b} & \dfrac{\partial y}{\partial c} \\ \dfrac{\partial z}{\partial a} & \dfrac{\partial z}{\partial b} & \dfrac{\partial z}{\partial c} \end{vmatrix} \neq 0 \text{ 或} \infty \tag{1-14}$$

则可从式(1-2) 反解得到

$$
\left.\begin{array}{l}
a=a(x,y,z,t)\\
b=b(x,y,z,t)\\
c=c(x,y,z,t)
\end{array}\right\} \tag{1-15}
$$

将式(1-15) 代入 $\phi=\phi(a,b,c,t)$ 即完成了转换。

例 1-1 已知拉格朗日法描述

$$
\begin{cases}
x=a\,e^{t}\\
y=b\,e^{-t}
\end{cases}
$$

求速度和加速度的欧拉法描述。

解 速度和加速度的拉格朗日法描述为

$$
u=\frac{\partial x}{\partial t}=a\,e^{t},\quad v=\frac{\partial y}{\partial t}=-b\,e^{-t}
$$

$$
a_x=\frac{\partial u}{\partial t}=a\,e^{t},\quad a_y=\frac{\partial v}{\partial t}=b\,e^{-t}
$$

再由已知条件得

$$
a=x\,e^{-t},\quad b=y\,e^{t}
$$

将此结果代入上述两式，可得速度和加速度的欧拉法描述，即

$$
u=a\,e^{t}=x,\quad v=-b\,e^{-t}=-y
$$

$$
a_x=a\,e^{t}=x,\quad a_y=b\,e^{-t}=y
$$

（2）由欧拉法转换为拉格朗日法

在直角坐标系中，已知流动的速度场 $\boldsymbol{u}=\boldsymbol{u}(x,y,z,t)$ 和流体物理量 $\phi=\phi(x,y,z,t)$，求流体质点的运动规律和 $\phi=\phi(a,b,c,t)$。

根据式(1-5)，流体质点的速度为 $\boldsymbol{u}=\mathrm{d}\boldsymbol{r}/\mathrm{d}t$，或者

$$
\left.\begin{array}{l}
\dfrac{\mathrm{d}x}{\mathrm{d}t}=u(x,y,z,t)\\[2mm]
\dfrac{\mathrm{d}y}{\mathrm{d}t}=v(x,y,z,t)\\[2mm]
\dfrac{\mathrm{d}z}{\mathrm{d}t}=w(x,y,z,t)
\end{array}\right\} \tag{1-16}
$$

在 u、v 和 w 已知的情况下，式(1-16) 构成一个一阶的常微分方程组。

求解式(1-16)，可得

$$
\left.\begin{array}{l}
x=x(c_1,c_2,c_3,t)\\
y=y(c_1,c_2,c_3,t)\\
z=z(c_1,c_2,c_3,t)
\end{array}\right\} \tag{1-17}
$$

式中，c_1、c_2 和 c_3 为积分常数，它们应由初始条件来确定。若设 $t=t_0$（可根据需要自设，通常设 $t=0$）时，$(x,y,z)=(a,b,c)$，即设

$$a = x(c_1, c_2, c_3, t_0) \\ b = y(c_1, c_2, c_3, t_0) \\ c = z(c_1, c_2, c_3, t_0) \quad\quad\quad (1\text{-}18)$$

求解式(1-18)，可得

$$c_1 = c_1(a, b, c, t_0) \\ c_2 = c_2(a, b, c, t_0) \\ c_3 = c_3(a, b, c, t_0) \quad\quad\quad (1\text{-}19)$$

将式(1-19)代入式(1-17)，可以得到欧拉变数与拉格朗日变数之间的关系式，即

$$x = x(a, b, c, t) \\ y = y(a, b, c, t) \\ z = z(a, b, c, t) \quad\quad\quad (1\text{-}20)$$

这就是流体质点的运动规律，也就是运动的拉格朗日法描述。只要将式(1-20)代入 $\phi = \phi(x, y, z, t)$ 即完成了转换。可见，在上述的转换过程中，获得一阶常微分方程组式(1-16)的解析解是关键所在。

例 1-2　设已知欧拉法描述

$$u = x, \quad v = -y$$

和初始条件 $t = 0$ 时 $x = a$，$y = b$。求速度和加速度的拉格朗日法描述。

解　这时先由

$$\frac{\mathrm{d}x}{\mathrm{d}t} = u = x, \quad \frac{\mathrm{d}y}{\mathrm{d}t} = v = -y$$

解出

$$x = c_1 \mathrm{e}^t, \quad y = c_2 \mathrm{e}^{-t}$$

再利用初始条件：$t = 0$ 时，$(x, y) = (a, b)$，即得

$$c_1 = a, \quad c_2 = b$$

因而有

$$x = a\mathrm{e}^t, \quad y = b\mathrm{e}^{-t}$$

这就是流体质点的运动规律，也就是运动的拉格朗日法描述的关键表达式。

代回已知关系，可得

$$u = x = a\mathrm{e}^t, \quad v = -y = -b\mathrm{e}^{-t}$$

再由此得

$$a_x = \frac{\partial u}{\partial t} = a\mathrm{e}^t, \quad a_y = \frac{\partial v}{\partial t} = b\mathrm{e}^{-t}$$

1.1.4　随体导数

流体质点的物理量随时间的变化率称为随体导数，或物质导数、质点导数。

按拉格朗日法描述，由于拉格朗日变量 a、b、c 不随时间变化，因此物理量的随体导数就是跟随质点 (a,b,c) 的物理量对时间 t 的偏导数。

例如，速度 $\boldsymbol{u}(a,b,c,t)$ 是矢径 $\boldsymbol{r}(a,b,c,t)$ 对时间的偏导数。

$$\boldsymbol{u}(a,b,c,t)=\frac{\partial \boldsymbol{r}(a,b,c,t)}{\partial t} \tag{1-21}$$

加速度 $\boldsymbol{a}(a,b,c,t)$ 是速度 $\boldsymbol{u}(a,b,c,t)$ 对时间的偏导数。

$$\boldsymbol{a}(a,b,c,t)=\frac{\partial \boldsymbol{u}(a,b,c,t)}{\partial t}=\frac{\partial^2 \boldsymbol{r}(a,b,c,t)}{\partial t^2} \tag{1-22}$$

按欧拉法描述流体运动时，物理量速度可表示为 $\boldsymbol{u}=\boldsymbol{u}(x,y,z,t)$，式(1-22) 中 $\partial \boldsymbol{u}/\partial t$ 并不表示随体导数，它只反映速度在空间点 (x,y,z) 处随时间的变化率。而随体导数的本质是跟随某一时刻位于 (x,y,z) 空间点上的特定流体质点，考查该流体质点所具有的物理量随时间的变化率。这里的物理量始终取自同一个流体质点，而非固定的空间点 (x,y,z)。由于该流体质点是运动的，即 x、y、z 是变化的。因此，$\boldsymbol{u}=\boldsymbol{u}(x,y,z,t)$ 的随体导数是流体质点的加速度，表示如下：

$$\begin{aligned}
\boldsymbol{a}(x,y,z,t)&=\frac{\mathrm{D}\boldsymbol{u}(x,y,z,t)}{\mathrm{D}t}\\
&=\frac{\partial \boldsymbol{u}}{\partial t}+\frac{\partial \boldsymbol{u}}{\partial x}\frac{\partial x}{\partial t}+\frac{\partial \boldsymbol{u}}{\partial y}\frac{\partial y}{\partial t}+\frac{\partial \boldsymbol{u}}{\partial z}\frac{\partial z}{\partial t}\\
&=\frac{\partial \boldsymbol{u}}{\partial t}+(\boldsymbol{u}\cdot\nabla)\boldsymbol{u}
\end{aligned} \tag{1-23}$$

或

$$\left.\begin{aligned}
a_x&=\frac{\mathrm{D}u(x,y,z,t)}{\mathrm{D}t}=\frac{\partial u}{\partial t}+(\boldsymbol{u}\cdot\nabla)u\\
a_y&=\frac{\mathrm{D}v(x,y,z,t)}{\mathrm{D}t}=\frac{\partial v}{\partial t}+(\boldsymbol{u}\cdot\nabla)v\\
a_z&=\frac{\mathrm{D}w(x,y,z,t)}{\mathrm{D}t}=\frac{\partial w}{\partial t}+(\boldsymbol{u}\cdot\nabla)w
\end{aligned}\right\} \tag{1-24}$$

式中，$\mathrm{D}/\mathrm{D}t$ 表示随体导数或物质导数或质点导数。

可见，欧拉法描述中的流体质点加速度由两部分组成，其中 $(\boldsymbol{u}\cdot\nabla)\boldsymbol{u}$ 称为迁移加速度，是由流场的不均匀性引起的；$\partial \boldsymbol{u}/\partial t$ 称为当地加速度，表示同一位置上，流体质点速度对于时间的变化率，它是由流场的不定常性引起的。

任何流体质点的物理量，无论是标量还是矢量，其随体导数均可表述为

$$\frac{\mathrm{D}F}{\mathrm{D}t}=\frac{\partial F}{\partial t}+(\boldsymbol{u}\cdot\nabla)F \tag{1-25}$$

式中，F 表示流场中的任一物理量；右边第一项称为当地导数；右边第二项称

为迁移导数。

这是流体力学中一个重要的基本公式。只要流体质点的物理量采用欧拉法描述，其随体导数即流体质点物理量的时间变化率，就将采用这一公式进行计算。

总结：拉格朗日法和欧拉法只是着眼点不同，实质上是等价的。 在解析具体流动问题时，一般只选择其中一种即可，在流体的连续介质模型假设下，采用欧拉法比拉格朗日法更具优势，主要是因为：①欧拉法描述的是物理量的场，便于采用场论这一数学工具来研究流体运动。②采用拉格朗日法时，流动加速度是二阶偏导数，而采用欧拉法时，流动加速度为一阶偏导数，且相应的边界条件和数学处理相对容易。③在大多数实际流动中，并不关心每一个流体质点的来龙去脉。如果确实需要知道每一个流体质点的运动规律，那么，只要在得到速度分布后，从欧拉法转换到拉格朗日法即可。因此，欧拉法已成为流体力学研究的主要描述方法。

1.2　速度分解定理

由理论力学可知，任一刚体的运动可分解为平动和转动两种运动之和。然而，流体不同于刚体，它具有流动性和易变形性。因此，流体微团的运动除了平动和转动外，还包括变形运动。下面将讨论一般情况下流体微团运动速度的分解。

在 t 时刻，在流场中任取一流体微团，如图 1-1 所示。$M_0(\boldsymbol{r}) = M_0(x, y, z)$ 点处的速度为 $\boldsymbol{u}_0$，$M(\boldsymbol{r} + \mathrm{d}\boldsymbol{r}) = M(x + \mathrm{d}x,\ y + \mathrm{d}y,\ z + \mathrm{d}z)$ 在 M_0 点的邻域内，其速度为 $\boldsymbol{u}$，当 $|\mathrm{d}\boldsymbol{r}|$ 为小量时，根据 Taylor 展开式，可得 M 点处的速度 $\boldsymbol{u}$ 为

$$\boldsymbol{u} = \boldsymbol{u}_0 + \frac{\partial \boldsymbol{u}}{\partial x}\mathrm{d}x + \frac{\partial \boldsymbol{u}}{\partial y}\mathrm{d}y + \frac{\partial \boldsymbol{u}}{\partial z}\mathrm{d}z \qquad (1\text{-}26)$$

利用张量表示法可将式(1-26)写成

$$u_i = u_{0i} + \frac{\partial u_i}{\partial x_j}\mathrm{d}x_j \qquad (1\text{-}27)$$

图 1-1　流体微团上的两点

式中，$\dfrac{\partial u_i}{\partial x_j}$ 为一个二阶张量，它可以进一步分解为一个对称张量和一个反对称张量，即

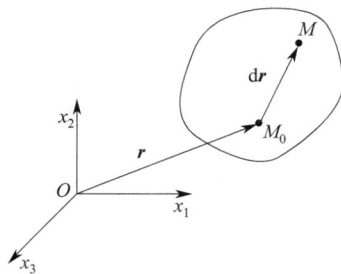

$$\frac{\partial u_i}{\partial x_j} = \frac{1}{2}\left(\frac{\partial u_i}{\partial x_j}+\frac{\partial u_j}{\partial x_i}\right)+\frac{1}{2}\left(\frac{\partial u_i}{\partial x_j}-\frac{\partial u_j}{\partial x_i}\right)=S_{ij}+\Omega_{ij} \tag{1-28}$$

式中，S_{ij} 称为**变形速率张量**，在直角坐标系下可展开为

$$[\boldsymbol{S}]=[S_{ij}]=\begin{bmatrix} S_{xx} & S_{xy} & S_{xz} \\ S_{yx} & S_{yy} & S_{yz} \\ S_{zx} & S_{zy} & S_{zz} \end{bmatrix}$$

$$=\begin{bmatrix} \dfrac{\partial u}{\partial x} & \dfrac{1}{2}\left(\dfrac{\partial u}{\partial y}+\dfrac{\partial v}{\partial x}\right) & \dfrac{1}{2}\left(\dfrac{\partial u}{\partial z}+\dfrac{\partial w}{\partial x}\right) \\[2mm] \dfrac{1}{2}\left(\dfrac{\partial v}{\partial x}+\dfrac{\partial u}{\partial y}\right) & \dfrac{\partial v}{\partial y} & \dfrac{1}{2}\left(\dfrac{\partial v}{\partial z}+\dfrac{\partial w}{\partial y}\right) \\[2mm] \dfrac{1}{2}\left(\dfrac{\partial w}{\partial x}+\dfrac{\partial u}{\partial z}\right) & \dfrac{1}{2}\left(\dfrac{\partial w}{\partial y}+\dfrac{\partial v}{\partial z}\right) & \dfrac{\partial w}{\partial z} \end{bmatrix} \tag{1-29}$$

可见，S_{ij} 有 9 个分量，但独立分量只有 6 个。除对角线分量外，非对角线分量两两对应相等，$S_{ij}=S_{ji}$，因此，S_{ij} 是一个对称张量。式（1-29）中，$S_{xx}=\dfrac{\partial u}{\partial x}$、$S_{yy}=\dfrac{\partial v}{\partial y}$、$S_{zz}=\dfrac{\partial w}{\partial z}$ 为对角线分量，表示物质线元沿坐标轴方向的线变形速率；$S_{xy}=S_{yx}=\dfrac{1}{2}\left(\dfrac{\partial u}{\partial y}+\dfrac{\partial v}{\partial x}\right)$、$S_{yz}=S_{zy}=\dfrac{1}{2}\left(\dfrac{\partial v}{\partial z}+\dfrac{\partial w}{\partial y}\right)$、$S_{zx}=S_{xz}=\dfrac{1}{2}\left(\dfrac{\partial w}{\partial x}+\dfrac{\partial u}{\partial z}\right)$ 为非对角线分量，称为剪切变形速率。

式（1-28）中，Ω_{ij} 称为**旋转速率张量**，在直角坐标系下可展开为

$$[\boldsymbol{\Omega}]=[\Omega_{ij}]=\begin{bmatrix} 0 & \dfrac{1}{2}\left(\dfrac{\partial u}{\partial y}-\dfrac{\partial v}{\partial x}\right) & \dfrac{1}{2}\left(\dfrac{\partial u}{\partial z}-\dfrac{\partial w}{\partial x}\right) \\[2mm] \dfrac{1}{2}\left(\dfrac{\partial v}{\partial x}-\dfrac{\partial u}{\partial y}\right) & 0 & \dfrac{1}{2}\left(\dfrac{\partial v}{\partial z}-\dfrac{\partial w}{\partial y}\right) \\[2mm] \dfrac{1}{2}\left(\dfrac{\partial w}{\partial x}-\dfrac{\partial u}{\partial z}\right) & \dfrac{1}{2}\left(\dfrac{\partial w}{\partial y}-\dfrac{\partial v}{\partial z}\right) & 0 \end{bmatrix}$$

$$=\begin{bmatrix} 0 & -\omega_z & \omega_y \\ \omega_z & 0 & -\omega_x \\ -\omega_y & \omega_x & 0 \end{bmatrix} \tag{1-30}$$

由式（1-30）可知，对角线分量为零，非对角线分量两两互为负数，可以表示为 $\Omega_{ij}=-\Omega_{ji}$，是一个反对称张量，它只有 3 个独立分量，其对应的物理量表示流体微团的旋转角速度 $\boldsymbol{\omega}$。将式（1-28）代入式（1-27），可得

$$u_i=u_{0i}+S_{ij}\,\mathrm{d}x_j+\Omega_{ij}\,\mathrm{d}x_j \tag{1-31}$$

将式（1-31）写成矢量形式，并注意到 $\Omega_{ij}\,\mathrm{d}x_j$ 为反对称张量右点乘一矢量，

可写成 $\boldsymbol{\omega} \times \mathrm{d}\boldsymbol{r}$ 或 $\left(\dfrac{1}{2}\nabla \times \boldsymbol{u}\right) \times \mathrm{d}\boldsymbol{r}$，于是

$$\boldsymbol{u} = \boldsymbol{u}_0 + [\boldsymbol{S}] \cdot \mathrm{d}\boldsymbol{r} + \left(\frac{1}{2}\nabla \times \boldsymbol{u}\right) \times \mathrm{d}\boldsymbol{r} \tag{1-32}$$

即为亥姆霍兹（Helmholtz）速度分解定理的一般形式，它描述了流体微团上任意点与参考点之间的速度关系。

亥姆霍兹速度分解定理可以表达为：流体微团上任意一点的速度可以分为三个部分：① 随同基点（M_0 点）的平动速度 $\boldsymbol{u}_0$；② 绕基点的转动速度 $\left(\dfrac{1}{2}\nabla \times \boldsymbol{u}\right) \times \mathrm{d}\boldsymbol{r}$；③流体微团变形引起的变形速度 $[\boldsymbol{S}] \cdot \mathrm{d}\boldsymbol{r}$。因此，亥姆霍兹速度分解定理可以表述为：流体微团的运动速度是平动速度、转动速度和变形速度这三部分的矢量和。该定理的意义在于，它能够将流体的旋转运动从整体运动中分离出来，从而区分流动是否有旋，进而分别对无旋运动和有旋运动进行研究。当流体处于无旋流动状态时，可以利用势流理论分析其流动特性。此外，亥姆霍兹速度分解定理还将流体的变形运动从整体运动中分离出来，使得可以将流体变形与其所受应力联系起来，进而深入研究黏性流体的动力学规律。

1.3　应力张量

作用在流体上的力可分为两大类：**质量力**和**表面力**。质量力，也称体积力，是指作用于流体某一体积内所有流体质点的力，这种力与该体积流体的质量成正比。例如，重力、电磁力和静电力等都是质量力。表面力则是作用在流体中所取某部分流体体积表面上的力。它可以分解为两个分力：垂直于流体表面的法向力 $\boldsymbol{P}$ 和与流体表面相切的切向力 $\boldsymbol{T}$。在流体力学中，单位表面积上所作用的表面力称为**应力**，而应力又可进一步分为**法向应力**和**切向应力**两种。

1.3.1　运动流体中的应力张量

在流场中的 M 点处取如图 1-2 所示的微元四面体，各面所受的应力分别为 $\boldsymbol{p}_n$ 和 $\boldsymbol{p}_{-i}$。与坐标轴相垂直的三个面与斜面之间的面积关系为

$$\Delta A_i = (\boldsymbol{e}_i \cdot \boldsymbol{n})\Delta A_n = n_i \Delta A_n \tag{1-33}$$

式中，n_i 为斜面的法线方向单位矢量 $\boldsymbol{n}$ 在 $\boldsymbol{e}_i$ 方向的投影。

在外法线为 $\boldsymbol{e}_i$ 的表面上的应力为 $\boldsymbol{p}_i$，而在 $-\boldsymbol{e}_i$ 的表面上的应力为 $\boldsymbol{p}_{-i}$，根据牛顿第三定律，有 $\boldsymbol{p}_i = -\boldsymbol{p}_{-i}$。若设微元四面体的总质量为 Δm，此流体微团质心 c 的运动方程为

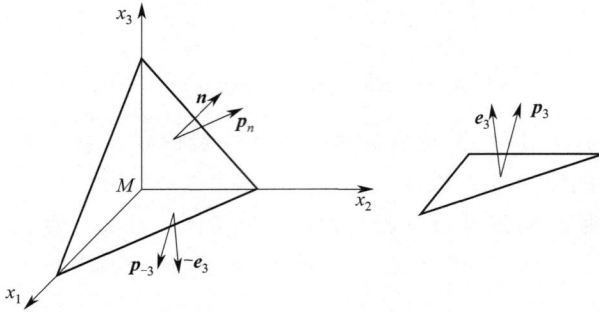

图 1-2 微元四面体所受的应力

$$\Delta m \frac{\mathrm{D}\boldsymbol{u}_c}{\mathrm{D}t} = \boldsymbol{f}\Delta m + \boldsymbol{p}_n \Delta A_n + \boldsymbol{p}_{-i}\Delta A_i$$

$$= \boldsymbol{f}\Delta m + (\boldsymbol{p}_n - \boldsymbol{p}_i n_i)\Delta A_n \tag{1-34}$$

式中，$\mathrm{D}\boldsymbol{u}_c/\mathrm{D}t$ 是该流体微团的惯性中心 c 的加速度；$\boldsymbol{f}$ 是作用在单位质量流体上的质量力。令 $\Delta m \rightarrow 0$，则

$$\boldsymbol{p}_n = \boldsymbol{p}_i n_i \tag{1-35}$$

式中，外法线为 $\boldsymbol{e}_i$ 的表面上的应力 $\boldsymbol{p}_i$ 在坐标 x_j 上的投影为 p_{ij}，即

$$\boldsymbol{p}_i = p_{ij}\boldsymbol{e}_j \tag{1-36}$$

因此，式（1-35）可改写为

$$\boldsymbol{p}_n = \boldsymbol{p}_i n_i = \boldsymbol{n} \cdot \boldsymbol{e}_i \boldsymbol{p}_i = \boldsymbol{n} \cdot \boldsymbol{e}_i p_{ij}\boldsymbol{e}_j = \boldsymbol{n} \cdot [\boldsymbol{P}] \tag{1-37}$$

式中，$[\boldsymbol{P}]$ 为二阶应力张量，它只是空间坐标和时间的函数，如矢量一样，它并不依赖坐标系的选取。如果 M 点的应力张量 $[\boldsymbol{P}]$ 已知，则作用在过 M 点的不同方位的面元上的应力向量 $\boldsymbol{p}_n$ 就可通过式（1-37）完全确定。

1.3.2 应力张量的对称性

下面用动量矩定理来证明应力张量的对称性。设流场中某点处的微元体积为 τ，控制面为 A，列欧拉型积分形式的动量矩方程为

$$\iiint_\tau \boldsymbol{r} \times \frac{\mathrm{D}\boldsymbol{u}}{\mathrm{D}t}\rho\,\mathrm{d}\tau = \iiint_\tau (\boldsymbol{r} \times \boldsymbol{f})\rho\,\mathrm{d}\tau + \iint_A (\boldsymbol{r} \times \boldsymbol{p}_n)\,\mathrm{d}A \tag{1-38}$$

式中，

$$\boldsymbol{r} \times \boldsymbol{p}_n = x_i \boldsymbol{e}_i \times \boldsymbol{n} \cdot \boldsymbol{e}_l p_{lj}\boldsymbol{e}_j = x_i \boldsymbol{e}_i \times n_l p_{lj}\boldsymbol{e}_j = \varepsilon_{ijk}x_i n_l p_{lj}\boldsymbol{e}_k \tag{1-39}$$

两个矢量的叉乘运算还可表示为

$$\boldsymbol{r} \times \boldsymbol{p}_n = \varepsilon_{ijk}x_i p_{nj}\boldsymbol{e}_k \tag{1-40}$$

因此有

$$p_{nj} = n_l p_{lj} \tag{1-41}$$

应用式(1-39)，并结合高斯散度定理，则

$$\iint_A (\boldsymbol{r} \times \boldsymbol{p}_n)\,\mathrm{d}A = \boldsymbol{e}_k \iint_A \varepsilon_{ijk} x_i n_l p_{lj}\,\mathrm{d}A = \boldsymbol{e}_k \iint_A \boldsymbol{n} \cdot (\varepsilon_{ijk} x_i p_{lj} \boldsymbol{e}_l)\,\mathrm{d}A$$

$$= \boldsymbol{e}_k \iiint_\tau \nabla \cdot (\varepsilon_{ijk} x_i p_{lj} \boldsymbol{e}_l)\,\mathrm{d}\tau = \boldsymbol{e}_k \iiint_\tau \varepsilon_{ijk} \frac{\partial (x_i p_{lj})}{\partial x_l}\,\mathrm{d}\tau$$

$$= \boldsymbol{e}_k \iiint_\tau \varepsilon_{ijk} p_{ij}\,\mathrm{d}\tau + \iiint_\tau \varepsilon_{ijk} x_i \frac{\partial p_{lj}}{\partial x_l} \boldsymbol{e}_k\,\mathrm{d}\tau$$

$$= \boldsymbol{e}_k \iiint_\tau \varepsilon_{ijk} p_{ij}\,\mathrm{d}\tau + \iiint_\tau \boldsymbol{r} \times (\nabla \cdot [\boldsymbol{P}])\,\mathrm{d}\tau \tag{1-42}$$

代入动量矩方程，得

$$\iiint_\tau \boldsymbol{r} \times \frac{\mathrm{D}\boldsymbol{u}}{\mathrm{D}t}\rho\,\mathrm{d}\tau = \iiint_\tau (\boldsymbol{r} \times \boldsymbol{f})\rho\,\mathrm{d}\tau + \boldsymbol{e}_k \iiint_\tau \varepsilon_{ijk} p_{ij}\,\mathrm{d}\tau + \iiint_\tau \boldsymbol{r} \times (\nabla \cdot [\boldsymbol{P}])\,\mathrm{d}\tau$$

$$\tag{1-43}$$

式(1-43) 可改写为

$$\boldsymbol{e}_k \iiint_\tau \varepsilon_{ijk} p_{ij}\,\mathrm{d}\tau = \iiint_\tau \boldsymbol{r} \times \left(\rho \frac{\mathrm{D}\boldsymbol{u}}{\mathrm{D}t} - \rho\boldsymbol{f} - \nabla \cdot [\boldsymbol{P}] \right)\mathrm{d}\tau = 0 \tag{1-44}$$

微分形式的动量方程可写为

$$\rho \frac{\mathrm{D}\boldsymbol{u}}{\mathrm{D}t} - \rho\boldsymbol{f} - \nabla \cdot [\boldsymbol{P}] = 0 \tag{1-45}$$

因此 $\varepsilon_{ijk} p_{ij} = 0$，即

$$p_{ij} = p_{ji} \tag{1-46}$$

可见，应力张量 $[\boldsymbol{P}]$ 是二阶对称张量，它的 9 个分量中只有 6 个是独立的。

1.3.3　理想流体中的应力

对于理想流体，全部切向应力为零，只有法向应力，即

$$p_{ij} \begin{cases} = 0\,(i \neq j) \\ \neq 0\,(i = j) \end{cases} \tag{1-47}$$

因此有

$$\boldsymbol{p}_n = p_{nn}\boldsymbol{n} \tag{1-48}$$

又因为

$$p_{nn} n_j = \boldsymbol{e}_j \cdot p_{nn}\boldsymbol{n} = \boldsymbol{e}_j \cdot \boldsymbol{p}_n = p_{nj} = \boldsymbol{e}_j \cdot \boldsymbol{p}_i n_i = \boldsymbol{e}_j \cdot p_{ij}\boldsymbol{e}_i n_i = n_i p_{ij} \tag{1-49}$$

根据理想流体切向应力等于零的性质，上式右端只存在 $i = j$，式(1-48) 还可表示为

$$\begin{cases} p_{nn}n_1 = n_1 p_{11} \\ p_{nn}n_2 = n_2 p_{22} \\ p_{nn}n_3 = n_3 p_{33} \end{cases} \tag{1-50}$$

即

$$p_{nn} = p_{11} = p_{22} = p_{33} = -p \tag{1-51}$$

式 (1-50) 揭示了**理想流体的一个基本特性**：在运动的理想流体中，任一点上任何方位微元面积上的切向应力总等于零，而法向应力在所有方向上都相等。这个法向应力的负值被定义为压强 p。在理想流体中，应力张量可以写成

$$[\boldsymbol{P}] = -p[\boldsymbol{I}] \tag{1-52}$$

式中，$[\boldsymbol{I}]$ 为单位张量。

1.4　雷诺输运定理

系统是指一个包含确定不变物质的集合，在运动过程中其位置、形状和大小不断变化。系统以外的一切称为外界。根据系统的定义，系统与外界之间不存在质量交换。通常情况下，研究流体系统的完整运动过程非常困难且复杂。欧拉法关注于流场中的固定空间或点，因此采用控制体的概念来研究流体动力学显得更加便捷。**控制体**是指一个固定不变的空间体积，控制体的边界面被称为控制面。从控制体的概念可以看出，在不同时刻，不同的流体可以占据该控制体，并且在控制面上可以发生质量和能量的交换。

将用系统描述的基本方程转化为控制体描述的过程是通过输运方程实现的。输运方程能够描述物理量在流体中的传递和变化，为从系统视角过渡到控制体视角提供了数学基础。这种转化使得研究流体动力学的问题更加简化与明确，便于分析流体在特定控制体内的行为。

定义系统 τ_0 的某种物理量为

$$I = \iiint_{\tau_0} \phi \, \mathrm{d}\tau_0 \tag{1-53}$$

式中，ϕ 可以是空间坐标和时间的标量或矢量函数。

取控制体 τ 为系统在 t 时刻占据的空间体积 $\tau_0(t)$，$A = A_0(t)$ 为控制面，如图 1-3 所示。控制体 $\tau_0(t)$ 内的流体，相应的表面为 $A_0(t)$，经过 Δt 时间之后，即在 $t + \Delta t$ 时刻，运动到 $\tau_0'(t + \Delta t)$ 处，其表面为 $A_0'(t + \Delta t)$。以 τ_{01} 表示体积 τ_0 和 τ_0' 的公共部分；$\tau_{03} = \tau_0 - \tau_{01}$，$\tau_{02} = \tau_0' - \tau_{01}$；$A_{01}$ 为 τ_{01} 和 τ_{02} 的交界面，$A_{02} = A_0 - A_{01}$；A_{02}' 为 τ_{01} 和 τ_{03} 的交界面，$A_{01}' = A_0' - A_{02}'$。

系统物理量 I 在 Δt 时间内的增量为

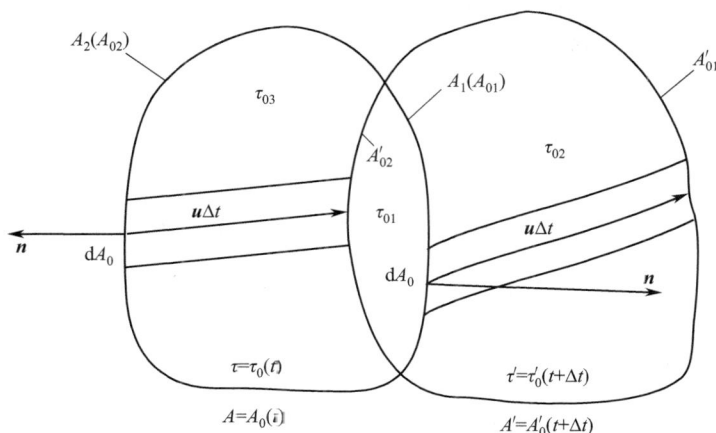

图 1-3 通过控制体的流动

$$\Delta I = I(t + \Delta t) - I(t)$$

$$= \iiint_{\tau_{01} + \tau_{02}} \phi(\boldsymbol{r}, t + \Delta t)\, d\tau_0 - \iiint_{\tau_{01} + \tau_{03}} \phi(\boldsymbol{r}, t)\, d\tau_0$$

$$= \iiint_{\tau_{01}} \left[\phi(\boldsymbol{r}, t + \Delta t) - \phi(\boldsymbol{r}, t)\right] d\tau_0 + \iiint_{\tau_{02}} \phi(\boldsymbol{r}, t + \Delta t)\, d\tau_0$$

$$- \iiint_{\tau_{03}} \phi(\boldsymbol{r}, t)\, d\tau_0 \tag{1-54}$$

由系统导数的定义，可得

$$\frac{\mathrm{D}I}{\mathrm{D}t} = \lim_{\Delta t \to 0} \frac{\Delta I}{\Delta t} = \lim_{\Delta t \to 0} \frac{1}{\Delta t} \iiint_{\tau_{01}} \left[\phi(\boldsymbol{r}, t + \Delta t) - \phi(\boldsymbol{r}, t)\right] d\tau_0$$

$$+ \lim_{\Delta t \to 0} \frac{1}{\Delta t} \left[\iiint_{\tau_{02}} \phi(\boldsymbol{r}, t + \Delta t)\, d\tau_0 - \iiint_{\tau_{03}} \phi(\boldsymbol{r}, t)\, d\tau_0\right] \tag{1-55}$$

对式（1-55）进行改造，由微分中值定理得

$$\phi(\boldsymbol{r}, t + \Delta t) - \phi(\boldsymbol{r}, t) = \Delta t \left(\frac{\partial \phi}{\partial t}\right)_{t + \theta \Delta t} \tag{1-56}$$

式中，$0 \leqslant \theta \leqslant 1$。

当 $\Delta t \to 0$ 时，体积 τ_{01} 明显趋近于 τ_0，而 τ_0 即是 t 时刻的控制体体积 τ，即 $\tau = \tau_0(t)$，所以

$$\lim_{\Delta t \to 0} \frac{1}{\Delta t} \iiint_{\tau_{01}} \left[\phi(\boldsymbol{r}, t + \Delta t) - \phi(\boldsymbol{r}, t)\right] d\tau_0$$

$$= \lim_{\Delta t \to 0} \iiint_{\tau_{01}} \left(\frac{\partial \phi}{\partial t}\right)_{t + \theta \Delta t} d\tau_0 = \iiint_{\tau} \frac{\partial \phi}{\partial t}\, d\tau \tag{1-57}$$

以 dA_0 表示 A_{01}、A_{02} 面上的某一微元面，则由图 1-3 可知，在 Δt 时间内，

经过此微元面积流过的流体质点总量，可近似认为是以 dA_0 为基底而其高为向量 $\boldsymbol{u}\Delta t$ 的柱体体积 $(\boldsymbol{u}\times\boldsymbol{n})\Delta t dA_0$。于是有

$$\left.\begin{aligned}\iiint_{\tau_{02}}\phi(\boldsymbol{r},t+\Delta t)\,\mathrm{d}\tau_0 &\approx \iint_{A_{01}}\phi(\boldsymbol{r},t)(\boldsymbol{u}\cdot\boldsymbol{n})\Delta t\,\mathrm{d}A_0\\ \iiint_{\tau_{03}}\phi(\boldsymbol{r},t)\,\mathrm{d}\tau_0 &\approx -\iint_{A_{02}}\phi(\boldsymbol{r},t)(\boldsymbol{u}\cdot\boldsymbol{n})\Delta t\,\mathrm{d}A_0\end{aligned}\right\} \tag{1-58}$$

当 $\Delta t\to 0$ 时，式(1-58) 中两式的结果是趋于相等的。又因为 $A_{01}+A_{02}=A$，所以

$$\lim_{\Delta t\to 0}\frac{1}{\Delta t}\left[\iiint_{\tau_{02}}\phi(\boldsymbol{r},t+\Delta t)\,\mathrm{d}\tau_0-\iiint_{\tau_{03}}\phi(\boldsymbol{r},t)\,\mathrm{d}\tau_0\right]=\iint_A\phi(\boldsymbol{r},t)(\boldsymbol{u}\cdot\boldsymbol{n})\,\mathrm{d}A \tag{1-59}$$

将式(1-57)、式(1-59) 代入式(1-55)，可得

$$\frac{\mathrm{D}I}{\mathrm{D}t}=\frac{\mathrm{D}}{\mathrm{D}t}\iiint_{\tau_0(t)}\phi\,\mathrm{d}\tau_0(t)=\iiint_\tau\frac{\partial\phi}{\partial t}\,\mathrm{d}\tau+\iint_A(\boldsymbol{u}\cdot\boldsymbol{n})\phi\,\mathrm{d}A \tag{1-60}$$

式(1-60) 即是**输运定理**，也就是系统导数在欧拉法中的表达式。式(1-60) 中各项的物理意义为：右边第一项是由流场的非定常性产生的，表示在单位时间内，假定系统占据的位置不发生变化，仅由被积函数 $\phi(\boldsymbol{r},t)$ 随时间变化而在单位时间内 I 的增量；右边第二项是由流场的不均匀性产生的，表示在单位时间内，假定被积函数 $\phi(\boldsymbol{r},t)$ 不随时间变化，由于系统占据的体积位置发生变化而在单位时间内 I 的增量。

因此，输运定理 (1-60) 可表述为：某物理量的系统导数等于在单位时间内控制体 τ 中所含物理量 ϕ 的增量与通过控制面 A 流出的相应物理量 ϕ 之和。

1.5　流体运动基本方程

1.5.1　流体动力学积分形式的基本方程

（1）连续性方程

运动流体的质量守恒定律可表述为：对于确定的流体，其质量 m 在运动过程中不随时间变化。把它表示成数学形式，即称为连续性方程。

在流场中取如图 1-4 所示的流体系统，其体积为 τ，边界面为 A，所包含流体质量为 m，微元体积 $\mathrm{d}\tau$ 内，假设其密度 ρ 和速度 $\boldsymbol{u}$ 相同，则 $\mathrm{d}\tau$ 内流体质量为 $\mathrm{d}m=\rho\mathrm{d}\tau$，根据质量守恒定律，可得

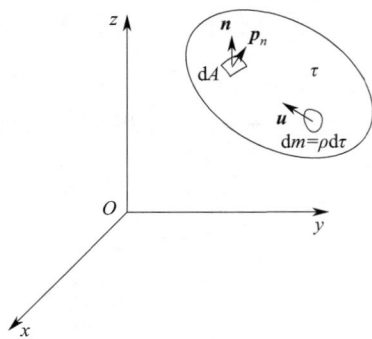

图 1-4　流场中选取的一个流体系统

$$\frac{\mathrm{D}m}{\mathrm{D}t}=\frac{\mathrm{D}}{\mathrm{D}t}\iiint_{\tau}\rho\mathrm{d}\tau=0 \tag{1-61}$$

根据雷诺输运定理，取 $\phi=\rho$，可得

$$-\iiint_{\tau}\frac{\partial c}{\partial t}\mathrm{d}\tau=\iint_{A}(\boldsymbol{u}\cdot\boldsymbol{n})\rho\mathrm{d}A \tag{1-62}$$

式中，$\boldsymbol{n}$ 为微元控制面 $\mathrm{d}A$ 的单位外法线矢量。

式(1-62) 为**积分形式的连续性方程**，式中左边项表示单位时间内控制体内流体质量的减少量，右边项表示单位时间内流出控制面的流体质量，两者必然相等。

对于定常流动，$\partial\rho/\partial t=0$，则有

$$\iint_{A}(\boldsymbol{u}\cdot\boldsymbol{n})\rho\mathrm{d}A=0 \tag{1-63}$$

式(1-63) 表明，单位时间内流出控制体的流体质量与流入控制体的流体质量相等。

（2）动量方程

动量定理可描述为：系统的动量 $\boldsymbol{K}$ 对于时间的变化率等于外界作用在该系统上的合力，可表达为

$$\frac{\mathrm{D}\boldsymbol{K}}{\mathrm{D}t}=\frac{\mathrm{D}}{\mathrm{D}t}\iiint_{\tau}\rho\boldsymbol{u}\mathrm{d}\tau=\iiint_{\tau}\rho\boldsymbol{f}\mathrm{d}\tau+\iint_{A}\boldsymbol{p}_{n}\mathrm{d}A \tag{1-64}$$

式中，$\boldsymbol{f}$ 为单位质量流体的质量力；$\boldsymbol{p}_{n}$ 为表面上的应力。

根据雷诺输运定理，取 $\phi=\rho\boldsymbol{u}$，于是有

$$\iiint_{\tau}\frac{\partial(\rho\boldsymbol{u})}{\partial t}\mathrm{d}\tau+\iint_{A}\rho\boldsymbol{u}(\boldsymbol{u}\cdot\boldsymbol{n})\mathrm{d}A=\iiint_{\tau}\rho\boldsymbol{f}\mathrm{d}\tau+\iint_{A}\boldsymbol{p}_{n}\mathrm{d}A \tag{1-65}$$

式(1-65) 是**积分形式的动量方程**。该方程表明，单位时间内控制体内流体动量的变化量，与流过控制面的流体动量的静通量之和相等。这一关系同时包含了作用在控制体内流体上的质量力与作用在控制面上的表面应力的矢量和。通过这一方程，可以深入理解流体动量的传递与变化，以及外部力对流体运动的影响。

在实际应用中，动量方程主要用于定常流动，此时有

$$\iint_{A}\rho\boldsymbol{u}(\boldsymbol{u}\cdot\boldsymbol{n})\mathrm{d}A=\iiint_{\tau}\rho\boldsymbol{f}\mathrm{d}\tau+\iint_{A}\boldsymbol{p}_{n}\mathrm{d}A \tag{1-66}$$

式(1-66) 表明，在定常流动下，作用于控制体内流体的质量力与作用在控制面上的表面力的矢量和，等于单位时间内流出与流入控制面的动量差。这一结论意味着，在分析定常流动时，无须关注控制体内部的流动行为，而只须专注于流出和流入控制面的动量变化。这种简化便于研究流体动力学问题，使得分析过程更加高效。

（3）能量方程

能量守恒原理可描述为：系统总能量 E 对于时间的变化率等于单位时间内

15

由外界传入系统的热量 Q 与外力对系统所做的功 W 之和，传热热量 Q 包括热辐射和热传导，外力做功 W 包括质量力和表面力所做的功，即

$$\frac{\mathrm{D}E}{\mathrm{D}t} = \frac{\mathrm{D}}{\mathrm{D}t} \iiint_\tau \rho \left(e + \frac{\boldsymbol{u} \cdot \boldsymbol{u}}{2} \right) \mathrm{d}\tau$$

$$= \iiint_\tau \rho q_R \mathrm{d}\tau + \iint_A q_\lambda \mathrm{d}A + \iiint_\tau (\boldsymbol{f} \cdot \boldsymbol{u}) \rho \mathrm{d}\tau + \iint_A (\boldsymbol{p}_n \cdot \boldsymbol{u}) \mathrm{d}A \quad (1\text{-}67)$$

式中，e 为单位质量流体的内能，它是状态的函数，包含了各种形式的能量，主要与流体的等容比热容 c_v 和绝对温度 T 有关，在热力学中定义为 $e = c_v T$；$\frac{\boldsymbol{u} \cdot \boldsymbol{u}}{2}$ 为单位质量流体具有的动能；q_R 表示在单位时间内辐射到单位质量流体上的热量；q_λ 表示单位时间内通过系统表面单位面积传入的热传导量，$q_\lambda = -\boldsymbol{q} \cdot \boldsymbol{n}$，$\boldsymbol{q} = -\lambda \nabla T$ 称为热通量（λ 为流体的热导率），$\boldsymbol{n}$ 为系统表面的外法线方向单位矢量。

根据雷诺输运定理，取 $\phi = \left(e + \dfrac{\boldsymbol{u} \cdot \boldsymbol{u}}{2} \right)$，式（1-67）可改写为

$$\iiint_\tau \frac{\partial}{\partial t} \left[\rho \left(e + \frac{\boldsymbol{u} \cdot \boldsymbol{u}}{2} \right) \right] \mathrm{d}\tau + \iint_A \rho \left(e + \frac{\boldsymbol{u} \cdot \boldsymbol{u}}{2} \right) (\boldsymbol{u} \cdot \boldsymbol{n}) \mathrm{d}A$$

$$= \iiint_\tau \rho q_R \mathrm{d}\tau + \iint_A \lambda \frac{\partial T}{\partial n} \mathrm{d}A + \iiint_\tau (\boldsymbol{f} \cdot \boldsymbol{u}) \rho \mathrm{d}\tau + \iint_A (\boldsymbol{p}_n \cdot \boldsymbol{u}) \mathrm{d}A \quad (1\text{-}68)$$

式（1-68）就是**积分形式的能量方程**。

对于定常流动，式（1-68）可简化为

$$\iint_A \rho \left(e + \frac{\boldsymbol{u} \cdot \boldsymbol{u}}{2} \right) (\boldsymbol{u} \cdot \boldsymbol{n}) \mathrm{d}A = \iiint_\tau \rho q_R \mathrm{d}\tau + \iint_A \lambda \frac{\partial T}{\partial n} \mathrm{d}A$$

$$+ \iiint_\tau (\boldsymbol{f} \cdot \boldsymbol{u}) \rho \mathrm{d}\tau + \iint_A (\boldsymbol{p}_n \cdot \boldsymbol{u}) \mathrm{d}A \quad (1\text{-}69)$$

式（1-69）表明，作用于控制体内流体的质量力和表面力所做的功，以及单位时间内增加的热量，与单位时间内从控制体净流出的总能量之间存在平衡关系。这一方程体现了热力学第一定律在流体系统中的应用，强调了能量的守恒原则。

1.5.2 流体动力学微分形式的基本方程

（1）连续性方程

运用高斯公式，将式（1-62）中面积分转化为体积分，整理可得

$$\iiint_\tau \left[\frac{\partial \rho}{\partial t} + \nabla \cdot (\rho \boldsymbol{u}) \right] \mathrm{d}\tau = 0 \quad (1\text{-}70)$$

考虑到积分区域的任意性和流场满足连续介质的条件，因此有

$$\frac{\partial \rho}{\partial t} + \nabla \cdot (\rho \boldsymbol{u}) = 0 \quad (1\text{-}71)$$

式(1-71) 就是**微分形式的连续性方程**。

在直角坐标系(x,y,z)中，微分形式的连续性方程为

$$\frac{\partial \rho}{\partial t}+\frac{\partial (\rho u)}{\partial x}+\frac{\partial (\rho v)}{\partial y}+\frac{\partial (\rho w)}{\partial z}=0 \tag{1-72}$$

对于定常流动，$\partial \rho / \partial t=0$，由连续性方程(1-72) 可得

$$\frac{\partial (\rho u)}{\partial x}+\frac{\partial (\rho v)}{\partial y}+\frac{\partial (\rho w)}{\partial z}=0 \tag{1-73}$$

对于不可压缩流动，$\dfrac{\mathrm{D}\rho}{\mathrm{D}t}=0$，则连续性方程(1-72) 可进一步简化为

$$\frac{\partial u}{\partial x}+\frac{\partial v}{\partial y}+\frac{\partial w}{\partial z}=0 \tag{1-74}$$

式(1-74) 表明，对于一个固定的控制体，单位时间内流入和流出该控制体的流体体积是相等的。这一关系反映了流体在控制体边界处的连续性，确保了流体流动的稳定性与一致性。

（2）动量方程

由于

$$\iint_A \boldsymbol{p}_n \mathrm{d}A=\iint_A \boldsymbol{n}\cdot[\boldsymbol{P}]\mathrm{d}A=\iiint_\tau \nabla\cdot[\boldsymbol{P}]\mathrm{d}\tau \tag{1-75}$$

则积分形式的动量方程(1-64) 可改写为

$$\iiint_\tau \left(\rho\frac{\mathrm{D}\boldsymbol{u}}{\mathrm{D}t}-\rho\boldsymbol{f}-\nabla\cdot[\boldsymbol{P}]\right)\mathrm{d}\tau=0 \tag{1-76}$$

若式(1-76) 中的被积函数连续，且由于积分区域的任意性，则必须有

$$\frac{\mathrm{D}\boldsymbol{u}}{\mathrm{D}t}=\boldsymbol{f}+\frac{1}{\rho}\nabla\cdot[\boldsymbol{P}] \tag{1-77}$$

根据质点导数的定义，式(1-77) 还可写为

$$\frac{\mathrm{D}\boldsymbol{u}}{\mathrm{D}t}=\frac{\partial \boldsymbol{u}}{\partial t}+(\boldsymbol{u}\cdot\nabla)\boldsymbol{u}=\boldsymbol{f}+\frac{1}{\rho}\nabla\cdot[\boldsymbol{P}] \tag{1-78}$$

式(1-78) 则为**微分形式的动量方程**。这一方程在局部尺度上描述了流体动量的变化及其与作用于流体的外力之间的关系。通过微分形式，可以更详细地分析流体在空间和时间上的动态行为，为理解流体动力学现象提供了基础。

（3）能量方程

在积分形式的能量方程(1-68) 中，运用高斯公式，可知

$$\iint_A \boldsymbol{p}_n\cdot\boldsymbol{u}\mathrm{d}A=\iint_A (\boldsymbol{n}\cdot[\boldsymbol{P}])\cdot\boldsymbol{u}\mathrm{d}A=\iiint_\tau \nabla\cdot([\boldsymbol{P}]\cdot\boldsymbol{u})\mathrm{d}\tau \tag{1-79}$$

又因为

$$q_\lambda = -\boldsymbol{q} \cdot \boldsymbol{n} = -(-\lambda \nabla T) \cdot \boldsymbol{n} = \lambda \nabla T \cdot \boldsymbol{n} = \lambda \frac{\partial T}{\partial n} \qquad (1\text{-}80)$$

所以

$$\iint_A q_\lambda \, \mathrm{d}A = \iint_A (\boldsymbol{n} \cdot \lambda \nabla T) \, \mathrm{d}A = \iiint_\tau \nabla \cdot (\lambda \nabla T) \, \mathrm{d}\tau \qquad (1\text{-}81)$$

将以上结果代入式(1-68)中,则积分形式的能量方程可写为

$$\iiint_\tau \left[\frac{\mathrm{D}}{\mathrm{D}t} \left(e + \frac{\boldsymbol{u} \cdot \boldsymbol{u}}{2} \right) - \boldsymbol{f} \cdot \boldsymbol{u} - \frac{1}{\rho} \nabla \cdot ([\boldsymbol{P}] \cdot \boldsymbol{u}) - q_R - \frac{1}{\rho} \nabla \cdot (\lambda \nabla T) \right] \rho \, \mathrm{d}\tau = 0$$
$$(1\text{-}82)$$

若式(1-82)中的被积函数连续,且由于积分区域的任意性,欲使式(1-82)成立,则必须有

$$\frac{\mathrm{D}}{\mathrm{D}t} \left(e + \frac{\boldsymbol{u} \cdot \boldsymbol{u}}{2} \right) = \frac{\partial}{\partial t} \left(e + \frac{\boldsymbol{u} \cdot \boldsymbol{u}}{2} \right) + (\boldsymbol{u} \cdot \nabla) \left(e + \frac{\boldsymbol{u} \cdot \boldsymbol{u}}{2} \right)$$

$$= \boldsymbol{f} \cdot \boldsymbol{u} + \frac{1}{\rho} \nabla \cdot ([\boldsymbol{P}] \cdot \boldsymbol{u}) + q_R + \frac{1}{\rho} \nabla \cdot (\lambda \nabla T) \qquad (1\text{-}83)$$

式(1-83)则为**微分形式的能量方程**。该方程描述了流体系统中能量的变化,以及能量与外部作用力之间的关系。这一表达方式允许在局部尺度上分析不同形式的能量传递,如内能、动能等,从而为深入理解流体运动及其能量转换提供了重要依据。

(4)方程的封闭性

上述推导出的连续性方程、动量方程和能量方程对任何连续的流体运动都是适用的。其中独立的未知量有 ρ、e、T、$\boldsymbol{u}$、$[\boldsymbol{P}]$ 共 12 个变量,但方程个数只有 5 个,因此上述方程组是不封闭的,需要补充 7 个方程才能使方程组封闭。

常见的封闭方程有以下几个:

① 对于牛顿流体,应力与应变之间的关系满足本构方程,即

$$[\boldsymbol{P}] = -p[\boldsymbol{I}] + p' = -\left(p + \frac{2}{3}\mu \nabla \cdot \boldsymbol{u} \right)[\boldsymbol{I}] + 2\mu[\boldsymbol{S}] \qquad (1\text{-}84)$$

② 对于完全气体,满足

$$p = \rho R T \qquad (1\text{-}85)$$

③ 对于不可压缩流体,满足 $\dfrac{\mathrm{D}\rho}{\mathrm{D}t} = 0$;对于不可压缩**均质**流体,满足 $\rho =$ Const。

④ 对于理想流体,满足 $[\boldsymbol{P}] = -p[\boldsymbol{I}]$。由分子运动论知,流体的黏性和热传导性是分子运动迁移过程的两个不同方面。分子的动量迁移表现为黏性,分子的动能迁移表现为传导性,因此它们之间有着确定的关系。黏性系数 μ 与热导率 λ 具有下列关系,即

$$\lambda = \frac{c_v \mu}{M} \tag{1-86}$$

式中，M 为分子量。

对于理想流体而言，$\mu = 0$，那么就应该有 $\lambda = 0$，也就是说理想流体中没有热传导。这是因为它假设流体在流动过程中不存在内部的摩擦力，即黏性系数为零，因此不会产生摩擦热，也就没有热传导效应。

思考题

1. 拉格朗日法和欧拉法分别适用于描述哪种流体运动？两种方法有何优缺点？在实际应用中应如何选择流体运动的描述方法？

2. 系统和控制体的本质区别是什么？

3. 雷诺输运定理的含义是什么？该定理有何作用？

4. 流体运动基本方程的积分形式和微分形式有何差别？在实际应用过程中应如何选择？

习题一

1. 已知速度场 $u = \dfrac{x}{1+t}$，$v = \dfrac{2y}{2+t}$，$w = \dfrac{3z}{3+t}$。求：（1）加速度的欧拉法表示；（2）加速度的拉格朗日法表示；（3）流线方程。

2. 已知速度场 $u = x^2 t$，$v = yt^2$，$w = xz^2$。求：$t = 1$ 时位于点（2, 1, 3）处的流体质点的速度和加速度。

3. 已知流体质点 (x_0, y_0, z_0) 的空间位置的变化规律为：$x = x_0$，$y = y_0 + x_0(e^t - 1)$，$z = z_0 + x_0(e^{-2t} - 1)$。求：（1）速度的欧拉法表示；（2）加速度的拉格朗日法和欧拉法表示；（3）过点（1, 2, 3）的流线方程以及 $t = 0$ 时在 (x_0, y_0, z_0) 处的流体质点的迹线方程；（4）速度的梯度、散度和旋度；（5）变形速率张量和旋转速率张量。

4. 已知二维速度场 $u = ax + \omega_0 y + u_0$，$v = ay + v_0$。求变形速率张量和旋转速率张量的各个分量表达式。

5. 已知速度场 $u = y + 2z$，$v = 2z + x$，$w = 3x + 5y$，速度单位为 m/s，流体动力黏度 $= 0.01 \text{Pa·s}$。求应力张量的各个分量值。

6. 设物体在不可压缩黏性流体中运动，证明流体作用在物体表面上的合力为

$$\boldsymbol{F} = -\int_A p\boldsymbol{n}\,\mathrm{d}A + \mu \int_A \frac{\partial \boldsymbol{u}}{\partial \boldsymbol{n}}\,\mathrm{d}A$$

式中，A 是物面；$\boldsymbol{n}$ 是物面外法线单位矢量。

第 2 章

理想不可压缩流体无旋流动

理想不可压缩流体无旋运动是一个简化模型，相较于黏性流体流动更易处理。尽管实际流体具有黏性，但在特定情况下，譬如气体绕物体流动时，边界层内的黏性影响显著，而远离边界层的区域则可忽略黏性作用。因此，在分析机翼或叶栅的流体绕流运动时，如果只关注表面压强分布和升力，可以将流体视为理想流体。对于空气流动，当速度低于 $100\mathrm{m/s}$ 时，也可忽略压缩性，将其当作不可压缩流体。总之，在绕流问题中，黏性和压缩性会影响流动，但处理具体问题时，可优先考虑主要因素，将次要因素作为修正因子进行后续处理。

本章将介绍理想不可压缩流体流动基本方程组及其性质、速度势函数和流函数、复位势及平面基本流动、绕圆柱体的流动等。

2.1 基本方程组及其性质

在理想不可压缩流体流动中，不考虑黏性对流体流动的影响，且其密度保持不变。因此，$\dfrac{\mathrm{D}\rho}{\mathrm{D}t}=0$ 和 $\dfrac{\partial \rho}{\partial t}=0$，则欧拉型基本方程组可简化为

$$\left.\begin{array}{l} \nabla \cdot \boldsymbol{u}=0 \\[2mm] \dfrac{\partial \boldsymbol{u}}{\partial t}+(\boldsymbol{u} \cdot \nabla)\boldsymbol{u}=\boldsymbol{f}-\dfrac{1}{\rho}\nabla p \end{array}\right\} \tag{2-1}$$

式中，$\nabla \cdot \boldsymbol{u}$ 表示速度场的散度，对于不可压缩流动而言，$\nabla \cdot \boldsymbol{u}=0$。该方程组的定解条件（初始条件和边界条件）包括：在初始时刻 $t=t_0$ 时，$\boldsymbol{u}=\boldsymbol{u}_0(x,y,z)$、$p=p_0(x,y,z)$；在壁面处，考虑无滑移条件，$\boldsymbol{u}=\boldsymbol{0}$；在无穷远

处，$u = U_\infty$；在自由液面上，$p = p_f(x, y, z)$。

方程组（2-1）所具备的非线性特征、复杂的边界条件与初始条件以及 u 和 p 的相互作用，使得对该方程组的分析与求解仍然面临巨大的挑战。若考虑重力场中均匀流绕流问题，假定流动无旋，即旋转角速度 $\omega = \frac{1}{2}\nabla \times u = 0$，则必然存在速度势函数 $\varphi(x, y, z, t)$，且有 $u = \nabla\varphi$。在这种情况下，流体的速度场可以完全通过该速度势函数的梯度来表示。因此，连续性方程可改写为

$$\nabla^2\varphi = 0 \tag{2-2a}$$

在直角坐标系中，式（2-2a）可表示为

$$\frac{\partial^2\varphi}{\partial x^2} + \frac{\partial^2\varphi}{\partial y^2} + \frac{\partial^2\varphi}{\partial z^2} = 0 \tag{2-2b}$$

方程（2-2b）也被称为**势函数方程**，是一个线性化的二阶偏微分方程。它可利用线性叠加原理来解决复杂的流体力学问题，即将一个复杂的流动问题拆解为多个简单的线性子问题，最终将这些子问题的解叠加从而获得整个流体问题的解。此外，速度势函数 φ 满足拉普拉斯（Laplace）方程，因此是一个调和函数。

在单位重力作用下，对于理想不可压缩流体无旋流动，可以使用拉格朗日积分来描述流体的运动。注意到 $u = \nabla\varphi$ 和矢量运算

$$(u \cdot \nabla)u = \nabla\left(\frac{u \cdot u}{2}\right) - u \times (\nabla \times u) = \nabla\left(\frac{u \cdot u}{2}\right) \tag{2-3}$$

注意：矢量运算结果 $\nabla \times u = \nabla \times \nabla\varphi = 0$，即**梯度的旋度恒为零**。

式（2-1）中的动量方程可改写为

$$\frac{\partial(\nabla\varphi)}{\partial t} - \nabla\left(\frac{u \cdot u}{2}\right) = f - \frac{1}{\rho}\nabla p \tag{2-4}$$

这个方程描述了流体质点受压强梯度力和重力影响的加速度，其中 $f_1 = f_2 = 0$，$f_3 = -g$。方程两边点乘 $\mathrm{d}r$，积分得

$$\frac{\partial\varphi}{\partial t} + \frac{u \cdot u}{2} + \frac{p}{\rho} + gz = f(t) \tag{2-5}$$

方程（2-5）称为**拉格朗日积分**。式中，$f(t)$ 是 t 的任意函数，对于某一时刻，$f(t)$ 在整个流场中取同一数值。

当由式（2-2a）确定出速度势函数 φ 后，将 $u = \nabla\varphi$ 代入式（2-5）便可求出压强 p。因此，针对单位重力作用下理想不可压缩流体无旋流动，方程组（2-1）可简化为

$$\left.\begin{array}{l} \nabla^2\varphi = 0 \\[2mm] \dfrac{\partial\varphi}{\partial t} + \dfrac{u \cdot u}{2} + \dfrac{p}{\rho} + gz = f(t) \\[2mm] u = \nabla\varphi \end{array}\right\} \tag{2-6}$$

该方程组的定解条件包括：在 $t=t_0$ 时，$\nabla\varphi=\boldsymbol{u}_0(x,y,z)$、$p=p_0(x,y,z)$；在壁面处，考虑无滑移条件，$\nabla\varphi=\boldsymbol{0}$；在无穷远处，$\nabla\varphi=\boldsymbol{U}_\infty$；在自由液面上，$p=p_f(x,y,z)$。

对比式(2-1)和式(2-6)发现，前者包含 4 个独立分量 u_x、u_y、u_z 和 p；而后者仅包含 2 个独立分量 φ 和 p。方程组（2-1）由于具有更高的自由度和更复杂的结构，涉及更多变量或更加复杂的关系，因此在求解时需要考虑更多的约束条件和变量之间的相互关系。相比之下，方程组（2-6）通过简化问题有效降低了求解的复杂性，从而降低了计算难度。

对于单位重力作用下理想不可压缩流体无旋的定常流动，式(2-5) 进一步简化为**欧拉积分**，即

$$\frac{\boldsymbol{u}\cdot\boldsymbol{u}}{2}+\frac{p}{\rho}+gz=c \tag{2-7}$$

式中，积分常数 c 在整个流场中取同一数值。

对于单位重力作用下理想不可压缩流体的定常流动，沿流线或涡线积分式(2-4)，可得**伯努利积分形式**，即

$$\frac{\boldsymbol{u}\cdot\boldsymbol{u}}{2}+\frac{p}{\rho}+gz=c(\psi) \quad \text{或} \quad \frac{\boldsymbol{u}\cdot\boldsymbol{u}}{2}+\frac{p}{\rho}+gz=c(\Omega) \tag{2-8}$$

式中，常数项包括压强变化、边界条件、其他外力以及源项或汇项等因素；$c(\psi)$ 和 $c(\Omega)$ 分别是流线和涡线的函数，在不同的流线和涡线上取不同的值。实际上，式(2-8)是一维绝热定常理想流动机械能守恒的表达式。

例 2-1 理想不可压缩均匀来流绕过一无限长的直圆柱体（图 2-1）。已知来流速度为 U_∞，圆柱体的半径为 a，流体的密度为 ρ，忽略重力作用且不存在环量，求流体的速度场分布和圆柱表面所受的压强。

解 对于均匀来流速度为 U_∞ 的理想不可压缩流体绕过无限长直圆柱体的情况，可用势流理论来分析。速度势函数 $\varphi=\varphi(x,y,z)$ 满足拉普拉斯方程，即

$$\nabla^2\varphi=0$$

在柱坐标系下，拉普拉斯方程可以表示为

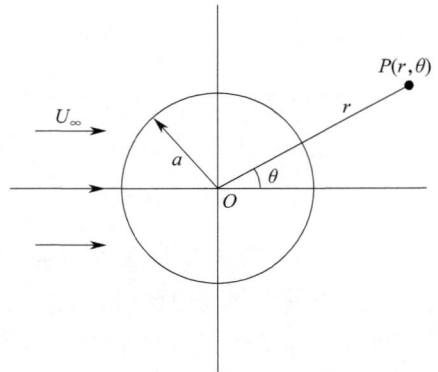

图 2-1 不可压缩均匀来流绕流无限长直圆柱

$$\frac{1}{r}\frac{\partial}{\partial r}\left(r\frac{\partial\varphi}{\partial r}\right)+\frac{1}{r^2}\frac{\partial^2\varphi}{\partial\theta^2}=0$$

对于流体绕圆柱的对称流动，速度势函数只依赖于 r 和 θ，可以假设为

$$\varphi = \varphi(r,\theta) = \left(Ar + \frac{B}{r}\right)\cos\theta$$

式中，A 和 B 是待定常数。

为了满足无穷远处的来流条件和圆柱表面的边界条件，需匹配以下边界条件：

在无穷远处，速度势函数应趋于 $U_\infty x$，即 $\dfrac{\partial \varphi}{\partial r} = U_\infty \cos\theta$，这意味着 $A = U_\infty$。

在圆柱表面 $r = a$ 处，速度的径向分量为零，即 $u_r = \dfrac{\partial \varphi}{\partial r}\Big|_{r=a} = 0$，将其代入

$\varphi(r,\theta) = \left(U_\infty r + \dfrac{B}{r}\right)\cos\theta$，可得 $U_\infty - \dfrac{B}{a^2} = 0 \Rightarrow B = a^2 U_\infty$。

因此，速度势函数为

$$\varphi(r,\theta) = U_\infty\left(r + \frac{a^2}{r}\right)\cos\theta$$

速度分量 u_r 和 u_θ 可以通过对速度势函数求偏导数得到，即

$$u_r = \frac{\partial \varphi}{\partial r} = U_\infty\left(1 - \frac{a^2}{r^2}\right)\cos\theta, \quad u_\theta = \frac{1}{r}\frac{\partial \varphi}{\partial \theta} = -U_\infty\left(1 + \frac{a^2}{r^2}\right)\sin\theta$$

因此，圆柱壁面上的速度为 $u_r|_{r=a} = 0$，$u_\theta|_{r=a} = -2U_\infty\sin\theta$。

利用伯努利方程在理想流体中的形式，可以求得圆柱表面的压强分布 p_w，即

$$p_w = p_\infty + \frac{1}{2}\rho(u_\infty^2 - u_\theta^2) = p_\infty + \frac{1}{2}\rho U_\infty^2(1 - 4\sin^2\theta)$$

2.2　速度势函数和流函数

速度势函数和流函数是流体力学中重要的数学工具，用于简化和分析流体流动。速度势函数主要用于描述无旋流体的流动，其研究目的是将复杂的流场转化为标量场。流函数则适用于二维不可压缩流体的流动，能够有效表达流体的速度场和流线分布，从而避免了直接处理复杂的速度分量。

通过引入势函数和流函数，可以更方便地解决流动问题，进行流体动力学的建模、分析和设计，提高对流体流动行为的理解与预测能力。

2.2.1　势流与速度势

根据亥姆霍兹速度分解定理，任何流体的速度场都可以分解为三个基本组成部分：平动、旋转和变形。旋转部分由流体的角速度来表征。如果速度场是

无旋的,那么可以通过方程(2-2)计算出速度势函数 φ。随后,利用 φ 的梯度来确定速度场的分布。如果已知速度矢量,那么速度势函数 φ 可以表达为

$$\varphi(M) = \varphi(M_0) + \int_{M_0}^{M} \boldsymbol{u} \cdot \mathrm{d}\boldsymbol{s} \tag{2-9}$$

式中,右侧第二项沿流场中任一流线 M_0M 积分,$\mathrm{d}\boldsymbol{s}$ 是 M_0M 上的微元弧线。速度势函数的值加上一常数不会改变流动的本质,因此 $\varphi(M_0)$ 可任意选取。

在直角坐标系下

$$\left.\begin{aligned}
\omega_x &= \frac{1}{2}\left(\frac{\partial w}{\partial y} - \frac{\partial v}{\partial z}\right) \\
\omega_y &= \frac{1}{2}\left(\frac{\partial u}{\partial z} - \frac{\partial w}{\partial x}\right) \\
\omega_z &= \frac{1}{2}\left(\frac{\partial v}{\partial x} - \frac{\partial u}{\partial y}\right)
\end{aligned}\right\} \tag{2-10}$$

当 $\dot{\boldsymbol{\omega}} = \omega_x \boldsymbol{i} + \omega_y \boldsymbol{j} + \omega_z \boldsymbol{k} = \boldsymbol{0}$ 时,即无旋流动,流场必存在下列关系

$$\frac{\partial w}{\partial y} = \frac{\partial v}{\partial z}, \quad \frac{\partial u}{\partial z} = \frac{\partial w}{\partial x}, \quad \frac{\partial v}{\partial x} = \frac{\partial u}{\partial y} \tag{2-11}$$

由高等函数可知,当三个函数 $u(x,y,z,t)$、$v(x,y,z,t)$、$w(x,y,z,t)$ 满足上述关系时,则必然存在另一复合函数 $\varphi(x,y,z,t)$,它与函数 $u(x,y,z,t)$、$v(x,y,z,t)$、$w(x,y,z,t)$ 之间的关系为

$$\left.\begin{aligned}
\frac{\partial \varphi}{\partial x} &= u \\
\frac{\partial \varphi}{\partial y} &= v \\
\frac{\partial \varphi}{\partial z} &= w
\end{aligned}\right\} \tag{2-12}$$

这个函数 $\varphi(x,y,z,t)$ 称为**势函数**,由于 φ 的偏导数与速度有关,故又称之为**速度势函数**,简称速度势。因此,这种无旋流动又称为**有势流动**,简称势流。

速度势函数的全微分方程可写为

$$\mathrm{d}\varphi = \frac{\partial \varphi}{\partial x}\mathrm{d}x + \frac{\partial \varphi}{\partial y}\mathrm{d}y + \frac{\partial \varphi}{\partial z}\mathrm{d}z \tag{2-13}$$

在三维流体动力学中,速度矢量由三个分量 u、v 和 w 构成,每个分量都是位置和时间的函数。然而,如果流动是无旋的,这些速度分量可以通过一个标量势函数 φ 的梯度来表达。这种方法将原本涉及三个独立分量的复杂问题转化为处理单一标量势函数的问题。一旦确定了这个标量势函数,通过简单的微分计算就能得到速度场,并进一步利用伯努利方程求出流场中的压强分布 p,从而显著降低了问题的复杂度。此外,速度势的等值面(或线)能够揭示流体中具有相同

速度势的流体质点，这些等值面有助于深入理解流动的结构和特性。

势流理论在多个实际应用领域至关重要。例如，在飞机设计中，用于预测机翼周围气流，优化设计以降低阻力，提高飞行效率；在船舶设计中，用于帮助减少船体所受的水下阻力，提升航速和燃油效率；在水利工程中，用于预测水流分布与速度，优化大坝和防洪设计，降低洪水风险；在气象学中，用于揭示风场分布，改进天气预报模型；在环境工程中，用于预测污染物扩散路径，优化污水处理，减轻对环境的影响。

下面讨论速度势函数的几个重要性质：

① 速度势函数允许相差一任意常数，而不影响流场特性。

② 速度势函数为常数表示等势线，其法线方向与速度矢量方向重合。

③ 沿任意曲线段 M_0M 的速度环量等于该两点的速度势函数值之差。

$$\Gamma_{M_0M} = \int_{M_0}^{M} (u\,\mathrm{d}x + v\,\mathrm{d}y) = \int_{M_0}^{M} \mathrm{d}\varphi = \varphi(M) - \varphi(M_0) \tag{2-14}$$

④ 不可压缩流体平面流动的速度势函数满足二维拉普拉斯方程。

⑤ 在单连通域内，速度势函数是单值函数；在复连通域内，速度势函数通常情况下是多值函数。

单连通域内，没有任何孔洞，任何封闭曲线都可以在不离开该区域的情况下收缩至一点。在这种情况下，沿任一封闭曲线 s 的速度环量 Γ 恒等于零，即 $\Gamma = \int_s \boldsymbol{u} \cdot \mathrm{d}s = 0$。而在双连通域内，有一个孔洞，使得该区域在数学上具有"环形"结构。某些闭合曲线可以绕过孔洞，这些封闭曲线由于孔洞的存在而无法在区域内部收缩至一点。如果封闭曲线 s 能在不碰边界的情况下收缩至一点，则其速度环量 Γ 仍然等于零；反之，如果封闭曲线 s 不能在不碰边界的情况下收缩至一点，则速度环量不等于零，即

$$\int_s \boldsymbol{u} \cdot \mathrm{d}s = n\Gamma \tag{2-15}$$

式中，n 为封闭曲线 s 绕孔洞的圈数。

⑥ 在流场内部，速度势函数 φ 不存在极值点。

在流场内任取一封闭曲面 A，对于无旋流动，流出该封闭曲面 A 的流量必为 0，即

$$\iint_A u_n \mathrm{d}A = \iint_A \frac{\partial \varphi}{\partial n} \mathrm{d}A = \iint_A \boldsymbol{n} \cdot \nabla \varphi \, \mathrm{d}A = \iiint_V \nabla \cdot \nabla \varphi \, \mathrm{d}V = \iiint_V \nabla^2 \varphi \, \mathrm{d}V = 0$$

$$\tag{2-16}$$

若速度势函数 φ 在流场中存在极大值或极小值，根据调和函数理论，流场中的极值点将导致速度势函数的梯度为 0，即流体速度为 0。这与流场内部流体持续运动的事实不符，因而会导致与式(2-16)相矛盾。流体流动应当是连续和

平滑的，而极值点的存在则会引起速度场的不连续性。因此，速度势函数在流场内部无法取得极值，这也是势函数行为的基本特征之一。这一特性确保了流场的连续性和稳定性，避免了不合理的流动状态。

⑦ 速度的极大值只能出现在流动区域的边界上，即速度 $\boldsymbol{u}$ 的大小在流动区域内不能达到极大值。

在流动区域的边界上，速度场的性质可能会发生变化，并受到边界条件的影响，这些条件决定了速度场的分布。在边界上，流体的速度可能受到限制或达到极值。例如，在封闭区域的边界上，速度的极大值往往出现在边界点，因为边界条件可能要求速度在此处达到某些特定值。由于速度势函数 φ 不能出现极大值，因此也不会存在极大值点 $u_M = \left(\dfrac{\partial \varphi}{\partial s}\right)_M$。然而，速度势函数可以出现极小值，例如，在两射流对撞和流体绕流圆柱时的驻点以及平行板间的泊肃叶流动和无限平板间的库埃特流动时的静置板表面处。

⑧ 在流场内部，压强 p 不能达到极小值，即压强的极小值只能发生在流动区域的边界上。

在理想不可压缩流体中，无旋流动的速度场和压强场之间的关系受到伯努利方程(2-5) 的约束。如果流体在流动区域的某一点速度达到极大值，则该点的压强会达到极小值；相反，如果速度在某点达到极小值，则该点的压强会达到极大值。因此，流体速度的极大值通常对应于压强的极小值。既然速度 $\boldsymbol{u}$ 在流动区域内不能达到极大值，那么压强 p 也不会出现极小值。这表明在理想不可压缩流体中，流动区域内的压强保持稳定，不会因为内部速度的变化而产生极端的压强值。

⑨ 无旋流动的动能有下述表达形式。

单连通域情形：在有界的单连通域内（例如物体在充满流体的大容器内运动），流体动能可以根据流体的速度场来确定。如图 2-2 所示，A_1 和 A_2 分别为单连通域的内边界和外边界，$\boldsymbol{n}_2$ 为外边界面 A_2 的外法向单位矢量，$\boldsymbol{n}_1$ 为内边界面 A_1 的内法向单位矢量，则流体动能 K 的表达式可以写成

$$
\begin{aligned}
K &= \frac{\rho}{2} \iiint_V \boldsymbol{u} \cdot \boldsymbol{u} \, \mathrm{d}V = \frac{\rho}{2} \iiint_V (\nabla \varphi)^2 \, \mathrm{d}V \\
&= \frac{\rho}{2} \iiint_V \nabla \cdot (\varphi \nabla \varphi) \, \mathrm{d}V - \frac{\rho}{2} \iiint_V \varphi \nabla^2 \varphi \, \mathrm{d}V \\
&= \frac{\rho}{2} \iiint_V \nabla \cdot (\varphi \nabla \varphi) \, \mathrm{d}V \\
&= \frac{\rho}{2} \iint_{A_2} \varphi \frac{\partial \varphi}{\partial n_2} \, \mathrm{d}A - \frac{\rho}{2} \iint_{A_1} \varphi \frac{\partial \varphi}{\partial n_1} \, \mathrm{d}A \\
&= \frac{\rho}{2} \iint_{A_2} \varphi u_{n_2} \, \mathrm{d}A - \frac{\rho}{2} \iint_{A_1} \varphi u_{n_1} \, \mathrm{d}A
\end{aligned}
\tag{2-17}
$$

这表示在无旋流动情况下，单连通域内的流体动能由速度场决定，K 只依赖于边界上的 φ 及 $\dfrac{\partial \varphi}{\partial n}$ 或 u_n。如果边界上的流速 u_n 等于 0（表示固体壁面）或 φ 为常数，则 $K = 0$、$\boldsymbol{u} = \boldsymbol{0}$，即体积 V 内的流体动能为 0，流体处于静止状态。

双连通域情形： 若双连通域是有界的，可以通过引入分隔面 A_b 将其划分为单连通域（见图 2-3 中 A_3、A_1、A_4、A_2 围成的区域）。根据式（2-17），有界双连通域的流体动能 K 为

$$K = \frac{\rho}{2}\iint_{A_2}\varphi u_{n_2}\,\mathrm{d}A - \frac{\rho}{2}\iint_{A_1}\varphi u_{n_1}\,\mathrm{d}A + \frac{\rho}{2}\iint_{A_3}\varphi_-\,\frac{\partial \varphi}{\partial n_b}\,\mathrm{d}A - \frac{\rho}{2}\iint_{A_4}\varphi_+\,\frac{\partial \varphi}{\partial n_b}\,\mathrm{d}A$$

$$= \frac{\rho}{2}\iint_{A_2}\varphi u_{n_2}\,\mathrm{d}A - \frac{\rho}{2}\iint_{A_1}\varphi u_{n_1}\,\mathrm{d}A + \frac{\rho}{2}\iint_{A_b}(\varphi_- - \varphi_+)\,u_{n_b}\,\mathrm{d}A \tag{2-18}$$

由于分隔面 A_3、A_4 面积均为 A_b，所取法线方向都是 $\boldsymbol{n}_b$，加之改造后的双连通域围绕内边界封闭周线绕行了一次，使得动能值增加了一个速度环量，因此分隔面两侧的 φ 值之差为 $\varphi_- - \varphi_+ = \Gamma$；$\iint_{A_b} u_{n_b}\,\mathrm{d}A = q_{V_b}$，为通过分隔面 A_b 的体积流量。于是式（2-18）可改写为

$$K = \frac{\rho}{2}\left(\iint_{A_2}\varphi u_{n_2}\,\mathrm{d}A - \iint_{A_1}\varphi u_{n_1}\,\mathrm{d}A\right) + \frac{\rho}{2}\Gamma q_{V_b} \tag{2-19}$$

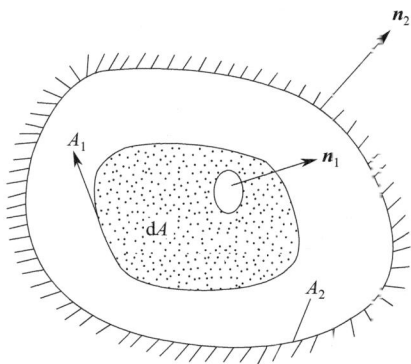

图 2-2　有界单连通域　　　　　　图 2-3　有界双连通域

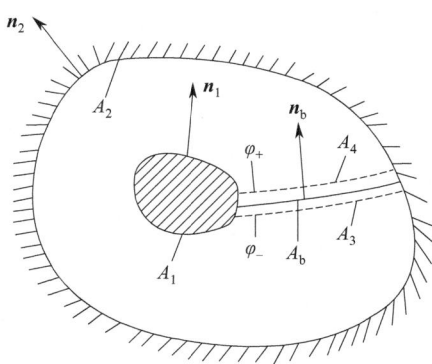

对于 A_1 外是无界的单连通域或双连通域，式（2-19）仍可应用，只要把 A_2 看成是半径趋于无穷大的圆球即可，此时，$(u_n)_{r\to\infty} = 0$，$(\varphi_n)_{r\to\infty}$ 为常数。对于单连通域，$\Gamma = 0$。

需要注意的是，在上述公式的推导过程中，与流动是否定常无关。也就是说，即使在非定常流动条件下，速度势函数 φ 也同样满足拉普拉斯方程，时间 t 在方程中是以参数的形式出现的，并反映在边界条件中。

2.2.2 流函数

势函数能够直接地描述流场，有着明确的物理概念，而流函数则提供了更直观的物理和几何视角，特别是在处理不可压缩流体问题时，流函数能够直观地展示出流体的流动区域和流线的布局，使得流场的可视化变得更加清晰。流线显示了流场的基本结构和流动方向，它们构成了流谱的基础。流谱实质上是一系列流线的集合。因此，掌握流线的特性和分布对于研究流谱和分析流场至关重要。

对于发生在 x-y 平面上的二维流动（平面流动），其流线方程可以表示为

$$\frac{\mathrm{d}x}{u} = \frac{\mathrm{d}y}{v} \tag{2-20}$$

式（2-20）可写为

$$u\,\mathrm{d}y - v\,\mathrm{d}x = 0 \tag{2-21}$$

若方程（2-21）左边是某一函数 ψ 的全微分，积分可得

$$\mathrm{d}\psi = -v\,\mathrm{d}x + u\,\mathrm{d}y \tag{2-22}$$

根据全微分的定义，有

$$\mathrm{d}\psi = \frac{\partial \psi}{\partial x}\mathrm{d}x + \frac{\partial \psi}{\partial y}\mathrm{d}y \tag{2-23}$$

可见

$$\left.\begin{aligned} u &= \frac{\partial \psi}{\partial y} \\ v &= -\frac{\partial \psi}{\partial x} \end{aligned}\right\} \tag{2-24}$$

ψ 就是所要寻求的流函数，在分析流动时，只要知道 ψ 就可画出流谱，如图 2-4 所示。

在柱坐标系下，连续性方程为

$$\frac{\partial u_r}{\partial r} + \frac{u_r}{r} + \frac{1}{r}\frac{\partial u_\theta}{\partial \theta} = 0 \tag{2-25}$$

速度分量为

$$u_r = \frac{1}{r}\frac{\partial \psi}{\partial \theta}, u_\theta = -\frac{\partial \psi}{\partial r} \tag{2-26}$$

则有

$$\mathrm{d}\psi = \frac{\partial \psi}{\partial r}\mathrm{d}r + \frac{1}{r}\frac{\partial \psi}{\partial \theta}r\,\mathrm{d}\theta = -u_\theta\,\mathrm{d}r + u_r r\,\mathrm{d}\theta \tag{2-27}$$

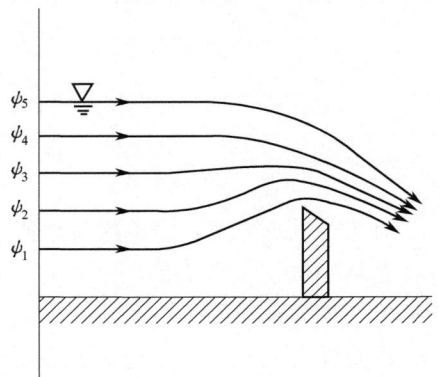

图 2-4 薄壁堰流谱

$$\psi(M) - \psi(M_0) = \int_{M_0}^{M} \mathrm{d}\psi = \int_{M_0}^{M} (-u_\theta \mathrm{d}r + u_r r \mathrm{d}\theta) \qquad (2\text{-}28)$$

下面讨论流函数的几个重要性质：

① 流函数允许相差一任意常数，而不影响流场特性。

② $\psi(x,y)=$ 常数为流线，其切线方向与速度矢量方向重合。

③ 通过非流线任意曲线段 $M_0 M$ 的流量（z 方向单位高曲面），如图 2-5 所示，等于 M、M_0 两点上的流函数值之差，即

$$q_V = \int_{M_0}^{M} \boldsymbol{u} \cdot \mathrm{d}\boldsymbol{s} = \int_{M_0}^{M} \boldsymbol{u} \cdot (\mathrm{d}y\boldsymbol{i} - \mathrm{d}x\boldsymbol{j})$$
$$= \int_{M_0}^{M} (u\mathrm{d}y - v\mathrm{d}x) = \int_{M_0}^{M} \mathrm{d}\psi = \psi(M) - \psi(M_0) \qquad (2\text{-}29)$$

④ 在不存在源、汇的单连通域内，流函数是单值的；在存在源、汇的单连通域或复连通域内，流函数一般是多值的。

在不存在源、汇的单连通域内作积分，则有

$$q_V = \int(-v\mathrm{d}x + u\mathrm{d}y) = \int \mathrm{d}\psi = 0 \qquad (2\text{-}30)$$

在存在源、汇的单连通域或复连通域内，流函数可能是多值的，则下述积分不等于 0，即

$$q_V = \int(-v\mathrm{d}x + u\mathrm{d}y) = \int \mathrm{d}\psi \neq 0 \qquad (2\text{-}31)$$

若内边界线为 s_0，如图 2-6 所示，取图中的积分路线 $M_0 ABCM_0 DM$，则有

$$\psi(M) - \psi(M_0) = \int_{M_0 ABCM_0 DM} \boldsymbol{u} \cdot \mathrm{d}\boldsymbol{s} = \int_{M_0 ABCM_0} \boldsymbol{u} \cdot \mathrm{d}\boldsymbol{s} + \int_{M_0}^{M} \boldsymbol{u} \cdot \mathrm{d}\boldsymbol{s}$$
$$= q_{V_0} + \int_{M_0}^{M} \boldsymbol{u} \cdot \mathrm{d}\boldsymbol{s} \qquad (2\text{-}32)$$

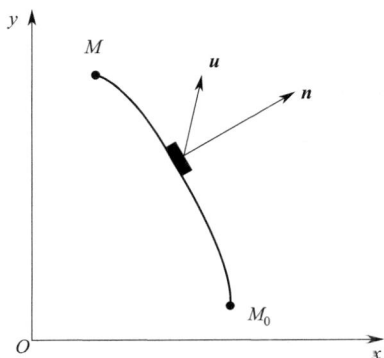

图 2-5　流函数差值与流量图　　　　　图 2-6　双连通域的流函数

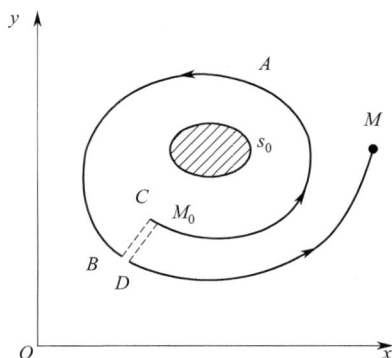

式中，q_{V_0} 为通过包围内边界 s_0 的任一封闭曲线的流量，若绕内边界线 s_0 为 n 圈，则有

$$\psi(M) = \psi(M_0) + nq_{V_0} + \int_{M_0}^{M} \boldsymbol{u} \cdot \mathrm{d}\boldsymbol{s} \tag{2-33}$$

可见，流函数是多值的，但流场中的速度还是单值的。

⑤ 流函数调和量的负值等于涡量 $\boldsymbol{\Omega}$。对于不可压缩平面有旋流动，流体的涡量 $\boldsymbol{\Omega}$ 只有 z 向分量 Ω_z，即

$$\left.\begin{aligned} u &= \frac{\partial \psi}{\partial y} \\ v &= -\frac{\partial \psi}{\partial x} \end{aligned}\right\} \Rightarrow \Omega_z = \frac{\partial v}{\partial x} - \frac{\partial u}{\partial y} \Rightarrow \Omega_z = -\left(\frac{\partial^2 \psi}{\partial x^2} + \frac{\partial^2 \psi}{\partial y^2}\right) \tag{2-34}$$

对于不可压缩平面无旋流动，$\boldsymbol{\Omega} = 0$，则

$$\frac{\partial^2 \psi}{\partial x^2} + \frac{\partial^2 \psi}{\partial y^2} = 0 \tag{2-35}$$

对于速度为 U_∞ 且平行于 x 轴的均匀流绕流物体问题，其边界条件为：在无穷远处，$\frac{\partial \psi}{\partial x} = 0$，$\frac{\partial \psi}{\partial y} = U_\infty$；在壁面处，$\psi = $ 常数。

在柱坐标系下，流函数满足的拉普拉斯方程为

$$\frac{\partial^2 \psi}{\partial r^2} + \frac{1}{r}\frac{\partial \psi}{\partial r} + \frac{1}{r^2}\frac{\partial^2 \psi}{\partial \theta^2} = 0 \tag{2-36}$$

由此可见，对于不可压缩平面无旋流动，同时存在速度势函数和流函数，它们均同时满足拉普拉斯方程。

2.2.3 拉普拉斯方程

（1）速度势函数满足 Laplace 方程

将平面流动情形下速度势与速度的关系式（2-12）代入平面流动的连续性方程中，可得

$$\frac{\partial^2 \varphi}{\partial x^2} + \frac{\partial^2 \varphi}{\partial y^2} = 0 \tag{2-37}$$

式（2-37）为 Laplace 方程，速度势函数是一个调和函数。式（2-37）还可写成

$$\nabla^2 \varphi = 0 \tag{2-38}$$

式中，∇^2 为 Laplace 算子。

（2）流函数满足 Laplace 方程

由平面流动的无旋条件可知

$$\omega_z = \frac{1}{2}\left(\frac{\partial v}{\partial x} - \frac{\partial u}{\partial y}\right) = 0 \tag{2-39}$$

将流函数与速度的关系式(2-24) 代入式(2-39)，可得

$$\frac{\partial^2 \psi}{\partial x^2} + \frac{\partial^2 \psi}{\partial y^2} = 0 \tag{2-40}$$

或

$$\nabla^2 \psi = 0 \tag{2-41}$$

显然，流函数 ψ 也满足 Laplace 方程。

2.2.4　柯西-黎曼条件

由式(2-12)、式(2-24) 可得

$$\left. \begin{array}{l} u = \dfrac{\partial \varphi}{\partial x} = \dfrac{\partial \psi}{\partial y} \\[2mm] v = \dfrac{\partial \varphi}{\partial y} = -\dfrac{\partial \psi}{\partial x} \end{array} \right\} \tag{2-42}$$

这是一个非常重要的关系式，表明流函数与速度势函数为共轭函数，在高等数学中称为柯西-黎曼（Cauchy-Riemann）条件。通过共轭关系可以更方便地进行流场的数学处理和转换，使得复杂流动问题的求解变得更加简洁。这种关系提供了流动的全面信息，使得流场的速度分布和压强分布等性质可以通过不同的函数形式来获得，从而提高了分析的准确性。同时，Cauchy-Riemann 条件有助于在处理边界条件时确保数学的一致性和准确性。

2.2.5　流函数与速度势的基本性质

① 流函数 ψ 值相等点的连线就是流线，如图 2-7 所示，其数学表达式为

$$\mathrm{d}\psi = 0 \tag{2-43}$$

② 两点流函数值之差等于过此两点连线的流量，即

$$\mathrm{d}Q = \mathrm{d}\psi \Rightarrow Q = \psi_1 - \psi_2 \tag{2-44}$$

③ φ 值相等点的连线称为等势线，有

$$\mathrm{d}\varphi = 0 \tag{2-45}$$

④ 流线与等势线正交，其数学表达式为

$$\nabla\psi \cdot \nabla\varphi = 0 \tag{2-46}$$

例 2-2　已知平面势流的速度势函数 $\varphi = 4(x^2 - y^2)$，试求速度和流函数。

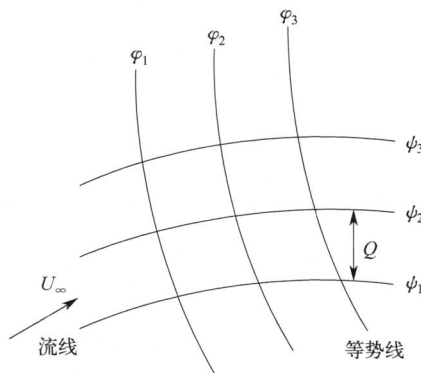

图 2-7　流线与等势线

31

解 速度分量 u 和 v 可以通过对速度势函数求偏导数得到

$$u=\frac{\partial \varphi}{\partial x}=8x, v=\frac{\partial \varphi}{\partial y}=-8y$$

因此，合速度 $\boldsymbol{u}$ 的模为 $|\boldsymbol{u}|=\sqrt{u^2+v^2}=8\sqrt{x^2+y^2}$，且 $\boldsymbol{u}$ 与水平方向的夹角为

$$\theta=\arctan\frac{v}{u}=\arctan\left(-\frac{y}{x}\right)$$

又由
$$\frac{\partial \psi}{\partial y}=u=8x$$

积分得
$$\psi=8xy+f(x)$$

故
$$\frac{\partial \psi}{\partial x}=8y+f'(x)=-v=8y$$

所以
$$f'(x)=0$$

即
$$f(x)=C$$

于是
$$\psi=8xy+C$$

式中，C 为任意常数，它的数值不影响流动图形。为了简化，通常设 $C=0$，最后得 $\psi=8xy$。可见，流线是一簇双曲线。

2.3 复位势及平面基本流动

复位势是一种分析二维不可压缩流体流动的工具，它结合了速度势函数和流函数，通过复变函数形式简化流动问题。平面基本流动包括平面剪切流和喷流等模式，这些都可以通过复位势函数进行有效描述。复位势的引入使得研究这些流动变得更加直观，有助于解决实际工程中的流体动力学问题，优化设计，并加深对流动行为的理解。

2.3.1 复位势

复变函数因满足 Cauchy-Riemann 条件，其在势流问题解决中发挥重要作用。该条件表明，若一个复变函数是解析的，则其实部和虚部分别对应速度势函数和流函数。在二维不可压缩流体流中，这两者均满足拉普拉斯方程，Cauchy-Riemann 条件确保流函数和速度势函数之间的一致性，即它们的等值线相互垂直，从而全面描述了流场特性。

由复变函数知，互为共轭调和函数的组合 $\varphi(x,y)+i\psi(x,y)$ 必定为复变量 $z=x+iy$ 的解析函数 $W(z)$，即

$$W(z)=\varphi(x,y)+i\psi(x,y) \tag{2-47}$$

解析函数 $W(z)$ 称为复位势。式（2-47）表明，势流问题完全可用一个解析函数来描述，只要把速度势函数作为实部，流函数作为虚部即可。由复变函数可知，解析函数的导数与微分方向无关，即

$$\frac{\mathrm{d}W(z)}{\mathrm{d}z} = \frac{\partial \varphi}{\partial x} + i\frac{\partial \psi}{\partial x} = \frac{\partial \psi}{\partial y} - i\frac{\partial \varphi}{\partial y} = u - iv \tag{2-48}$$

式中，$\mathrm{d}W/\mathrm{d}z$ 称为复速度。

2.3.2　平面基本流动

如图 2-8 所示的均匀流，在整个流场中速度为 U_∞，与 x 轴的夹角为 α，相应的速度分量为

$$\left. \begin{array}{l} u = U_\infty \cos\alpha \\ v = U_\infty \sin\alpha \end{array} \right\} \tag{2-49}$$

由速度势函数与速度的关系可知

$$\left. \begin{array}{l} u = \dfrac{\partial \varphi}{\partial x} = U_\infty \cos\alpha \\[2mm] v = \dfrac{\partial \varphi}{\partial y} = U_\infty \sin\alpha \end{array} \right\} \tag{2-50}$$

将式（2-50）代入速度势函数的全微分，可得

图 2-8　均匀流

$$\mathrm{d}\varphi = \frac{\partial \varphi}{\partial x}\mathrm{d}x + \frac{\partial \varphi}{\partial y}\mathrm{d}y = U_\infty \cos\alpha\,\mathrm{d}x + U_\infty \sin\alpha\,\mathrm{d}y \tag{2-51}$$

积分得

$$\varphi = xU_\infty \cos\alpha + yU_\infty \sin\alpha + C_1 \tag{2-52}$$

由流函数与速度的关系可知

$$\left. \begin{array}{l} v = \dfrac{\partial \psi}{\partial y} = U_\infty \cos\alpha \\[2mm] v = -\dfrac{\partial \psi}{\partial x} = U_\infty \sin\alpha \end{array} \right\} \tag{2-53}$$

将式（2-53）代入流函数的全微分得

$$\mathrm{d}\psi = \frac{\partial \psi}{\partial x}\mathrm{d}x + \frac{\partial \psi}{\partial y}\mathrm{d}y = -U_\infty \sin\alpha\,\mathrm{d}x + U_\infty \cos\alpha\,\mathrm{d}y \tag{2-54}$$

积分式（2-54）得

$$\psi = -xU_\infty \sin\alpha + yU_\infty \cos\alpha + C_2 \tag{2-55}$$

式（2-52）和式（2-55）中的积分常数可任意选取，令通过原点的流函数及速度势函数为零，则 $C_1 = C_2 = 0$。因此，均匀流的速度势函数和流函数可表示为

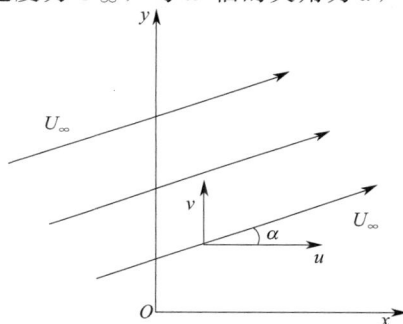

$$\left.\begin{aligned}\varphi &= xU_\infty\cos\alpha + yU_\infty\sin\alpha \\ \psi &= -xU_\infty\sin\alpha + yU_\infty\cos\alpha\end{aligned}\right\} \tag{2-56}$$

因此，均匀流的复位势为

$$\begin{aligned}W(z) &= \varphi(x,y) + i\psi(x,y) \\ &= (xU_\infty\cos\alpha + yU_\infty\sin\alpha) + i(-xU_\infty\sin\alpha + yU_\infty\cos\alpha) \\ &= U_\infty(\cos\alpha - i\sin\alpha)(x + iy) \\ &= U_\infty z e^{-i\alpha}\end{aligned} \tag{2-57}$$

2.3.3　点源与点汇

点源是指流体从一个小点均匀向外发散的情况，类似于火山或喷泉，它理想化地代表了不断流出的流体。点汇则是流体聚集并流入一个小点的情况，类似于排水口或抽水泵，理想化地表示为一个吸收点。在极坐标系中，可将点源的中心置于坐标原点 O，如图 2-9 所示。

设点源的速度势为 $\varphi(r,\theta)$，其径向速度和切向速度分别为

$$\left.\begin{aligned}u_r &= \frac{\partial\varphi}{\partial r} \\ u_\theta &= \frac{1}{r}\frac{\partial\varphi}{\partial\theta} = 0\end{aligned}\right\} \tag{2-58}$$

由于切向速度为零，可将径向速度写成全导数，即

$$\mathrm{d}\varphi = u_r\,\mathrm{d}r \tag{2-59}$$

设通过单位高度、半径 r 的圆柱面的流量为 q_V，即

$$q_V = 2\pi r u_r \tag{2-60}$$

式中，流量 q_V 称为点源的强度。

由式(2-60) 可得径向速度，即

$$u_r = \frac{q_V}{2\pi r} \tag{2-61}$$

将式(2-61) 代入式(2-59)，可得

$$\mathrm{d}\varphi = \frac{q_V}{2\pi r}\mathrm{d}r \tag{2-62}$$

积分得

$$\varphi = \frac{q_V}{2\pi}\ln r \tag{2-63}$$

由此可见，等势线为一簇同心圆，如图 2-10 所示。

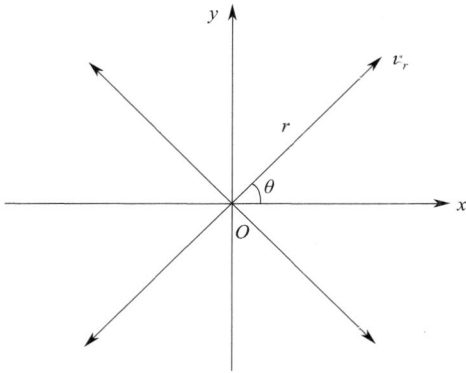

图 2-9　点源

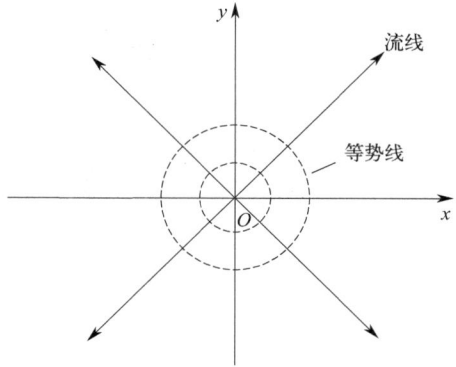

图 2-10　点源等势线与流线

设点源的流函数为 $\psi(r，\theta)$，其径向速度和切向速度分别为

$$\left.\begin{array}{l} u_r = \dfrac{1}{r}\dfrac{\partial\psi}{\partial\theta} \\[3mm] u_\theta = -\dfrac{\partial\psi}{\partial r} = 0 \end{array}\right\} \tag{2-64}$$

类似地，可求得点源的流函数为

$$\psi = \frac{q_V}{2\pi}\theta \tag{2-65}$$

显然，流线为一簇由原点发出的射线，如图 2-9 所示。那么，点源的复位势可表示成

$$W(z) = \varphi + i\psi = \frac{q_V}{2\pi}(\ln r + i\theta) \tag{2-66}$$

式中，$\ln r + i\theta = \ln r e^{i\theta} = \ln z$。

因此，点源的复位势为

$$W(z) = \frac{q_V}{2\pi}\ln z \tag{2-67}$$

如果在上面的推导中给 u_r 以负号（指向原点的流动），如图 2-11 所示，即可得点汇的速度势函数与流函数为

$$\left.\begin{array}{l} \varphi = -\dfrac{q_V}{2\pi}\ln r \\[3mm] \psi = -\dfrac{q_V}{2\pi}\theta \end{array}\right\} \tag{2-68}$$

同理，可得点汇的复位势为

$$W(z) = -\frac{q_V}{2\pi}\ln z \tag{2-69}$$

2.3.4　偶极子

偶极子可以看作由两个相反的点源和点汇组成，它们的流量相等但方向相反，且距离非常接近。假设在坐标系原点位置存在一个强度为 q_V 的点汇，在另一位置 $x=-\delta$ 处存在一个强度相同的点源，如图 2-12 所示。流场中任意点 P（x，y）处的速度势可以表示为点源和点汇速度势的叠加，即

$$\varphi=\frac{q_V}{2\pi}(\ln r_2-\ln r_1) \tag{2-70}$$

式中，r_1、r_2 分别为点汇与点源至点 $P(x，y)$ 的径向距离。

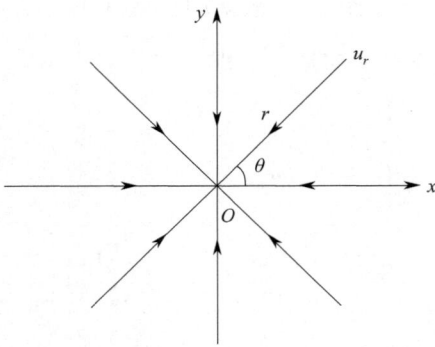

图 2-11　点汇

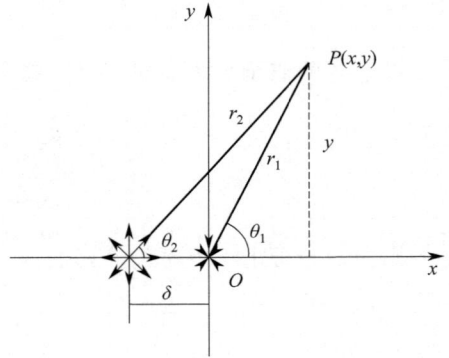

图 2-12　偶极子

考虑到 $r_1=\sqrt{x^2+y^2}$，$r_2=\sqrt{(x+\delta)^2+y^2}$，代入式（2-70），可得

$$\varphi=\frac{q_V\delta}{4\pi}\left\{\frac{\ln[(x+\delta)^2+y^2]-\ln(x^2+y^2)}{\delta}\right\} \tag{2-71}$$

对式（2-71）取极限，有

$$\lim_{\delta\to0}q_V\delta=m \tag{2-72}$$

式中，m 为偶极子的强度。

由偏导数的定义可得

$$\lim_{\delta\to0}\frac{\ln[(x+\delta)^2+y^2]-\ln(x^2+y^2)}{\delta}=\frac{\partial}{\partial x}\ln(x^2+y^2)=\frac{2x}{x^2+y^2} \tag{2-73}$$

因此，偶极子的速度势可表示为

$$\varphi=\frac{m}{2\pi}\frac{x}{x^2+y^2} \tag{2-74}$$

对偶极子的流函数，有

$$\psi = \frac{q_V}{2\pi}\theta_2 - \frac{q_V}{2\pi}\theta_1 = \frac{q_V\delta}{2\pi}\left[\frac{\arctan\left(\dfrac{y}{x+\delta}\right) - \arctan\left(\dfrac{y}{x}\right)}{\delta}\right] \tag{2-75}$$

对式（2-75）求极限，由偏导数的定义可得

$$\lim_{\delta\to 0}\frac{\arctan\left(\dfrac{y}{x+\delta}\right) - \arctan\left(\dfrac{y}{x}\right)}{\delta} = \frac{\partial}{\partial x}\arctan\left(\frac{y}{x}\right) = -\frac{1}{1+\left(\dfrac{y}{x}\right)^2}\frac{y}{x^2} = -\frac{y}{x^2+y^2} \tag{2-76}$$

因此，偶极子的流函数为

$$\psi = -\frac{m}{2\pi}\frac{y}{x^2+y^2} \tag{2-77}$$

式（2-77）表明，偶极子的流线呈现为一簇公切圆。如图 2-13 所示，在中心轴上，流线从点源出发，向点汇处弯曲。流线之间的密度表示流速的变化，越密则流速越快。在点源和点汇的侧面，流线显示出从点源向外扩展的趋势，而在靠近点汇的地方，流线开始趋于汇聚。这种流动特性清晰地描绘了偶极子流场的结构和动态。

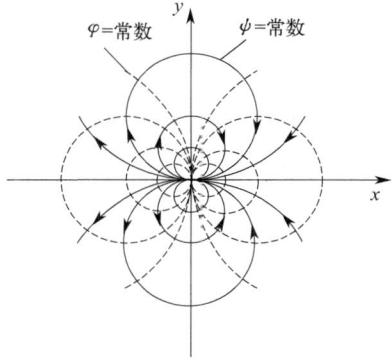

由速度势函数和流函数，可得偶极子的复位势为

图 2-13　偶极子的流线

$$W(z) = \varphi + i\psi = \frac{m}{2\pi}\frac{x-iy}{x^2+y^2} = \frac{m}{2\pi}\frac{x-iy}{x^2-(iy)^2} = \frac{m}{2\pi}\frac{1}{x+iy} = \frac{m}{2\pi}\frac{1}{z} \tag{2-78}$$

约定沿 x 轴负方向为偶极子的正向。对于任意方向（与 x 轴成 α 角）、任意点 O 处的偶极子，其复位势可写为

$$W(z) = \frac{m}{2\pi}\frac{e^{i\alpha}}{z-z_0} \tag{2-79}$$

应当指出，偶极子是一种假想的流动模型，其假设条件无黏性流体和恒定流量并不完全符合实际情况。在实际流动中，流体通常具有黏度，且源与汇的距离也无法无限接近。尽管如此，偶极子模型在理论研究和流动模拟中仍然发挥着重要作用，通过简化问题，对复杂流动行为的分析更加可行。

2.3.5　点涡

点涡指的是在特定点处存在的旋转流动，例如旋涡、龙卷风和台风等。点涡流动的流线呈现为一簇同心圆，如图 2-14 所示。这种流动特性表明，流体在点

涡中心周围以旋转的方式运动，即沿圆周上只有切向速度 u_θ，而无径向速度 u_r。

由斯托克斯（Stokes）定理可知，沿流场中任意封闭曲线的积分等于旋涡的环量，即点涡强度为

$$\Gamma = 2\pi r u_\theta \qquad (2\text{-}80)$$

因此，点涡的速度场为

$$\left. \begin{array}{l} u_r = 0 \\ u_\theta = \dfrac{\Gamma}{2\pi r} \end{array} \right\} \qquad (2\text{-}81)$$

在极坐标系中，切向速度与速度势函数的关系为

图 2-14　点涡

$$u_\theta = \frac{1}{r}\frac{\partial \varphi}{\partial \theta} = \frac{\Gamma}{2\pi r} \qquad (2\text{-}82)$$

由于速度势 φ 与 r 无关，式（2-82）可写成全导数，即

$$\mathrm{d}\varphi = \frac{\Gamma}{2\pi}\mathrm{d}\theta \qquad (2\text{-}83)$$

积分得

$$\varphi = \frac{\Gamma}{2\pi}\theta \qquad (2\text{-}84)$$

此外，在极坐标系中，切向速度与流函数的关系为

$$u_\theta = -\frac{\partial \psi}{\partial r} = \frac{\Gamma}{2\pi r} \qquad (2\text{-}85)$$

积分得

$$\psi = -\frac{\Gamma}{2\pi}\ln r \qquad (2\text{-}86)$$

因此，点涡的复位势可表示为

$$W(z) = \varphi + i\psi = \frac{\Gamma}{2\pi}(\theta - i\ln r) \qquad (2\text{-}87)$$

式中，$\theta - i\ln r = -i(i\theta + \ln r) = -i\ln z$，代入式（2-87）可得

$$W(z) = -\frac{i\Gamma}{2\pi}\ln z \qquad (2\text{-}88)$$

注意：点涡的方向规定为沿逆时针方向为正。

点涡是流体力学中的一种理想化流动模型，通过将旋涡简化为一个无穷小的旋涡源，来分析流体中的旋涡现象。在点涡模型中，旋涡被视为无黏性流体中的一个点，旋涡强度保持恒定，并假设流体为不可压缩。这些假设使得该模型在理

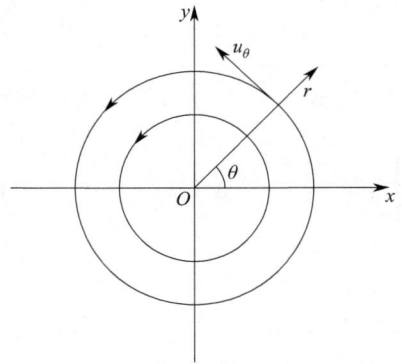

论分析中特别有用,尤其是在研究旋涡的基本特性和流动行为时。然而,现实流体通常具有黏度,且压强和边界条件会影响旋涡行为,因此点涡模型的实际应用可能与真实情况存在差异。尽管如此,点涡仍然为流体力学的理论研究和复杂流动问题的简化分析提供了重要工具。

2.4　绕圆柱体的流动

　　根据复变函数的性质,解析函数具有可叠加性,即任意两个或多个解析函数的线性组合仍为解析函数。因此,任意两个或多个复位势的线性组合也代表某种流动的复位势。正是由于复位势的这种可叠加性,可以利用简单流动的复位势进行线性组合,以求解复杂流动的复位势。

　　绕圆柱体的流动是流体力学中的经典研究问题,涉及流体与固体之间的相互作用,对许多工程应用影响重大。当圆柱体在流体中移动时,会引发复杂的流动模式,这些模式显著影响流体的运动特性、压强分布和旋涡形成。在实际应用中,圆柱体绕流现象广泛存在于各种工程和自然场景中,如风力发电机叶片、建筑物、桥墩和烟囱等。流体在圆柱体周围的流动特性不仅关系到结构的稳定性和安全性,还对能量传递和流体动力学性能产生重要影响。

2.4.1　无环量圆柱绕流

　　无环量圆柱绕流用于描述流体在没有任何旋转的圆柱体周围的流动情况。与有环量圆柱绕流不同,在无环量情况下,圆柱体表面不会产生旋涡,流体的旋转(涡量)为零。

　　在原点放置一个强度为 m 的偶极子(指向为 x 轴负方向),再叠加一个沿 x 轴方向的均匀流,如图 2-15 所示。

　　此组合流动的复位势为

$$
\begin{aligned}
W(z)&=U_\infty z+\frac{m}{2\pi}\frac{1}{z}=U_\infty r\,\mathrm{e}^{i\theta}+\frac{m}{2\pi}\frac{1}{r}\mathrm{e}^{-i\theta}\\
&=U_\infty\cos\theta\left(r+\frac{m}{2\pi U_\infty}\frac{1}{r}\right)+iU_\infty\sin\theta\left(r-\frac{m}{2\pi U_\infty}\frac{1}{r}\right)
\end{aligned}
\tag{2-89}
$$

　　因此,速度势函数和流函数分别为

$$
\left.\begin{aligned}
\varphi&=U_\infty\cos\theta\left(r+\frac{m}{2\pi U_\infty}\frac{1}{r}\right)\\
\psi&=U_\infty\sin\theta\left(r-\frac{m}{2\pi U_\infty}\frac{1}{r}\right)
\end{aligned}\right\}
\tag{2-90}
$$

令 $\phi=0$，即固体边界，可得组合流动的形状为圆柱绕流，如图 2-16 所示。

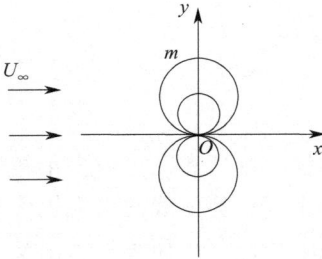

图 2-15　均匀流与偶极子的组合流动　　图 2-16　无环量圆柱绕流

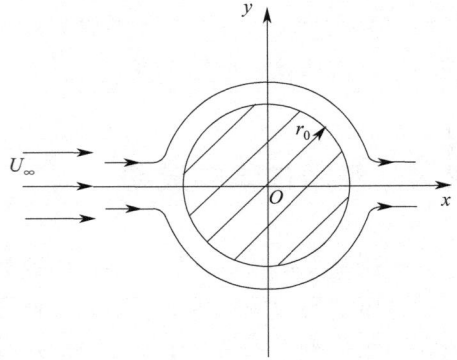

另外，设圆柱的半径为 r_0，偶极子的强度可表示为

$$m=2\pi U_\infty r_0^2 \tag{2-91}$$

在讨论无环量圆柱绕流时，通常假设流体相对于圆柱体的绕转情况。在实验或数值模拟中，可以通过圆柱旋转的方式来模拟无环量条件，确保进入系统的新流体和流出系统的旧流体具有相同的速度和方向。在分析无环量圆柱绕流时，流场可以是定常的或非定常的。对于定常无环量圆柱绕流，可以使用经典的积分方程方法或数值模拟方法来求解。

在工程设计中，无环量圆柱绕流理论可用于预测和优化气动性能。例如，在桥梁和建筑物的风荷载分析中，可以利用这一理论分析风对结构物的影响，从而确保设计的稳定性和安全性。此外，在飞机机翼的设计中，了解无环量圆柱绕流有助于优化机翼的气动特性，减少阻力，提高飞行效率。尽管实际情况中存在一定的旋涡效应，但无环量理论仍然为分析提供了基础性的框架。在环境科学领域，这一理论能够用于分析风流、河流流动等自然现象。通过理解和模拟这些流动，可以更好地预测和管理环境变化。

2.4.2　有环量圆柱绕流

在有环量圆柱绕流中，流体不仅受自由流场的影响，还受到圆柱体表面产生的旋转效应的影响。与无环量流动不同，有环量流动包含了旋转和旋涡的影响。如果在无环量圆柱绕流的原点再放置一个点涡，如图 2-17 所示，则组合流动的复位势可表示为

$$W(z)=U_\infty z+\frac{m}{2\pi}\frac{1}{z}-\frac{i\Gamma}{2\pi}\ln z \tag{2-92}$$

其速度势函数和流函数分别为

$$
\left.
\begin{array}{l}
\varphi = U_\infty r \cos\theta + \dfrac{m}{2\pi r}\cos\theta + \dfrac{\Gamma}{2\pi}\theta \\[3mm]
\psi = U_\infty r \sin\theta + \dfrac{m}{2\pi r}\sin\theta + \dfrac{\Gamma}{2\pi}\ln r
\end{array}
\right\}
\tag{2-93}
$$

令 $\psi = 0$，可知其组合流动代表有环量的圆柱绕流。

在工程设计中，有环量圆柱绕流理论可以用于优化设计，以减少阻力和提高效率。例如，风力机叶片设计，通过分析有环量流动，可以提高叶片的升力并降低阻力，提升风力发电的整体效率。在航空航天领域，理解有环量圆柱绕流有助于优化机翼及其他旋转部件的气动性能。通过分析旋涡的影响，可以设计出更高效的航空器组件，提高飞行性能。在环境科学中，有环量圆柱绕流理论可用于分析风流、烟囱和建筑物周围的气流。通过模拟流体如何绕过这些结构，可以预测并改善空气流通效果，提升建筑物的通风和舒适性。在生物医学工程中，该理论也适用于分析血液流动中的旋涡效应。通过理解旋涡对血流的影响，能够设计出更有效的医疗器械，如人工心脏瓣膜和血液泵，以改善血液流动并减少相关健康问题。

2.4.3 半体绕流

在半体绕流中，当流体遇到半无限长的障碍物时，流动会显著受到影响。由于障碍物的存在，流体需要改变其流动路径，从而在障碍物周围形成复杂的流动结构，包括速度分布的变化、流线的弯曲和可能产生的旋涡。为了描述这种流动情况，可以将均匀流与点源的流动相叠加，如图 2-18 所示，其组合流动的复位势为

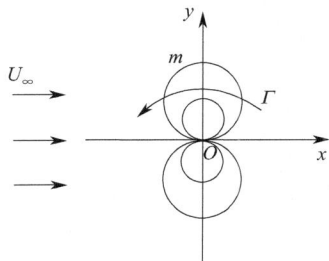

图 2-17　有环量圆柱绕流　　　　图 2-18　均匀流与点源叠加

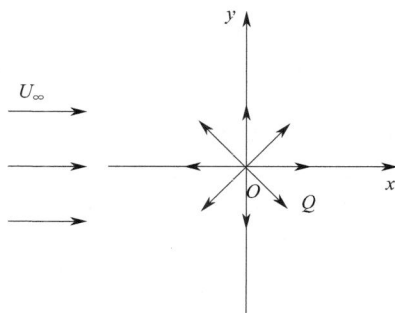

$$W(z)=U_\infty z+\frac{q_V}{2\pi}\ln z=U_\infty r\,\mathrm{e}^{i\theta}+\frac{q_V}{2\pi}\ln r\,\mathrm{e}^{i\theta}$$

$$=U_\infty r(\cos\theta+i\sin\theta)+\frac{q_V}{2\pi}(\ln r+i\theta) \qquad (2\text{-}94)$$

$$=\left(U_\infty r\cos\theta+\frac{q_V}{2\pi}\ln r\right)+i\left(U_\infty r\sin\theta+\frac{q_V}{2\pi}\theta\right)$$

其组合流动的速度势函数和流函数分别为

$$\left.\begin{array}{l}\varphi=U_\infty r\cos\theta+\dfrac{q_V}{2\pi}\ln r \\[3mm] \psi=U_\infty r\sin\theta+\dfrac{q_V}{2\pi}\theta\end{array}\right\} \qquad (2\text{-}95)$$

令 $\psi=0$，可得其组合流动为半体绕流（图 2-19），如桥墩、闸墩的前部。

半体绕流涉及复杂的流动现象，并在多个应用领域中发挥着重要作用。在桥梁设计中，需要考虑风对桥墩和桥面的影响。半体绕流理论可以用于分析风在桥墩周围的流动情况，帮助预测风荷载并优化桥梁结构，以提高其抗风性能和安全性。在船舶设计中，船舶在水中行驶时，会受到水流对船体的作用。通过半体绕流分析，可以深入了解水流在船体周围的流动情况，优化船体设计，提高航行效率，减少阻力和能耗。在环境科学中，该理论可用于分析

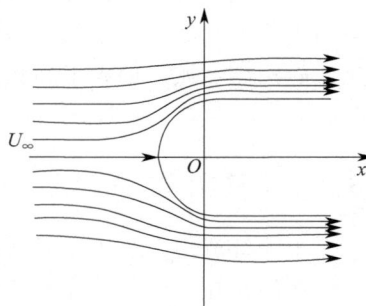

图 2-19　半体绕流

风流、河流等自然流体在遇到障碍物（如山脉、建筑物等）时的流动情况，预测和评估环境污染物的扩散以及自然灾害（如洪水）的影响。在生物医学中，该理论可用于分析血液在血管分支或人工植入物周围的流动情况，有助于设计更高效的医疗器械和治疗方法，以改善血液循环。

2.4.4　卵形体绕流

卵形体绕流的基本理论涉及流体流动的基本规律以及卵形体几何特性对流动的影响。与圆柱体绕流相比，卵形体绕流展现出更复杂的流动模式。卵形体的不对称形状导致流体流动的非均匀性和复杂的流场结构。卵形体周围的流速分布通常呈现不对称特征。主轴方向的流体速度相对较大，而在副轴方向上流速较小。流体的速度分布还会受到卵形体表面粗糙程度和流动状态（如层流或湍流）的影响。在卵形体的前面，流线趋向于顺着物体的形状流动，这表明流体在此处受到物体的引导；在卵形体的后面，由于分离和旋涡效应，流线可能会形成复杂的回流区。这种

现象常常导致流体动力学性能的降低。在卵形体的后部，流体可能发生边界层分离，从而形成旋涡。这些旋涡会显著影响流场的整体结构和风阻效应。旋涡的存在会导致尾部区域的压强变化，从而影响卵形体在流体中的稳定性和抵抗力。

若将均匀流与点源和点汇相叠加（图 2-20），其组合流动的复位势为

$$
\begin{aligned}
W(z) &= U_\infty z + \frac{q_V}{2\pi}\ln z_1 - \frac{q_V}{2\pi}\ln z_2 \\
&= U_\infty r e^{i\theta} + \frac{q_V}{2\pi}\ln r_1 e^{i\theta_1} - \frac{q_V}{2\pi}\ln r_2 e^{i\theta_2} \\
&= U_\infty r(\cos\theta + i\sin\theta) + \frac{q_V}{2\pi}(\ln r_1 + i\theta_1) - \frac{q_V}{2\pi}(\ln r_2 + i\theta_2) \\
&= \left(U_\infty r\cos\theta + \frac{q_V}{2\pi}\ln\frac{r_1}{r_2}\right) + i\left[U_\infty r\sin\theta + \frac{q_V}{2\pi}(\theta_1 - \theta_2)\right]
\end{aligned}
\tag{2-96}
$$

其组合流动的速度势函数和流函数分别为

$$
\left.
\begin{aligned}
\varphi &= U_\infty r\cos\theta + \frac{q_V}{2\pi}\ln\frac{r_1}{r_2} \\
\psi &= U_\infty r\sin\theta + \frac{q_V}{2\pi}(\theta_1 - \theta_2)
\end{aligned}
\right\}
\tag{2-97}
$$

式中，r、r_1、r_2 和 θ、θ_1、θ_2 分别为流场中任一点距原点、点源、点汇的极距和极角。

令 $\varphi = 0$，可得其组合流动为卵形体绕流，如图 2-21 所示。

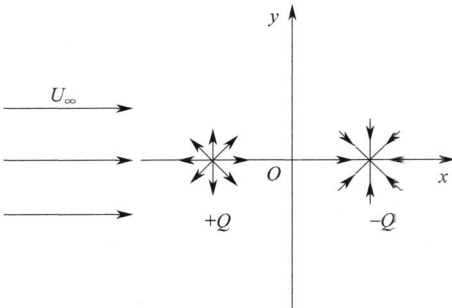

图 2-20　均匀流与点源和点汇叠加　　　　图 2-21　卵形体绕流

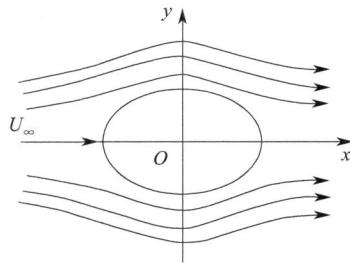

卵形体绕流的研究对于多个工程和科学领域具有重要意义，其复杂的流动特性为优化设计和应对实际问题提供了理论基础。以下是卵形体绕流理论在不同领域的应用。在航空航天领域，卵形体绕流理论可用于优化飞机机翼和导弹头部等部件的设计。通过理解卵形体的气动特性，可以提高空气动力学性能，减少阻力，并提高飞行稳定性。在汽车设计中，该理论可以帮助分析汽车车身、前进气

口等部件的气动性能。通过优化这些部件的形状，能够提高汽车的燃油效率和操控性，提升整体驾驶体验。在建筑工程中，卵形体绕流理论可用于分析建筑物外形对风荷载的影响。优化建筑物的形状能够提高其抗风性能，减少风压对建筑物的潜在影响，确保结构安全。在环境科学中，该理论可用于分析风对自然地形（如山丘、丘陵）的流动影响。了解风流动的特性有助于预测和管理自然灾害（如山体滑坡、洪水），并评估环境污染物的扩散，为制定应对措施提供科学依据。

例 2-3 平面半无限体的绕流流场可由自左向右的均匀流和置于坐标原点强度为 q_V 的点源叠加而成（见图 2-18 和图 2-19），试确定流场中的驻点和通过驻点的流线方程（平面半无限体的外形方程）。

解 由题意可知，流场的复位势为

$$W(z)=U_\infty z+\frac{q_V}{2\pi}\ln z$$

其复速度为

$$\bar{U}=\frac{\mathrm{d}W(z)}{\mathrm{d}z}=U_\infty+\frac{q_V}{2\pi z}$$

令 $\bar{U}=0$，可得驻点位置为

$$z=-\frac{q_V}{2\pi U_\infty}$$

注意到等号右边是负实数，因此，驻点坐标为 $r=\dfrac{q_V}{2\pi U_\infty}$，$\theta=\pi$。

将复位势的实部与虚部分开，可得

$$W(z)=\left(U_\infty r\cos\theta+\frac{q_V}{2\pi}\ln r\right)+i\left(U_\infty r\sin\theta+\frac{q_V}{2\pi}\theta\right)$$

可得流函数为

$$\psi=U_\infty r\sin\theta+\frac{q_V}{2\pi}\theta$$

将其代入驻点坐标，则通过驻点的流函数值为 $q_V/2$，整理可得通过驻点的流线方程为

$$r=\frac{q_V}{2\pi U_\infty\sin\theta}(\pi-\theta)$$

【拓展阅读】

科学巨人欧拉的成就与贡献

欧拉（Leonhard Euler，1707—1783 年）是史上杰出的数学家之一，被誉为"分析的化身"。他的研究领域广泛，涉及分析学、代数学、数论、几何学、物理

学、力学和天文学等多个领域，对后世均产生了深远的影响。

欧拉（Leonhard Euler，1707—1783 年）

一、成长与教育经历

欧拉于 1707 年出生在瑞士第二名城巴塞尔的一个殷实家庭。他的父亲保罗·欧拉（Paul Euler）是一位基督教加尔文派的教长，同时也是欧拉数学的启蒙老师。欧拉自幼展现出非凡的数学天赋，他聪颖过人，在家庭的影响下，对数学充满了浓厚的兴趣。

欧拉早年进入巴塞尔大学学习，原本打算继承父业学习神学，但在著名数学家约翰·伯努利（Johann Bernoulli）及其两个儿子尼古拉·伯努利（Nicolaus Bernoulli）和丹尼尔·伯努利（Daniel Bernoulli）的影响下，他决心以数学为业。欧拉十八岁开始发表论文，十九岁时因发表关于船桅的论文而荣获巴黎科学院奖金，从此在数学领域崭露头角。

二、学术生涯与人生足迹

欧拉在巴塞尔大学毕业后，受到尼古拉·伯努利和丹尼尔·伯努利的推荐，于 1727 年前往俄国，成为丹尼尔·伯努利的助手，并在彼得堡科学院工作。然而，不久后丹尼尔因故返回瑞士，欧拉则接替了他的数学教授职位。在彼得堡科学院工作期间，欧拉勤奋努力，发表了大量精湛的数学论文，并解决了许多科学问题。1735 年，欧拉因积劳成疾而右眼失明，但这并没有阻挡他在数学和科学领域的探索。为了观察星球运动，他研究了光学和天体望远镜；为了分析潮汐运动，他开创了流体力学的研究。他毕生致力于科学研究，并为社会作出了诸多贡献。

1741 年，普鲁士国王腓特烈大帝邀请欧拉前往柏林科学院担任物理数学所所长。欧拉在柏林科学院工作期间，同样取得了显著成就，为科学院递交了数百篇科学论文。1766 年，应沙皇女王叶卡捷琳娜二世的邀请，欧拉重返彼得堡科学院。此时的他已经双目失明，但凭借着惊人的记忆力和顽强的毅力，他继续坚持科学研究工作，发表了大量论文和著作。在彼得堡科学院的最后十七年里，欧拉完全依靠口述和记忆进行研究和写作，为科学事业作出了不可磨灭的贡献。

三、数学领域的卓越贡献

欧拉在数学领域的贡献是全方位的，几乎涉及了数学的每一个分支。他的著作和论文数量惊人，据统计，他一生共写下了 886 本书籍和论文，全集出齐可达 74 卷，他的工作为数学的发展奠定了坚实的基础。欧拉在分析学方面的贡献尤为突出。他撰写的《无限小分析引论》、《微分学原理》和《积分学原理》等著作是数学史上的里程碑式作品，其中包含了他本人的大量创造。欧拉还引入了许多重要的数学符号和概念，如用 $f(x)$ 表示函数、用 e 表示自然对数的底、用 i 表示虚数等，这些符号沿用至今并为世人熟知。

欧拉在数论和代数方面也有杰出的贡献。他发现了每个实系数多项式必分解为一次或二次因子之积的规律（即代数基本定理的一个特例），并引入了数论中重要的欧拉函数 $\varphi(n)$。欧拉还给出了费马小定理的三个证明，并用解析方法讨论了数论问题。他的工作使得数论成为数学中的一个独立分支。欧拉在几何和拓扑学方面的贡献同样不可忽视。他引入了多面体的欧拉公式，这一公式在几何学中有着广泛的应用。此外，欧拉还是拓扑学的先驱之一，他通过对"哥尼斯堡七桥问题"的研究开创了拓扑学的先声。

欧拉在微积分和变分法方面也作出了重要贡献。他扩展了微积分的领域，为无穷级数和微分方程等微分几何及分析学重要分支的产生与发展奠定了基础。此外，欧拉还是变分法的奠基人之一，他通过研究"等周问题"和"最速降落线"等问题推动了变分法的发展。

四、科学原理的推广应用

欧拉不仅是一位杰出的数学家，还是一位理论联系实际的巨匠。他把自己的数学成果广泛应用到了物理学、力学和天文学等领域中，推动了这些学科的发展。在物理学方面，欧拉对光学、流体力学等领域作出了重要贡献。他研究了光的传播和干涉现象，提出了光的波动理论。此外，他还研究了流体的运动规律，建立了理想流体运动的基本微分方程，成为理论流体力学的创始人。

在力学方面，欧拉是古典力学的杰出代表之一。他创立了分析力学和刚体力学等分支学科，研究了质点沿任意曲线运动时的速度和加速度等问题。此外，他还把振动理论应用到音乐理论中，提出了音乐与数学之间的紧密联系。在天文学方面，欧拉的研究涉及了行星运动、月球运动等多个领域。他发现了月球运动的规律，并解决了使牛顿头痛的月离问题。此外，他还研究了彗星的轨道计算等问题，为天文学的发展也作出了重要贡献。

欧拉非常重视数学教育和普及工作。他编写了大量的中小学教科书和科普文章，用通俗易懂的语言向公众传授数学知识。他的著作和文章不仅严谨而且易于理解，深受广大学生和读者的喜爱。此外，欧拉还积极参与科学院的各项工作，为培养新一代数学家作出了重要贡献。

五、治学精神与历史影响

欧拉作为数学史上最伟大的数学家之一，他的影响是深远的。他的工作不仅推动了数学和科学的发展，还为后世留下了宝贵的财富。许多著名的数学家和科学家都深受欧拉的影响和启发。法国数学家拉普拉斯曾赞叹道："读读欧拉吧，他是我们一切人的教师。"高斯也曾说过："对于欧拉工作的研究将仍旧是数学人能上的最好的无可替代的学校。"这些评价充分体现了欧拉在数学和科学领域中的崇高地位。

欧拉的一生充满了传奇色彩。他凭借着惊人的记忆力、顽强的毅力和对数学的无限热爱在科学道路上不断前行。他的成就和贡献将永远铭刻在人类文明的历史长河中。

思考题

1. 流体无旋流动是否与流体微团的运动轨迹有关？

2. 推导速度势函数的 Laplace 方程，并解释其在无旋流动中的意义。

3. 在无旋流动中，如何通过速度势函数求解流场中的压强分布？请写出伯努利方程并解释其适用条件。

4. 利用叠加原理构建复杂的无旋流动流场是如何实现的？请举例展示如何结合点源和点汇来形成一个新的流场。

习题二

1. 已知平面流动的速度势函数 $\varphi = x^2 - y^2 + x$，求速度分布。若流场不可压缩，求出流函数 ψ。

2. 绘出下列流函数所表示的流动图形（标明流动方向），计算其速度和加速度，并求出速度势函数，绘出等势线。（1）$\psi = x + y$；（2）$\psi = xy$；（3）$\psi = x/y$；（4）$\psi = x^2 - y^2$。

3. 已知某二维不可压缩流场速度分布为 $u = x^2 + 4x - y^2$，$v = -2xy - 4y$。试确定：

（1）流动是否连续；（2）速度为零的驻点位置；（3）速度势函数和流函数。

4. 有两个流动，其速度势函数分别为 $\varphi_1 = 3x - 4y$，$\varphi_2 = \dfrac{x}{x^2 + y^2}$。试求合成流动的速度势函数、流函数、复位势和在 $(x=\pi,\ y=\pi)$ 点上的速度值。

5. 试讨论由复位势 $W(z) = a(1-i)z$ 所确定的流动，并求在 $|z| = \sqrt{2}$ 处的流体运动速度。

6. 某流场的复位势为 $W(z) = (1+i)\ln(z^2-1) + (2-3i)\ln(z^2+4) + \dfrac{1}{z}$。
(1) 试分析它是由哪些流体力学奇点叠加而成的；（2）求沿 $|z| = 3$ 的速度环量，即通过该圆周的流体体积流量 q_V。

7. 设流动的复位势为 $W(z) = z^2$，其中 $z = x + iy$。计算流体的速度场 (u, v)，并确定流线和等势线方程。

8. 在非定常无旋流动中，流体的速度势函数为 $\varphi(x, y, t) = \sin(kx)\cos(\omega t)$。计算流体的速度场 (u, v)，并讨论其随时间的演变。

9. 设流体在多孔介质中流动，多孔介质的渗透率为 k。已知流体的速度势函数为 $\varphi(x, y) = \ln(x^2 + y^2)$，计算流体的速度场 (u, v) 和流量 q_V。

10. 设流体在分层介质中流动，每一层的速度势函数不同。已知速度势函数分别为 $\varphi_1(x, y) = x + y$ 和 $\varphi_2(x, y) = x - y$，计算流体的速度场和界面处的速度分布。

第 3 章

流体的旋涡运动

旋涡运动是流体动力学中描述流体旋转现象的重要组成部分，广泛存在于自然界和工程应用中，如气旋、龙卷风以及飞机翼后的湍流等。深入理解旋涡运动对于预测流动行为、优化设计和控制复杂流动至关重要。旋涡是流动中具有特定旋转模式的区域，流体微团围绕其一轴线进行旋转。旋涡运动不仅影响流体的速度场和压强场分布，还在诸如风力发电、航空航天及气候研究等实际问题中发挥着关键作用。旋涡运动可以通过涡量（即涡度）来进行描述。涡度是流体微团旋转强度和方向的量度，反映了流体在特定点的旋转特性。此外，涡线是与涡度矢量相切的曲线，描绘了涡度分布的形态和路径。在理想流体中，涡线通常保持稳定，这使得旋涡的分析和预测成为可能。

本章将介绍旋涡运动的基本原理和概念，包括旋涡的定义、涡度的计算方法、涡线和涡管的特性以及旋涡在理想流体中的稳定性和在实际黏性流体中的变化等内容。

3.1 旋涡运动的基本概念

涡量是描述流体微小区域内流动旋转程度的量。流体速度场的旋度称为涡量，记作 $\boldsymbol{\Omega}$，其大小是流体质点旋转角速度的二倍。定义为

$$\boldsymbol{\Omega} = 2\boldsymbol{\omega} = \nabla \times \boldsymbol{u} \tag{3-1}$$

涡量是空间坐标和时间坐标的函数，它在直角坐标系中的具体表达式为

$$\Omega_x = \frac{\partial w}{\partial y} - \frac{\partial v}{\partial z}, \quad \Omega_y = \frac{\partial u}{\partial z} - \frac{\partial w}{\partial x}, \quad \Omega_z = \frac{\partial v}{\partial x} - \frac{\partial u}{\partial y} \tag{3-2}$$

49

流场的全部或其中某些区域存在旋转角速度的场，称为涡量场。与速度场中引入流线、流管（或流束）以及流量等概念类似，涡量场中同样定义了涡线、涡管、涡束和旋涡强度等相应的概念。

3.1.1 涡线、涡面

在某一瞬时的旋涡场中，与涡量矢量相切的曲线被定义为**涡线**，如图 3-1 所示。涡线上任意一点的切线方向与该位置流体微团的旋转角速度（即涡量）的方向相同。可以将涡线视作流体中旋转的"线"，这些线在空间中描绘了旋涡的结构。在理想流体（不可压缩且无黏性）中，涡线是稳定的，这意味着它们的形状和位置不会随时间发生变化，而会保持其原有的结构和流动特性。这种稳定性对于预测和分析实际流体运动状态具有重要意义，因为它提供了理解流体动力学行为的基础。

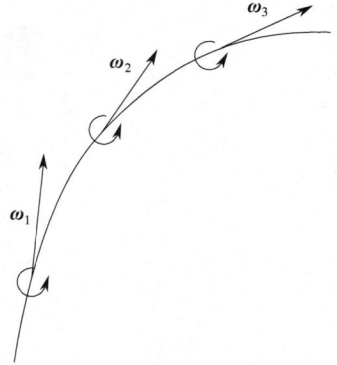

图 3-1　涡线

由定义中涡线上微元矢量与涡量矢量方向一致的条件，可推导出其微分方程为

$$\frac{\mathrm{d}x}{\Omega_x(x,y,z,t)} = \frac{\mathrm{d}y}{\Omega_y(x,y,z,t)} = \frac{\mathrm{d}z}{\Omega_z(x,y,z,t)} \tag{3-3}$$

在涡线方程中，时间 t 以参数形式出现，在同一时刻，涡线方程代表了一组涡线。涡线仅反映特定时刻的状态，而在其他时刻，构成涡线的质点线不一定保持涡线的状态。

在涡量场中，选择任意一条非涡线的曲线，并在同一时刻通过该曲线的每一点绘制出相应的涡线所形成的曲面，这个曲面被定义为**涡面**，如图 3-2 所示。涡面可以被视为理想流体中的无限薄旋涡层，主要用于集中描述流体中的涡量特征。它是一种假想面，旨在简化对流体中旋转现象的描述和计算。通过涡面模型，可以描绘出流体中某一特定区域内涡量的均匀分布，而在该区域外，涡量则几乎不存在。这种模型有助于深入理解流体动力学中的旋转行为，并在理论分析与实际应用中提供便利。

3.1.2 涡管、涡束

如图 3-3 所示，在涡量场中，任取一条非涡线的封闭曲线，并在同一时刻沿着该曲线的每一点绘制出相应的涡线所形成的管状曲面，这个管状曲面称为**涡**

管。如果该封闭曲线构成的截面无限小，则称为**微元涡管**。

与涡管中所有涡线垂直的横断面被称为**涡管断面**，在微小断面上，各点的旋转角速度是相同的。涡管中的流体做旋转运动，称为**涡束**；而在微元涡管中的涡束则称为**微元涡束**或**涡丝**。

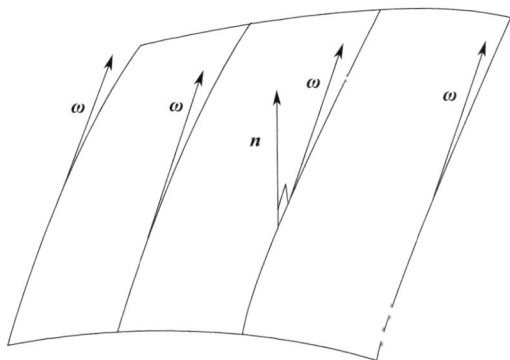

图 3-2　涡面

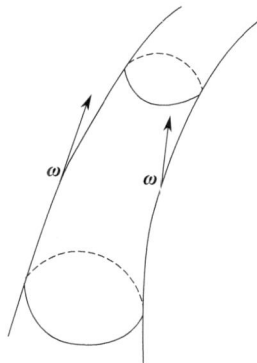

图 3-3　涡管

3.1.3　旋涡强度

在微元涡管中，二倍旋转角速度与涡管断面面积 $\mathrm{d}A$ 的乘积称为微元涡管的**旋涡强度**，即

$$\mathrm{d}J = \boldsymbol{\Omega} \cdot \boldsymbol{n}\,\mathrm{d}A = 2|\boldsymbol{\omega}|\cos(\boldsymbol{\omega},\boldsymbol{n})\,\mathrm{d}A = 2\omega_n\,\mathrm{d}A \qquad (3\text{-}4)$$

流体微团的涡量为 $\boldsymbol{\Omega} = 2\boldsymbol{\omega}$，$\boldsymbol{n}$ 为 $\mathrm{d}A$ 的外法线方向。在任意面积 A 上的旋涡强度为

$$J = \iint_A \boldsymbol{\Omega} \cdot \boldsymbol{n}\,\mathrm{d}A = 2\iint_A \omega_n\,\mathrm{d}A \qquad (3\text{-}5)$$

如果面积 A 是涡束的某一横截面积，J 就称为涡束的旋涡强度（也称为**涡通量**），它也是旋转角速度矢量 $\boldsymbol{\omega}$ 的通量。旋涡强度不仅取决于 ω_n，而且取决于面积 A。

3.2　旋涡运动的基本特性和定理

3.2.1　速度环量

沿流场中某一时刻的封闭质线做速度矢量的线积分，如图 3-4 所示，被定义

51

为**速度环量**，用符号 Γ 表示，即

$$\Gamma = \int_l \boldsymbol{u} \cdot \mathrm{d}\boldsymbol{l} = \int_l u\cos\alpha\,\mathrm{d}l \qquad (3\text{-}6)$$

式中，α 表示速度矢量与该点切线方向的夹角。

将式（3-6）写成标量积的形式，即

$$\Gamma = \int_l \boldsymbol{u} \cdot \mathrm{d}\boldsymbol{l} = \int_l (u\,\mathrm{d}x + v\,\mathrm{d}y + w\,\mathrm{d}z)$$

$$(3\text{-}7)$$

速度环量是一个标量值，具有正负之分。根据约定，以曲线的逆时针方向为正方向，顺时针方向则被视为负方向。对于非定常流动，速度环量是瞬时值，因此需

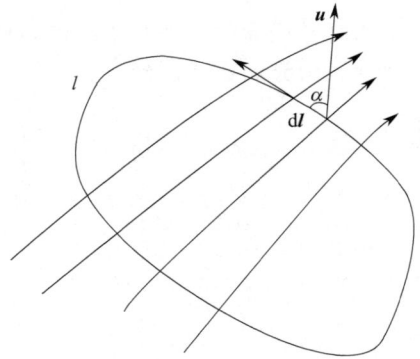

图 3-4　速度环量

要在同一时刻对曲线上每个点处的速度进行积分。在进行积分计算时，时间必须作为变量来考虑。这意味着在不同时间点，流体的速度可能会发生变化，从而影响环量的计算结果。这样的处理方式确保了对流动状态的准确描述，并能反映出流体在特定时刻的运动特性。

旋涡强度的计算在理论上尽管直接，但在实际应用中却面临许多挑战。首先，获取准确的速度场分布是计算旋涡强度的基础。例如，在海洋旋涡的测量中，需要考虑地球自转效应和不同旋转方向的影响。计算旋涡强度通常需要利用流向角等信息，这要求采用精确的测量技术，例如声呐、雷达或卫星遥感。其次，实际数据往往是离散的，这就需要进行插值和数值微分。然而，这一过程往往可能引入误差，特别是在数据变化剧烈或受到噪声干扰时，数值微分的稳定性可能受到影响。旋涡强度与周围流体的速度场密切相关。通常情况下，旋涡强度越大，对周围流体速度的影响也就越明显。因此，引入速度环量的概念，可以帮助建立速度环量与旋涡强度之间的定量关系。这一关系即为斯托克斯定理。

斯托克斯定理：在涡量场中，沿任意封闭周线的速度环量等于通过该周线所包围曲面面积的旋涡强度，即

$$\Gamma = \int_l \boldsymbol{u} \cdot \mathrm{d}\boldsymbol{l} = \iint_A \boldsymbol{\Omega} \cdot \boldsymbol{n}\,\mathrm{d}A = 2\iint_A \omega_n\,\mathrm{d}A = J \qquad (3\text{-}8)$$

这一定理表明，沿某闭合路径的速度环量可以与该路径所包围区域内的涡量联系起来，从而提供了一种有效的方法来计算旋涡强度。

对于有限复连通域的斯托克斯定理，以包围一个叶形的有限复连通域为例进行分析，如图 3-5 所示。

假设此复连通域的外封闭周线为 L_1，内封闭周线（即叶形周线）为 L_2，该复连通域内包含许多微元涡束。在 A 点处切断外周线 L_1，形成两个端点 A 和 A'；

在 B 点处切断内周线 L_2，亦形成两个端点 B 和 B'。连接 AB 和 $A'B'$，得到封闭周线 $ABL_2B'A'L_1A$ 所限定的单连通域。根据斯托克斯定理，沿整个封闭周线的速度环量等于沿组成该封闭周线的各线段的速度环量之和，所以该封闭周线的速度环量为

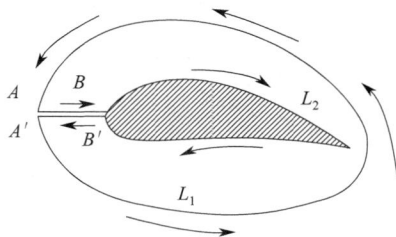

图 3-5　复连通域变单连通域

$$\Gamma_{ABL_2B'A'L_1A} = \Gamma_{AB} + \Gamma_{BL_2B'} + \Gamma_{B'A'} + \Gamma_{A'L_1A} \tag{3-9}$$

速度环量 Γ_{AB} 和 $\Gamma_{B'A'}$ 大小相等，方向相反，相互抵消。如果用 Γ_{L_1} 和 Γ_{L_2} 分别表示沿外周线和内周线的速度环量 $\Gamma_{A'L_1A}$ 和 $\Gamma_{BL_2B'}$，并规定速度环量以逆时针方向为正，顺时针方向为负，则得

$$\Gamma_{L_1} - \Gamma_{L_2} = 2\iint_A \omega_n \, dA \tag{3-10}$$

假如在外周线之内有 n 个内周线，则式(3-10) 变为

$$\Gamma_{L_1} - \Gamma_{L_2} = 2n\iint_A \omega_n \, dA \tag{3-11}$$

式(3-11) 就是**复连通域的斯托克斯定理表达式**。它表明通过复连通域的旋涡强度等于沿该区域的外周线的速度环量与沿所有内周线的速度环量总和之差。

斯托克斯定理建立了旋涡强度（简称"涡强"）与速度环量之间的密切关系。这意味着，速度环量不仅能够决定旋涡的存在，还能衡量封闭周线所包围区域内所有旋涡的总涡强。具体来说：当速度环量为零时，说明该封闭周线所包围的区域内总涡强为零。若速度环量非零，则必然存在旋涡，并且速度环量的大小与涡强成正比；反之，在没有旋涡存在的情况下，速度环量必将为零。

例 3-1 已知某流场的速度为 $u_\theta = cr$，$u_r = 0$，$u_z = 0$，其中，c 为常数，$r = \sqrt{x^2 + y^2}$。求：（1）沿曲线 $x^2 + y^2 = a^2$ 的速度环量 Γ；（2）通过上述封闭周线所包围的圆面积的旋涡强度 J。

解 （1）由速度环量定义，有

$$\Gamma = \int_l \boldsymbol{u} \cdot d\boldsymbol{l} = \int_0^{2\pi} u_\theta a \, d\theta = \int_0^{2\pi} ca a \, d\theta = 2\pi ca^2$$

（2）其流场在直角坐标系下速度为 $u = -cy$，$v = cx$，$u_z = 0$，所以，旋转角速度为

$$\omega_x = \omega_y = 0$$

$$\omega_z = \frac{1}{2}\left(\frac{\partial v}{\partial x} - \frac{\partial u}{\partial y}\right) = \frac{1}{2} \times 2c = c$$

再由旋涡强度的定义，有 $J = 2\iint_A \omega_z \, dA = 2\iint_A c \, dA = 2cA = 2c\pi a^2$

可见，$\varGamma = J$，与斯托克斯定理是一致的。

3.2.2　汤姆孙定理

汤姆孙在 1869 年的论文《论旋涡运动》中深入探讨了流体中的旋涡，特别是速度环量在封闭流体周线上的时间变化规律。他得出了一个重要结论：在无黏性流体、质量力有势和正压流体（密度仅为压强函数的流体）的条件下，速度环量在流体运动的整个过程中保持不变。这一发现被称为**汤姆孙定理**，其定义为：理想、不可压或正压流体，在有势的质量力作用下，沿任何封闭流体周线的速度环量不随时间变化。具体来说，即

$$\frac{\mathrm{D}\varGamma}{\mathrm{D}t} = 0 \tag{3-12}$$

下面证明汤姆孙定理，根据斯托克斯定理有

$$\frac{\mathrm{D}\varGamma}{\mathrm{D}t} = \int \frac{\mathrm{D}\boldsymbol{u}}{\mathrm{D}t} \cdot \mathrm{d}\boldsymbol{l} = \iint_A \left(\nabla \times \frac{\mathrm{D}\boldsymbol{u}}{\mathrm{D}t} \right) \cdot \boldsymbol{n}\,\mathrm{d}A \tag{3-13}$$

式中，A 为流体周线所围的任意曲面积。

在理想流体、质量力有势和正压流体的条件下，可以得出

$$\nabla \times \frac{\mathrm{D}\boldsymbol{u}}{\mathrm{D}t} = \nabla \times \left(\boldsymbol{f} - \frac{1}{\rho}\nabla p \right) = -\nabla \times \left(\frac{1}{\rho}\nabla p \right) = -\nabla \left(\frac{1}{\rho} \right) \times \nabla p - \frac{1}{\rho}\nabla \times (\nabla p)$$

$$= \frac{1}{\rho^2}\nabla \rho \times \nabla p = 0 \tag{3-14}$$

注：$\boldsymbol{f} = \nabla H$，$H$ 为质量力的势函数。

在正压流体中，$\nabla \rho \times \nabla p = 0$ 是显然的，将式（3-14）代入式（3-13），就有所要证明的 $\dfrac{\mathrm{D}\varGamma}{\mathrm{D}t} = 0$ 的结果。

从汤姆孙定理可以推论出涡量或速度环量产生的条件：

① **流体是非理想流体**。在实际的黏性流体中，内部的剪切应力会引发流体的旋转运动。流体层之间的相互作用能够产生并维持旋涡结构。因此，非理想流体的存在是涡量和速度环量形成的重要条件。

② **作用于流体单位质量力是非有势力场**。有势力场（如重力场和离心力场）中的流动较为均匀，而非有势力场（如科里奥利力场）复杂的惯性效应会导致流体流动的不均匀性。这种不均匀性会引起流体的旋转运动，进而形成旋涡或速度环量。

③ **流体非正压**。在正压流体中，密度通常仅依赖于压强。然而，在实际情况下，密度可能不仅与压强有关，还受到温度或其他因素的影响，这种流体被称为非正压流体。例如，温度波动可能引起密度变化，从而影响流体的流动状态。在非正压流体中，密度的复杂变化能够导致流体流动中的旋涡或速度环量的

产生。

汤姆孙定理在流体力学中具有重要的作用和意义。对于理想、不可压或正压流体，在有势的质量力作用下，旋涡既不会自发产生，也不会自行消散。这是因为在无黏性流体中，旋涡的形成通常需要外部力的作用或边界条件的变化。由于没有内部摩擦力和压缩效应，旋涡结构不易自发形成。当流体的运动呈现出均匀或稳定的特征时，旋涡通常不会自然形成。这意味着在理想流体中，如果没有外部干扰，流动状态将保持不变。由于理想流体缺乏内部摩擦，旋涡的强度不会因黏性效应而衰减或消失。在这种流体中，旋涡的结构和强度保持不变，不会自然消失。在没有外部干扰的情况下，旋涡的运动和形态是守恒的。这一论断被称为**拉格朗日定理，即"旋涡不生不灭定理"**。该定理成为判断流场是否存在旋涡的重要依据。

综上所述，汤姆孙定理和拉格朗日定理共同揭示了理想流体中的旋涡行为，为理解流体动力学中的旋涡现象提供了理论基础。

3.2.3　亥姆霍兹定理

亥姆霍兹关于旋涡的三个定理解释了旋涡的基本性质，是研究理想流体有旋流动的重要基础。

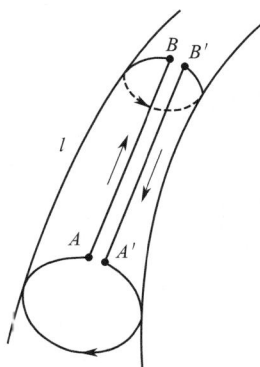

图 3-6　同一涡管上
任取两截面

（1）亥姆霍兹第一定理（旋涡强度空间保持定理）

在理想、不可压或正压流体中，如果流体呈现有旋流场，并且作用于流体的质量力（如重力、离心力等）是有势的，那么同一涡管各截面上的旋涡强度将保持恒定。

如图 3-6 所示，在同一涡管上任取两截面 A、B，在 A、B 之间的涡管表面上取两条无限接近的线段 AB 和 $A'B'$。由于封闭周线 $ABB'A'A$ 所围成的涡管表面无涡线通过，旋涡强度为零。

根据斯托克斯定理，沿封闭周线的速度环量等于零，即

$$\Gamma_{ABB'A'A} = \Gamma_{AB} + \Gamma_{BB'} + \Gamma_{B'A'} + \Gamma_{A'A} = 0 \tag{3-15}$$

由于 $\Gamma_{AB} + \Gamma_{B'A'} = 0$，而 $\Gamma_{AA'} = -\Gamma_{A'A}$，故得 $\Gamma_{A'A} = \Gamma_{B'B}$。

根据斯托克斯定理可知

$$\iint_{A_1} \boldsymbol{\Omega} \cdot \boldsymbol{n} \, \mathrm{d}A = \iint_{A_2} \boldsymbol{\Omega} \cdot \boldsymbol{n} \, \mathrm{d}A = C \tag{3-16}$$

同样该定理说明，在理想、不可压或正压、质量力有势的流体中，涡管既不能自发开始，也不能自行终止。这意味着旋涡结构是稳定的，不会因为流动状态

的改变而消失。涡管可以形成封闭的环形旋涡，或者从特定边界开始并终止于边界。这种特性使得旋涡能在边界条件下进行相互作用。亥姆霍兹第一定理指出，无论涡管的截面如何变化，其旋涡强度始终保持恒定。这一性质反映了旋涡强度在空间分布上的均匀性，表明旋涡结构在流动过程中的稳定性和完整性。旋涡强度的恒定意味着在理想流体中，旋涡结构不会因流动速度的改变而产生衰减。这种稳定性使得流体动力学在研究旋涡现象时能够建立可靠的理论模型。

（2）亥姆霍兹第二定理（涡管保持定理）

在理想、不可压或正压流体中，当流体受到有势的质量力（如重力、离心力等）作用时，流场中的涡管始终由相同的流体质点组成。

如图 3-7 所示，K 是涡管表面上的一个封闭周线，在该周线围成的区域内，涡通量为零。根据斯托克斯定理，封闭周线 K 上的速度环量也应为零；而根据汤姆孙定理，K 上的速度环量将始终保持为零，这意味着封闭周线 K 上的流体质点始终位于涡管表面之上。换句话说，涡管中的流体质点将永远保持在涡管的表面。尽管这些流体质点在运动过程中可能会重新排列，从而形成不同形状的涡管，但它们始终是构成涡管的基础物质。

由此可以得出另外两个推论定理：

① **涡面保持定理**：在理想流体中，当流体受到有势质量力（如重力、离心力等）的作用时，旋涡面（即旋涡所占据的平面区域）在流动过程中始终保持其初始流体质点的集合。换句话说，组成旋涡面的流体质点不会因流动而改变，确保了旋涡结构的稳定性和一致性。

② **涡线保持定理**：在理想流体中，当流体受到有势质量力（如重力、离心力等）的作用时，涡线在流动过程中保持其完整性和连续性。这意味着在任何时刻，涡线都不会被破坏或断裂。流体质点沿着涡线的运动确保了旋涡结构的稳定性，使得涡线始终维持其原有的形状和特性。

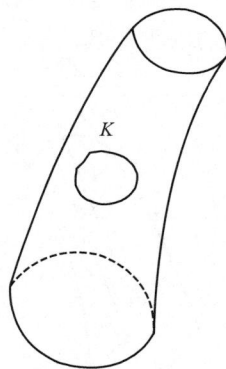

图 3-7　涡管上的封闭周线

（3）亥姆霍兹第三定理（涡管强度保持定理）

在理想、不可压缩或正压流体中，当流体受有势质量力（如重力、离心力等）作用时，任何一个涡管的旋涡强度在时间上保持不变。换句话说，涡管强度不仅是空间的不变量，也是时间的不变量。

假定封闭周线 K 环绕着涡管的任意截面 A。根据汤姆孙定理，该封闭周线 K 上的速度环量是一个常数。根据斯托克斯定理，可以得出截面 A 上的旋涡强度也是恒定的。由于 A 为任意截面，因此整个涡管各个截面的旋涡强度都保持不变，即涡管的旋涡强度不随时间变化。然而，在黏性流体中，根据亥姆霍兹第三定理，剪切应力会导致能量的耗散，从而使得涡管的旋涡强度逐渐减弱。

例 3-2　假设地球为圆球，环绕地球的大气是干燥的理想不可压缩流体，其压强 p、温度 T 和密度 ρ 之间遵循状态方程 $p = \rho R T$，其中 R 是气体常数。忽略地球自转，试阐述大气的速度环量如何随时间变化以及大气流动现象的特征。

解　对于理想流体，在质量力有势、非正压的情况下，速度环量的时间变化可以通过斯托克斯定理与涡量联系起来：

$$\Gamma = \int_l \boldsymbol{u} \cdot \mathrm{d}\boldsymbol{l}$$

$$\nabla \times \frac{\mathrm{D}\boldsymbol{u}}{\mathrm{D}t} = -\nabla \times \left(\frac{1}{\rho} \nabla p\right)$$

则

$$\frac{\mathrm{D}\Gamma}{\mathrm{D}t} = -\iint_A \left[\nabla \times \left(\frac{1}{\rho} \nabla p\right)\right] \cdot \boldsymbol{n} \, \mathrm{d}A$$

对于 $\rho = \rho(p)$ 的正压流体，上式的被积函数等于 0；对于本例题 $\rho = \rho(p, T)$，为非正压流体，则有

$$\nabla \times \left(\frac{1}{\rho} \nabla p\right) = \nabla \left(\frac{1}{\rho}\right) \times \nabla p \neq 0$$

因此，$\dfrac{\mathrm{D}\Gamma}{\mathrm{D}t} \neq 0$。这表明，随着时间的变化，大气中将产生旋涡或旋涡消失。

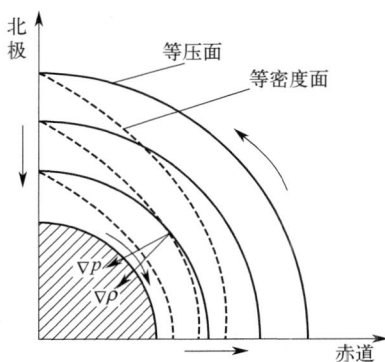

图 3-8　例 3-2 附图

假设地球是一个圆球，并且相同高度的球面上压强是相等的，因此等压面是以地心为中心的球面。由于太阳辐射的不均匀性，赤道地区接收到的太阳辐射强度高于北极地区，因此赤道地区的气温通常高于北极地区。沿着球面从北极到赤道，随着纬度的降低，温度逐渐升高。根据状态方程 $p = \rho R T$，并考虑在同一球面上的力是相等的，可以得出密度 ρ 从北极向赤道逐渐减小。在同一半径下，赤道的密度要低于北极的密度。因此，等密度面将从赤道开始向上倾斜至北极。如图 3-8 所示，等密度面和等压面的法向矢量

$\nabla \rho$ 与 ∇p 都指向其增大的方向，而 $(\nabla \rho \times \nabla p) \cdot \boldsymbol{n} > 0$，故有 $\dfrac{\mathrm{D}\Gamma}{\mathrm{D}t} > 0$。这意味着随着时间的推移，大气中会产生旋涡，通常表现为稳定的气流运动，气流从高压区（即北纬地区）流向低压区（即赤道地区），在赤道地区上升后，又在高层返回北

纬地区。这种环流在气象学中被称为赤道国家出现的贸易风。

3.3 涡量动力学方程

涡量动力学方程是描述流体中涡量（涡度）演变的重要方程，它揭示了涡量在流体运动中的生成、输运和消散过程。旋涡运动必须遵循流体运动的基本方程，这些方程包括纳维-斯托克斯方程（适用于实际流体）和欧拉方程（适用于理想流体）。

根据矢量公式 $\nabla\left(\dfrac{\boldsymbol{u}\cdot\boldsymbol{u}}{2}\right)=\boldsymbol{u}\cdot\nabla\boldsymbol{u}+\boldsymbol{u}\times\boldsymbol{\Omega}$，可将理想流体欧拉方程 $\dfrac{\mathrm{D}\boldsymbol{u}}{\mathrm{D}t}=\boldsymbol{f}-\dfrac{1}{\rho}\nabla p$ 改写为

$$\frac{\partial\boldsymbol{u}}{\partial t}+\nabla\left(\frac{\boldsymbol{u}\cdot\boldsymbol{u}}{2}\right)-\boldsymbol{u}\times\boldsymbol{\Omega}=\boldsymbol{f}-\frac{1}{\rho}\nabla p \tag{3-17}$$

对式(3-17)两边取叉乘（旋度），由 $\nabla\times\boldsymbol{u}=\boldsymbol{\Omega}$，$\nabla\times\nabla\left(\dfrac{\boldsymbol{u}\cdot\boldsymbol{u}}{2}\right)=0$，可得

$$\frac{\partial\boldsymbol{\Omega}}{\partial t}-\nabla\times(\boldsymbol{u}\times\boldsymbol{\Omega})=\nabla\times\boldsymbol{f}-\nabla\times\left(\frac{1}{\rho}\nabla p\right) \tag{3-18}$$

应用矢量恒等式 $\nabla\times(\varphi\boldsymbol{u})=\varphi\,\nabla\times\boldsymbol{u}+\nabla\varphi\times\boldsymbol{u}$，可知

$$\nabla\times\left(\frac{1}{\rho}\nabla p\right)=\nabla\left(\frac{1}{\rho}\right)\times\nabla p+\frac{1}{\rho}\nabla\times(\nabla p)=-\frac{1}{\rho^2}(\nabla\rho\times\nabla p) \tag{3-19}$$

应用矢量恒等式 $\nabla\times(\boldsymbol{A}\times\boldsymbol{B})=(\boldsymbol{B}\cdot\nabla)\boldsymbol{A}-(\boldsymbol{A}\cdot\nabla)\boldsymbol{B}+\boldsymbol{A}\,\nabla\cdot\boldsymbol{B}-\boldsymbol{B}\,\nabla\cdot\boldsymbol{A}$，有

$$\nabla\times(\boldsymbol{u}\times\boldsymbol{\Omega})=(\boldsymbol{\Omega}\cdot\nabla)\boldsymbol{u}-(\boldsymbol{u}\cdot\nabla)\boldsymbol{\Omega}-\boldsymbol{\Omega}\,\nabla\cdot\boldsymbol{u} \tag{3-20}$$

将式(3-19)和式(3-20)代入式(3-18)，则有

$$\frac{\partial\boldsymbol{\Omega}}{\partial t}+(\boldsymbol{u}\cdot\nabla)\boldsymbol{\Omega}-(\boldsymbol{\Omega}\cdot\nabla)\boldsymbol{u}+\boldsymbol{\Omega}\,\nabla\cdot\boldsymbol{u}=\nabla\times\boldsymbol{f}+\frac{1}{\rho^2}(\nabla\rho\times\nabla p) \tag{3-21}$$

注意到随体导数定义 $\dfrac{\mathrm{D}\boldsymbol{\Omega}}{\mathrm{D}t}=\dfrac{\partial\boldsymbol{\Omega}}{\partial t}+(\boldsymbol{u}\cdot\nabla)\boldsymbol{\Omega}$，故可将式(3-21)改写为

$$\frac{\mathrm{D}\boldsymbol{\Omega}}{\mathrm{D}t}-(\boldsymbol{\Omega}\cdot\nabla)\boldsymbol{u}+\boldsymbol{\Omega}\,\nabla\cdot\boldsymbol{u}=\nabla\times\boldsymbol{f}+\frac{1}{\rho^2}(\nabla\rho\times\nabla p) \tag{3-22}$$

再作如下假定：①作用于流体上的单位质量力 $\boldsymbol{f}$ 是有势力场，存在力势函数 $H(x,y,z)$，$\boldsymbol{f}=\nabla H$，则 $\nabla\times\boldsymbol{f}=0$；②流体为正压性，即流体密度仅为压强的函数，则 $\nabla\rho\times\nabla p=0$。

于是得到亥姆霍兹方程

$$\frac{\mathrm{D}\boldsymbol{\Omega}}{\mathrm{D}t}-(\boldsymbol{\Omega}\cdot\nabla)\boldsymbol{u}+\boldsymbol{\Omega}\,\nabla\cdot\boldsymbol{u}=0 \tag{3-23}$$

对不可压缩流体，因 $\nabla \cdot \boldsymbol{u} = 0$，则亥姆霍兹方程可简化为

$$\frac{\mathrm{D}\boldsymbol{\Omega}}{\mathrm{D}t} = (\boldsymbol{\Omega} \cdot \nabla)\boldsymbol{u} \tag{3-24}$$

这就是质量力有势、流体正压和理想流体情况下的涡量动力学方程，也称为**亥姆霍兹方程**。该方程的主要优点在于，它不涉及压强、密度和质量力，而是专注于速度场与涡量场之间的关系，因此同样适用于可压缩流体。亥姆霍兹方程的重要意义在于，它能够在不求解基本动力学方程组的情况下，揭示运动学量之间的关系。此外，亥姆霍兹方程还为亥姆霍兹定理的建立提供了理论基础，这些定理进一步加深了人们对流体中旋涡结构和动力学特性的理解。

为了阐明亥姆霍兹方程的物理意义，可以将式(3-24)转换为笛卡尔坐标系下的张量形式，即

$$\frac{\mathrm{D}\boldsymbol{\Omega}_i}{\mathrm{D}t} = \boldsymbol{\Omega}_j \frac{\partial u_i}{\partial x_j} \tag{3-25}$$

考虑涡线（涡管）上涡量的变化率，如果涡线上流体的运动仅沿涡线方向，则可以将式(3-25)改写为

$$\frac{\mathrm{D}|\boldsymbol{\Omega}|}{\mathrm{D}t} = |\boldsymbol{\Omega}| \frac{\partial u_s}{\partial s} \tag{3-26}$$

式中，$|\boldsymbol{\Omega}|$ 为涡线上涡量的模；$\dfrac{\partial u_s}{\partial s}$ 可以理解为单位长度涡线在单位时间的伸长率，即

$$\frac{\partial u_s}{\partial s} = \frac{1}{\mathrm{d}s} \frac{\mathrm{D}}{\mathrm{D}t} \mathrm{d}s \tag{3-27}$$

将式(3-26)代入式(3-27)合并，可得

$$\frac{\mathrm{D}}{\mathrm{D}t}\left(\frac{|\boldsymbol{\Omega}|}{\mathrm{d}s}\right) = 0 \tag{3-28}$$

这表明，涡线的涡量变化与其微元长度的伸缩成正比，即涡线的伸缩变形与涡量的变化紧密相关。在更复杂的情况下，涡线（或涡管）在流体中的运动不仅包括伸缩变形，还涉及弯曲变形。这种变形意味着涡管内的流体质点在涡管的轴向（s 方向）上具有速度分量，并且在涡管的法线方向（m 方向）及其相反方向上也会出现速度分量的变化。根据式(3-2)，这些速度分量的变化将在法线方向上诱导出涡量分量。相反地，涡管法线方向上的涡量变化也会驱动涡管发生法线方向上的弯曲运动。亥姆霍兹方程从物理本质上揭示了涡量变化与涡线的伸长和旋转变形之间的联系。通过亥姆霍兹方程，我们能够深入探讨涡量在不同流体运动状态下的行为模式，进而揭示涡线在流体动力学中产生的重要作用。该方程提供了一个分析旋涡动态的有力工具，帮助理解旋涡在流体运动中形成、发展和消

散的复杂过程。

3.4 由速度散度场和涡量场确定速度场

理解流体的运动和行为是流体力学的核心内容之一。流体的速度场通常由不同的场源引起，其中涡量场和散度场是两个重要的影响因素。**涡量场**描述了流体中旋转和旋涡的分布，反映了流体的旋转特性和旋涡结构，而**散度场**则涉及流体的源汇效应，即流体的局部膨胀或压缩。在实际应用中，涡量场和散度场往往同时存在，并共同作用于流体的速度场。这种情况下，流体的速度分布变得更加复杂，需要同时考虑涡量和散度的作用。两者之间的相互作用可以导致不同的流动模式，比如旋涡的生成、演化以及流体的汇聚或发散，从而影响整体流体的动态行为和特性。

设在有限体积 τ 内给定涡量场和散度场，而在 τ 外则无旋无源，即

$$\text{在 } \tau \text{ 内}, \nabla \cdot \boldsymbol{u} = \sigma, \nabla \times \boldsymbol{u} = \boldsymbol{\Omega} \tag{3-29a}$$

$$\text{在 } \tau \text{ 外}, \nabla \cdot \boldsymbol{u} = 0, \nabla \times \boldsymbol{u} = \boldsymbol{0} \tag{3-29b}$$

式中，σ 和 $\boldsymbol{\Omega}$ 是已知的速度散度函数和涡量函数。

现欲求上述 σ 和 $\boldsymbol{\Omega}$ 的诱导速度场 $\boldsymbol{u}$。上述问题可拆分成两个问题分别进行求解，先求速度场 $\boldsymbol{u}_1$，$\boldsymbol{u}_1$ 满足

$$\text{在 } \tau \text{ 内}, \nabla \cdot \boldsymbol{u}_1 = \sigma, \nabla \times \boldsymbol{u}_1 = \boldsymbol{0} \tag{3-30a}$$

$$\text{在 } \tau \text{ 外}, \nabla \cdot \boldsymbol{u}_1 = 0, \nabla \times \boldsymbol{u}_1 = \boldsymbol{0} \tag{3-30b}$$

再求速度场 $\boldsymbol{u}_2$，$\boldsymbol{u}_2$ 满足

$$\text{在 } \tau \text{ 内}, \nabla \cdot \boldsymbol{u}_2 = 0, \nabla \times \boldsymbol{u}_2 = \boldsymbol{\Omega} \tag{3-31a}$$

$$\text{在 } \tau \text{ 外}, \nabla \cdot \boldsymbol{u}_2 = 0, \nabla \times \boldsymbol{u}_2 = \boldsymbol{0} \tag{3-31b}$$

式中，$\boldsymbol{u}_1$ 代表无旋有源场的诱导速度；$\boldsymbol{u}_2$ 代表有旋无源场的诱导速度。容易验证 $\boldsymbol{u} = \boldsymbol{u}_1 + \boldsymbol{u}_2$ 就是有旋有源场的诱导速度。

先求解 $\boldsymbol{u}_1$，由于 $\nabla \times \boldsymbol{u}_1 = \boldsymbol{0}$，无旋场一定存在速度势函数 φ，使得

$$\boldsymbol{u}_1 = \nabla \varphi \tag{3-32}$$

将式(3-32) 代入 $\nabla \cdot \boldsymbol{u}_1 = \sigma$ 得

$$\nabla^2 \varphi = \sigma \tag{3-33}$$

式(3-33) 是泊松方程，现在问题就转化为求解 φ 的泊松方程，一旦求出 φ，便可以求出 $\boldsymbol{u}_1$。

求解泊松方程，可从点源的简单情况推广而得到，其解为

$$\varphi = -\frac{1}{4\pi} \iiint_\tau \frac{\sigma}{r} \mathrm{d}\tau \tag{3-34}$$

式(3-34) 的物理意义如下：将 τ 内流体分成许多流体微团，每个流体微团可视为一个点源，强度为 $\sigma \mathrm{d}\tau$，σ 是单位体积的源强。依据流体力学原理，容易求得空间点源 $\sigma \mathrm{d}\tau$ 的诱导速度势为 $\dfrac{\sigma \mathrm{d}\tau}{4\pi r}$，对整个 τ 积分即得到式(3-34)。

对式(3-34) 求梯度得到 $\boldsymbol{u}_1$，即

$$\boldsymbol{u}_1 = \nabla\left(-\frac{1}{4\pi}\iiint_\tau \frac{\sigma}{r}\mathrm{d}\tau\right) \tag{3-35}$$

再来求解 $\boldsymbol{u}_2$，引入辅助矢势函数 $\boldsymbol{A}$，令

$$\boldsymbol{u}_2 = \nabla\times\boldsymbol{A} \tag{3-36}$$

由于一个矢量旋度的散度等于零，因此由式(3-36) 定义的速度 $\boldsymbol{u}_2$ 满足 $\nabla\cdot\boldsymbol{u}_2 = 0$。将 $\boldsymbol{u}_2 = \nabla\times\boldsymbol{A}$ 代入 $\nabla\times\boldsymbol{u}_2 = \boldsymbol{\Omega}$，并利用矢量恒等式 $\nabla\times(\nabla\times\boldsymbol{A}) = \nabla(\nabla\cdot\boldsymbol{A}) - \nabla^2\boldsymbol{A}$，得

$$\nabla(\nabla\cdot\boldsymbol{A}) - \nabla^2\boldsymbol{A} = \boldsymbol{\Omega} \tag{3-37}$$

令

$$\nabla\cdot\boldsymbol{A} = 0 \tag{3-38}$$

则有

$$\nabla^2\boldsymbol{A} = -\boldsymbol{\Omega} \tag{3-39}$$

下面先求解方程(3-39) 得出 $\boldsymbol{A}$ 的表示式，再验证求出的 $\boldsymbol{A}$ 是否满足式(3-38)。方程(3-39) 是矢量方程，其 3 个分量方程相当于 3 个泊松方程，即

$$\nabla^2 A_i = -\Omega_i,\ i = 1,2,3 \tag{3-40}$$

引用式(3-33)，式(3-39) 的解可写为

$$\boldsymbol{A} = \frac{1}{4\pi}\iiint_\tau \frac{\boldsymbol{\Omega}}{r}\mathrm{d}\tau \tag{3-41}$$

于是，$\boldsymbol{u}_2$ 可表示为

$$\boldsymbol{u}_2 = \nabla\times\left(\frac{1}{4\pi}\iiint_\tau \frac{\boldsymbol{\Omega}}{r}\mathrm{d}\tau\right) \tag{3-42}$$

值得注意的是，式(3-35) 和式(3-42) 中的 σ 和 $\boldsymbol{\Omega}$ 可看作 τ 内某一点 $M(x_1, y_1, z_1)$ 的散度和涡量，它们是 x_1、y_1 和 z_1 的函数；$\boldsymbol{u}_1$ 和 $\boldsymbol{u}_2$ 则是流场中另外一点 $P(x, y, z)$ 的速度，它们是 x、y 和 z 的函数；r 是 M 点和 P 点连线的长度，即

$$r = \sqrt{(x-x_1)^2 + (y-y_1)^2 + (z-z_1)^2} \tag{3-43}$$

式(3-35) 和式(3-42) 的积分在 τ 内对 (x_1, y_1, z_1) 进行。

现检验式(3-41) 是否满足式(3-38)。对式(3-41) 求散度，可得

$$\nabla\cdot\boldsymbol{A} = \frac{1}{4\pi}\iiint_\tau \boldsymbol{\Omega}\cdot\nabla\left(\frac{1}{r}\right)\mathrm{d}\tau \tag{3-44}$$

需要指出的是，式(3-44)左侧的求散度运算是针对 x、y 和 z 的，而 $\boldsymbol{\Omega}$ 是 x_1、y_1 和 z_1 的函数。因此，等式右侧只需对 $\dfrac{1}{r}$ 求梯度，而无需考虑 $\boldsymbol{\Omega}$ 变化的影响。由式(3-43)有

$$\nabla\left(\frac{1}{r}\right) = -\nabla'\left(\frac{1}{r}\right) \tag{3-45}$$

式中，∇ 表示对 x、y 和 z 微分；∇' 表示对 x_1、y_1 和 z_1 微分。于是

$$\nabla \cdot \boldsymbol{A} = -\frac{1}{4\pi}\iiint_\tau \boldsymbol{\Omega} \cdot \nabla'\left(\frac{1}{r}\right) \mathrm{d}\tau \tag{3-46}$$

注意到 $\nabla' \cdot \left(\dfrac{\boldsymbol{\Omega}}{r}\right) = \dfrac{1}{r}\nabla' \cdot \boldsymbol{\Omega} + \boldsymbol{\Omega} \cdot \nabla'\left(\dfrac{1}{r}\right) = \boldsymbol{\Omega} \cdot \nabla'\left(\dfrac{1}{r}\right)$，于是式(3-46)可改写为

$$\nabla \cdot \boldsymbol{A} = -\frac{1}{4\pi}\iiint_\tau \nabla' \cdot \left(\frac{\boldsymbol{\Omega}}{r}\right) \mathrm{d}\tau = -\frac{1}{4\pi}\iint_S \boldsymbol{n} \cdot \frac{\boldsymbol{\Omega}}{r}\mathrm{d}S \tag{3-47}$$

式中，S 是 τ 的界面；$\boldsymbol{n}$ 是界面 S 的外法线单位矢量。

因为已假设 τ 外是无旋场，则在界面 S 上必有 $\boldsymbol{n} \cdot \boldsymbol{\Omega} = 0$，于是 $\nabla \cdot \boldsymbol{A} = 0$，即 $\boldsymbol{A}$ 满足式(3-38)。可见，式(3-42)就是所求的有旋无源场诱导速度的解析式。将式(3-35)和式(3-42)相加即得到有旋有源场的诱导速度，即

$$\boldsymbol{u} = \nabla\left[-\frac{1}{4\pi}\iiint_\tau \frac{\sigma}{r}\mathrm{d}\tau\right] + \nabla \times \left[\frac{1}{4\pi}\iiint_\tau \frac{\boldsymbol{\Omega}}{r}\mathrm{d}\tau\right] \tag{3-48}$$

3.5 旋涡场感应的速度场

本节继续上节讨论由给定旋涡场决定速度场的问题，即根据不可压缩流体连续性方程 $\nabla \cdot \boldsymbol{u} = 0$ 和 $\nabla \times \boldsymbol{u} = \boldsymbol{\Omega}$ 求解速度场 $\boldsymbol{u}$ 的问题。为了求解上述方程组通常引入辅助矢势函数 $\boldsymbol{A}$，$\boldsymbol{A}$ 与 $\boldsymbol{u}$ 的关系为 $\boldsymbol{u} = \nabla \times \boldsymbol{A}$，通过式(3-36)至式(3-39)的泊松方程，即可进一步确定 $\boldsymbol{A}$，然后求出 $\boldsymbol{u}$。

3.5.1 无旋有源矢量场的解

求解泊松方程，可从点源的简单情况推广得到，如有一处于点 $P(\xi, \eta, \varphi)$，强度为 σ 的点源，如图3-9所示，则

$$\varphi = -\frac{\sigma \mathrm{d}\tau}{4\pi r} \tag{3-49}$$

式中，$r = |\boldsymbol{R} - \boldsymbol{R}'| = \sqrt{(x-\xi)^2 + (y-\eta)^2 + (z-\varphi)^2}$。

如果点源在空间的分布如图 3-10 所示，则

$$\varphi = -\frac{1}{4\pi} \iiint_\tau \frac{\sigma}{r} \mathrm{d}\tau \tag{3-50}$$

式中，τ 为点源占有空间，此时即为无旋 $\nabla \times \boldsymbol{u} = 0$、有源 $\nabla \cdot \boldsymbol{u} = \sigma$ 矢量场的解，此时速度势函数满足

$$\nabla^2 \varphi = \sigma \tag{3-51}$$

因此，式（3-50）即为 φ 的泊松方程式（3-51）的解。

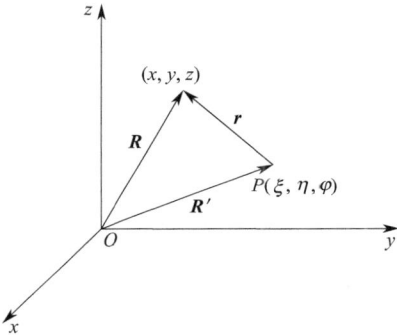

图 3-9　点源

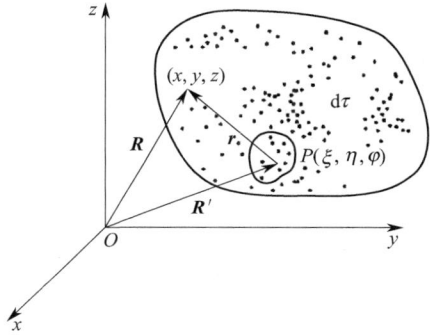

图 3-10　点源的分布

3.5.2　有旋无源矢量场的解

进一步可将式（3-50）的解推广至式（3-39），即

$$\boldsymbol{A} = \frac{1}{4\pi} \iiint_\tau \frac{\boldsymbol{\Omega}}{r} \mathrm{d}\tau \tag{3-52}$$

将式（3-52）代入 $\boldsymbol{u} = \nabla \times \boldsymbol{A}$ 中可得

$$\boldsymbol{u} = \nabla \times \boldsymbol{A} = \frac{1}{4\pi} \nabla \times \iiint_\tau \frac{\boldsymbol{\Omega}}{r} \mathrm{d}\tau \tag{3-53}$$

由于 ∇ 是对 x、y、z 取偏导数的算子，它与 ξ、η、φ 无关，而积分是对 ξ、η、φ 进行的，故 ∇ 可移入积分号内，并且由于 $\boldsymbol{\Omega}$ 是（ξ，η，φ）的函数，有

$$\nabla \times \left(\frac{\boldsymbol{\Omega}}{r} \right) = \nabla \left(\frac{1}{r} \right) \times \boldsymbol{\Omega} = -\frac{\nabla r}{r^2} \times \boldsymbol{\Omega} = -\frac{\boldsymbol{r} \times \boldsymbol{\Omega}}{r^3} \tag{3-54}$$

因此，式（3-53）成为

$$\boldsymbol{u} = -\frac{1}{4\pi} \iiint_\tau \frac{\boldsymbol{r} \times \boldsymbol{\Omega}}{r^3} \mathrm{d}\tau \tag{3-55}$$

利用给定的旋度场 $\boldsymbol{\Omega}$，可通过式（3-55）求出它所诱导的速度场。

3.5.3 $\nabla \cdot \boldsymbol{A} = 0$ 的物理意义

$$\nabla \cdot \boldsymbol{A} = \frac{1}{4\pi} \nabla \cdot \iiint_{\tau} \frac{\boldsymbol{\Omega}}{r} \mathrm{d}\tau \tag{3-56}$$

由于 $\nabla \cdot \left(\dfrac{\boldsymbol{\Omega}}{r}\right) = \nabla\left(\dfrac{1}{r}\right) \cdot \boldsymbol{\Omega}$，因此式(3-56)可改写为

$$\nabla \cdot \boldsymbol{A} = \frac{1}{4\pi} \iiint_{\tau} \boldsymbol{\Omega} \cdot \nabla\left(\frac{1}{r}\right) \mathrm{d}\tau \tag{3-57}$$

由于

$$\left.\begin{array}{l} \nabla\left(\dfrac{1}{r}\right) = -\dfrac{1}{r^2}\nabla r \\[3mm] \nabla'\left(\dfrac{1}{r}\right) = -\dfrac{1}{r^2}\nabla' r \end{array}\right\} \tag{3-58}$$

式中，∇' 是对 ξ、η、φ 取偏导数的算子。而 $\nabla r = -\nabla' r$，因此 $\nabla\left(\dfrac{1}{r}\right) = -\nabla'$ $\left(\dfrac{1}{r}\right)$，将其代入式(3-57)，可得

$$\nabla \cdot \boldsymbol{A} = -\frac{1}{4\pi} \iiint_{\tau} \boldsymbol{\Omega} \cdot \nabla'\left(\frac{1}{r}\right) \mathrm{d}\tau \tag{3-59}$$

此外，$\nabla' \cdot \left(\dfrac{\boldsymbol{\Omega}}{r}\right) = \dfrac{1}{r}\nabla' \cdot \boldsymbol{\Omega} + \boldsymbol{\Omega} \cdot \nabla'\left(\dfrac{1}{r}\right)$，由于旋度的散度为零，即 $\nabla' \cdot \boldsymbol{\Omega}$ $= 0$，因此 $\boldsymbol{\Omega} \cdot \nabla'\left(\dfrac{1}{r}\right) = \nabla' \cdot \left(\dfrac{\boldsymbol{\Omega}}{r}\right)$，将此式代入式(3-59)，可得

$$\nabla \cdot \boldsymbol{A} = -\frac{1}{4\pi} \iiint_{\tau} \nabla' \cdot \left(\frac{\boldsymbol{\Omega}}{r}\right) \mathrm{d}\tau = -\frac{1}{4\pi} \iint_{s} \frac{\boldsymbol{n} \cdot \boldsymbol{\Omega}}{r} \mathrm{d}S \tag{3-60}$$

从式(3-60)可知，若 $\nabla \cdot \boldsymbol{A} = 0$，即

$$\iint_{s} \frac{\boldsymbol{n} \cdot \boldsymbol{\Omega}}{r} \mathrm{d}S = 0 \tag{3-61}$$

式(3-61)要求在边界 S 上处处满足

$$\boldsymbol{n} \cdot \boldsymbol{\Omega} = 0 \tag{3-62}$$

即 τ 的边界 S 上涡量法向分量处处为零，这是式(3-59)存在的条件。

【拓展阅读】

涡旋铸魂：童秉纲先生的科学精神与家国情怀

童秉纲（1927—2020 年），男，祖籍江苏省张家港市。他是中国著名的流体力学家、教育家，中国科学院院士，中国科学技术大学和中国科学院大学教授。

他长期从事非定常流与涡运动、生物运动力学、气动热力学等领域的研究与教学工作，为我国工程科学思想的发展作出了卓越贡献。

童秉纲（1927—2020 年）

一、求学立志，奠基学术之路

1927 年 9 月 28 日，童秉纲出生于江苏省张家港市。在那个动荡不安的时代，国家内忧外患，社会矛盾重重。童秉纲自幼聪慧好学，在求学期间，深受鲁迅等革命先驱思想的影响，立志要通过科学研究来改变国家落后的面貌。1950年，他从南京大学机械工程系本科毕业，同年进入哈尔滨工业大学师资研究生班学习。在那里，他师从苏联力学专家克雷洛夫，系统地学习了理论力学，并担任理论力学教研室代主任。这段经历不仅奠定了他扎实的理论基础，也培养了他对科学研究的浓厚兴趣。

二、涡旋理论的破冰之旅

童秉纲先生在非定常流与涡运动领域取得了诸多开创性的成果。20 世纪 70年代初，他与合作者在国内率先开展了基于非定常空气动力学理论的飞行器动导数研究。他们突破了传统的线性理论和准定常假定的限制，发展了一套适用于低速、跨声速、超声速乃至高超声速的整套动导数计算方法。特别是针对跨声速流和高超声速流动固有的非线性困难，建立了相应的非定常流理论模型，采用半解析半数值的求解途径，发展了若干新方法。例如，适用于机翼和旋成体的非定常跨声速局部线化面元法及其配套的多种核函数近似算式，以及适用于高超声速钝头体的非定常内伏牛顿 - 布兹曼流动理论。

此外，童秉纲先生还带领团队开展了非定常极端曲地面效应研究。这项被加州理工学院吴耀祖教授评价为"卓越超群"的工作，揭示了曲地面与对应的平地面效应之间的等效定理。他们成功导出了小展弦比升力面和细长旋成体在极端曲地面效应下的近似解析解，揭示了曲地面效应的物理规律。

三、开拓生物运动力学与气动热力学

除了非定常流与涡运动的研究，童秉纲先生还在生物运动力学和气动热力学领域作出了重要贡献。他组建了中国科学院研究生院与中国科学技术大学的仿生力学研究联合团队，主要研究昆虫飞行和鱼类游动的流动物理。他们发展了活体运动观测、模型实验、数值模拟和理论模化等多种研究手段，推动了生物运动力学领域的发展。在鱼类游动的研究中，童秉纲先生提出了变形体动力学方程，建立了"鱼-水"系统满足系统动量和动量矩守恒的生物体自主推进模型。

同时，童秉纲先生与马晖扬教授在中国科学院研究生院创建了空气动力学实验室，共同推进了计算气动热力学的发展。他们提出的非傅里叶传热模型和具有定量物理意义的非平衡流动判据，为精确预测稀薄气体效应和真实气体效应耦合作用下的气动加热提供了可靠的理论工具。

四、赤子之心，树人格丰碑

作为我国著名的力学教育家，童秉纲先生从教六十余载，为我国的力学教育事业作出了杰出贡献。他在哈尔滨工业大学主持创建了国内第一个理论力学教研室，协助钱学森、林同骥、卞荫贵等先生建设了中国科学技术大学力学专业的教学体系。他撰写的多部教材广受好评，其中《理论力学》（第 1 版）被评为"全国试用教科书"，成为国内最有影响力的工科理论力学教材之一。

童秉纲先生不仅注重理论教学，更强调实践的重要性。他认为，教育的根本在于培养学生的创新能力，使他们在科学研究中能够独立思考、勇于探索。他言传身教，把不畏曲折、真诚坦荡、治学严谨的工作作风贯穿于教育始终，堪为师者典范和学者楷模。童秉纲先生一生淡泊名利，始终将国家利益和科学事业放在首位。他曾总结自己的经历为"逆境很长、服务很多、很晚创业、小有成就"。他的学术成就和精神品质不仅为后人树立了榜样，也为中国科学事业的发展注入了强大的动力。

五、精神的能量不灭定律

童秉纲先生开创的学术事业仍在蓬勃发展：他提出的涡控制理论应用于"歼-20"隐身战机的气动设计；他创立的计算方法为"长征"系列火箭减阻优化提供了关键支撑；他培养的学术梯队主导着多个国家重点实验室的研究工作。从烽火连天的少年时代到科技强国的耄耋之年，童秉纲用一生诠释了"涡旋人生"的深刻内涵——既有科学探索的执着旋转，又有育人传承的持续流动。他的学术贡献推动了中国流体力学跻身世界先进行列，他的教育实践培养了一支强大的科研队伍，他的高尚品德树立了知识分子的精神标杆。今天，当我们的飞行器翱翔蓝天，当大国重器巡弋深海，那优美气动外形的背后，那精妙流动控制的深处，永远跃动着一位老人用毕生心血谱写的涡旋诗篇。这，就是童秉纲先生留给中华民族最珍贵的科学遗产和精神财富。

思考题

1. 简述旋涡与无旋流动的区别，并说明研究旋涡运动的重要性。

2. 何谓旋涡强度和速度环量？二者之间有什么关系？是否有应用条件？

3. 阐述黏性项在涡量输运方程中的作用，并讨论其在旋涡生成和消散中的影响。

4. 如何利用涡量输运方程来分析旋涡的生成、发展以及消散过程？

5. 基于汤姆孙定理，讨论涡量或速度环量产生的条件，并解释"旋涡不生不灭定理"。

习题三

1. 设在 $(1,0)$ 点置有 $\Gamma = \Gamma_0$ 的旋涡，在 $(-1,0)$ 点置有 $\Gamma = -\Gamma_0$ 的旋涡。试求沿下列路线的速度环量：（1）$x^2 + y^2 = 16$；（2）$(x-1)^2 + y^2 = 1$；（3）$x = \pm 4$，$y = \pm 4$ 的一个方形框；（4）$x = \pm 0.5$，$y = \pm 0.5$ 的一个方形框。

2. 给定流场为 $v_x = -\dfrac{Cy}{x^2 + y^2}$，$v_y = \dfrac{Cx}{x^2 + y^2}$，$v_z = 0$，其中 C 为常数。做一个围绕 Oz 轴的任意封闭周线，试用斯托克斯定理求此封闭周线的速度环量，并说明此环量值与所取封闭周线的形状无关。

3. 设流场的速度分布为 $u = \omega r$，ω 是绕垂直轴的旋转角速度，r 为某点离垂直轴的距离，试求涡线方程。

4. 设流体质点运动的速度分量为 $u = y + 2z$，$v = z + 2x$，$w = x + 2y$。试求：（1）涡量场及涡线方程；（2）若涡管断面 $\mathrm{d}A = 0.0001\mathrm{m}^2$，求旋涡强度 J；（3）穿过 $z = 0$ 平面上面积 $\mathrm{d}A = 0.0001\mathrm{m}^2$ 的涡通量。

5. 设流体的速度场为 $u = (4y, -4x, 0)$。请计算流体的涡度 $\boldsymbol{\omega}$，并判断此流动是否为旋涡流动。

6. 考虑一个位于原点的点涡，其强度为 Γ。计算流体的速度场 u，并确定流线和涡线的方程。

7. 设有一个强度为 Γ 的无限长直涡管，沿 z 轴放置。请计算流体的速度场 u，并讨论其在空间中的分布特性。

8. 在旋涡流动中，已知涡量场为 $\boldsymbol{\omega}(x,y) = (0,0,\omega_0)$，其中 ω_0 是常数。请计算流体的速度场 u，并推导出压强分布。

9. 设有两个点涡，分别位于 (x_1, y_1) 和 (x_2, y_2)，强度分别为 Γ_1 和 Γ_2。请计算合成流动的速度场。并讨论其物理性质。

10. 在流体与刚性壁面相互作用的旋涡流动中，已知流体的速度场为 $u = (u_0, 0, 0)$，壁面位于 $y = 0$。请推导出满足无滑移条件的速度分布函数。

第 4 章

典型流动问题的解析解

  纳维-斯托克斯（Navier-Stokes）方程（N-S 方程）是描述黏性流体动量守恒的基本方程。该方程最初由法国数学家纳维于 1827 年提出，只考虑了不可压缩流体的流动。随后，泊松在 1831 年引入了可压缩流体的运动方程。而圣维南与斯托克斯于 1845 年独立提出了假设黏性系数为常数的运动方程，这些方程统称为纳维-斯托克斯方程。

  自 N-S 方程确立以来，研究者不断探索在不同定解条件下求解该方程的理论精确解。这些精确解不仅加深了对黏性流体运动规律的理解，还为评估数值计算方法的可靠性和准确性提供了重要的理论依据。然而，由于 N-S 方程本质上是一个复杂的非线性二阶偏微分方程，因此在一般情况下，获得其精确解是极具挑战性的。

  本章将在黏性流体力学的基本方程基础上，针对一些简单或典型的流动问题，通过基本的微分方程组来求解精确解。同时，对于特定流动情况，还将考虑忽略方程中的次要项，以导出近似方程并进一步求取其近似解。通过这些分析，希望能够更深入地理解流体运动的特性。

4.1　无量纲形式流体动力学方程、相似准则数

  在解决流体动力学中的流动问题时，采用无量纲化方程是一种常见且有效的方法，其优势在于：无量纲化后的方程中所有物理量均与量纲尺度无关，从而使得研究结果更易于比较和推广。此外，通过建立无量纲化的基本方程，可以导出流动相似性所需的无量纲准则数，这对流动行为的分析至关重要。

为了实现基本方程的无量纲化，首先需要选取一组具有代表性的物理量，称为特征量，这些特征量将作为度量单位。接下来，将方程中的所有物理量都以这些基本特征量进行标准化，由此可以将其转化为无量纲形式的物理量。

令 L_0、U_0、t_0、ρ_0、p_0、μ_0、g_0 分别代表长度、流速、时间、密度、压强、黏度和重力加速度的特征量，则各物理量的无量纲形式为

$$
\left.
\begin{aligned}
x^* &= \frac{x}{L_0}, u_i^* = \frac{u_i}{U_0}, t^* = \frac{t}{t_0}, \rho^* = \frac{\rho}{\rho_0} \\
p^* &= \frac{p}{p_0}, \mu^* = \frac{\mu}{\mu_0}, g^* = \frac{g}{g_0}
\end{aligned}
\right\}
\tag{4-1}
$$

当质量力仅为重力时，将连续性方程（1-71）和 N-S 方程（1-78）中各项的物理量改写成无量纲形式，然后将连续性方程两边同时除以 $\rho_0 U_0 / L_0$，N-S 方程两边同时除以 U_0^2 / L_0，整理可得

$$
\frac{L_0}{U_0 t_0} \frac{\partial \rho^*}{\partial t^*} + \frac{\partial (\rho^* u_i^*)}{\partial x_i^*} = 0
\tag{4-2}
$$

$$
\frac{L_0}{U_0 t_0} \frac{\partial u_i^*}{\partial t^*} + u_j^* \frac{\partial u_i^*}{\partial x_j^*} = -\frac{p_0}{\rho_0 U_0^2} \frac{1}{\rho^*} \frac{\partial p^*}{\partial x_i^*} + \frac{\mu_0}{\rho_0 U_0 L_0} \frac{\mu^*}{\rho^*} \frac{\partial^2 u_i^*}{\partial x_j^* \partial x_j^*} - \frac{L_0 g_0}{U_0^2} g^*
\tag{4-3}
$$

通过式（4-2）和式（4-3）发现，式中由特征量组成了以下重要的无量纲参数：

● **斯特劳哈尔（Strouhal）数**，表征迁移加速度惯性力与局部加速度惯性力之比，反映流动的非定常性，即

$$
St = \frac{L_0}{U_0 t_0}
\tag{4-4}
$$

● **弗劳德（Froude）数**，表征惯性力与重力之比，即

$$
Fr = \frac{U_0}{\sqrt{L_0 g_0}}
\tag{4-5}
$$

● **欧拉（Euler）数**，表征压强与惯性力之比，即

$$
Eu = \frac{p_0}{\rho_0 U_0^2}
\tag{4-6}
$$

● **雷诺（Reynolds）数**，表征惯性力与黏性力之比，即

$$
Re = \frac{\rho_0 U_0 L_0}{\mu_0}
\tag{4-7}
$$

将上述无量纲参数代入式（4-2）和式（4-3），可得

$$
St \frac{\partial \rho^*}{\partial t^*} + \frac{\partial (\rho^* u_i^*)}{\partial x_i^*} = 0
\tag{4-8}
$$

$$St \frac{\partial u_i^*}{\partial t^*} + u_j^* \frac{\partial u_i^*}{\partial x_j^*} = -Eu \frac{1}{\rho^*} \frac{\partial p^*}{\partial x_i^*} + \frac{1}{Re} \frac{\mu^*}{\rho^*} \frac{\partial^2 u_i^*}{\partial x_j^* \partial x_j^*} - \frac{1}{Fr^2} g^* \qquad (4\text{-}9)$$

式(4-8)和式(4-9)即为**无量纲形式的流体动力学方程**。同样地，也可对边界条件和初始条件进行无量纲化处理。

对于同一类流动问题，其运动规律应通过相同的微分方程组进行描述。如果两个流动现象是相似的，那么它们必须满足以下条件：

① **相同的无量纲方程组**：这意味着在描述这些流动现象的微分方程组中，所有相关的物理量都应以无量纲形式表达。

② **相同的定解条件**：这包括边界条件和初始条件等，确保在分析时所采用的条件是一致的。

③ **无量纲参数的一一对应**：所有方程中的无量纲参数必须一一对应且相等，这些无量纲参数被称为相似准则数。

然而，在实际流动问题中，实现所有相似准则数完全相等往往是不可能的。因此，在处理具体问题时，通常只关注那些主要影响流动行为的力的相似性。通过确保这些主要作用力所对应的相似准则数相等，而忽略其他次要作用力，可以简化分析过程，使研究更易于进行和理解。这一方法在流体动力学的应用中具有重要意义，有助于提取出关键因素，从而有效地预测和分析流动现象。例如，当 $Re \ll 1$ 时，则可认为惯性力与黏性力相比可以视为小量，从而忽略方程中的惯性力项；当 $Fr \gg 1$ 时，则认为惯性力远大于重力，从而忽略方程中的质量力项。这样可使方程大为简化，从而得出近似解。

边界相似性在流体动力学中同样重要，必须被纳入考虑。边界相似性涉及多个方面，包括以下几个关键因素：

① **几何形状相似**：边界的几何形状必须相似，这是确保流动现象能够产生一致性的基本条件。如果模型与原型之间的几何形状不相似，就无法产生相似的流动行为。

② **运动方式相似**：边界的运动方式也必须相似。这意味着边界在流动过程中所经历的运动状态（如速度、加速度等）应保持一致。如果边界运动方式不同，可能导致流动特征和行为的显著差异。

③ **应力相似**：边界上的应力分布需要相似，以确保流体与边界之间的相互作用在不同条件下是可比的。

④ **热相似**：当温度对流动行为有影响时，热传递过程的相似性也须考虑，以保证能量的转换和分配具有可比性。

对于几何相似，缩放比例尺是预先确定的，这意味着模型与原型在尺寸上的比例关系是固定的。至于运动相似，速度的相似关系已经直接体现在动力相似的要求中，即通过满足动力相似准则来确定。这些准则确保了在不同条件下，流体流动的动态行为能够保持一致性。比如，模型试验中要求满足重力相似的 Fr 数相等，则模型速度和实型速度的关系由 $u_m/\sqrt{gL_m}=u_0/\sqrt{gL_0}$ 可得，$u_m=u_0$ $\sqrt{L_m/L_0}$，其中 L_m/L_0 为几何尺度缩尺比。

对边界上的应力相似，还需要一些其他的相似准则要求。比如，模拟空泡表面上无量纲汽化压强 p_v 的相似，则需要增加一个无量纲的**空化数**，即

$$\sigma=\frac{p_0-p_v}{\frac{1}{2}\rho_0u_0^2} \tag{4-10}$$

式中，σ 为空化的相似准则数。

模拟具有自由表面上表面张力（单位长度上的张力）作用的相似，根据计算表面张力的公式，无量纲化后可得相似准则数，即

$$We=\frac{\rho_0u_0^2L_0}{\sigma} \tag{4-11}$$

式中，We 为**韦伯（Weber）数**，表征惯性力与表面张力之比，是表面张力的相似准则数。

顺便指出，在可压缩流体研究高速气流问题中，需要考虑相似准则数——Eu 数。在可压缩流体中因声速 $c^2=(\partial p/\partial\rho)_s$，声速按等熵过程传递，服从 $p/\rho^\gamma=C$，其中 γ 为比热比，故有 $c^2=\gamma p_0/\rho_0$。所以在可压缩流体流动中，Eu 数在物理意义上与马赫数 $Ma=u_0/c_0$ 相一致。

4.2　定常平行剪切流动

平行剪切流是流体动力学中最简单的流动类型之一，其特征在于整个流动场中只有一个非零的速度分量。在这种流动中，所有流体质点都沿着同一方向运动。为了不失一般性，可以在直角坐标系下进行分析，并假设流动方向为 x 轴。设整个流场中的 y 和 z 方向速度分量（v 和 w）均为零，那么根据不可压缩流动的连续性方程，可以推导出

$$\frac{\partial u}{\partial x}=0 \tag{4-12}$$

因此，对于平行剪切流而言，有

$$u=u(y,z,t),v=0,w=0 \tag{4-13}$$

设质量力有势，则存在势函数，使得

$$f=\nabla H \tag{4-14}$$

引入压强函数 P，使得

$$\nabla P = \nabla p - \rho \nabla H \tag{4-15}$$

由第 1 章不可压缩流动 N-S 方程（1-78）中关于 y 和 z 向的分量方程可得 $\partial P / \partial y = 0$ 和 $\partial P / \partial z = 0$，因此压强函数 P 仅是坐标 x 和时间 t 的函数，$P = P$ (x, t)。根据平行剪切流定义式（4-13），可知不可压缩流动 N-S 方程中关于 x 向的分量方程中非线性项（对流项）为零，于是有

$$\rho \frac{\partial u}{\partial t} = -\frac{\mathrm{d}P}{\mathrm{d}x} + \mu \left(\frac{\partial^2 u}{\partial y^2} + \frac{\partial^2 u}{\partial z^2} \right) \tag{4-16}$$

式中，对 P 用全导数，以强调 P 与 y 和 z 无关。方程（4-16）描述了 x 向速度分量 $u(y, z, t)$ 随时间和空间的变化。在平行剪切流的情形下，不可压缩流动 N-S 方程从原来的非线性偏微分方程简化为线性微分方程，这种简化使得理论分析和求解过程变得更加方便。

4.2.1　二维泊肃叶流动

二维泊肃叶（Poiseuille）流动是两个静止平行平板间由压强驱动的二维定常层流流动，如图 4-1 所示。由式（4-16）可进一步简化得

$$\frac{\mathrm{d}P}{\mathrm{d}x} = \mu \frac{\mathrm{d}^2 u}{\mathrm{d}y^2} \tag{4-17}$$

上下平板壁面处的边界条件为

$$y = \pm h : u = 0 \tag{4-18}$$

式中，$2h$ 为上下平板间的距离。

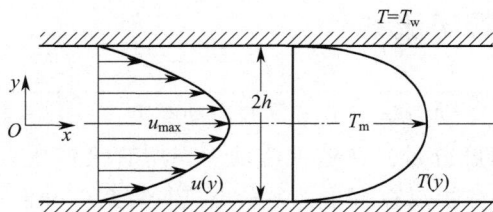

图 4-1　二维泊肃叶流动（抛物线速度分布）

由于压强函数 P 仅是坐标 x 的函数，而 u 仅是坐标 y 的函数，若方程（4-17）恒成立，必有

$$\frac{\mathrm{d}P}{\mathrm{d}x} = \mu \frac{\mathrm{d}^2 u}{\mathrm{d}y^2} = 常数 \tag{4-19}$$

将式（4-19）对 y 积分，考虑边界条件式（4-18），可得

$$u = -\frac{h^2}{2\mu} \frac{\mathrm{d}P}{\mathrm{d}x} \left[1 - \left(\frac{y}{h} \right)^2 \right] \tag{4-20}$$

可见，二维泊肃叶流动中的速度剖面为抛物形。式（4-20）右边的负号表示速度指向压强降低的方向。若用 $u_{max} = -\dfrac{h^2}{2\mu}\dfrac{\mathrm{d}P}{\mathrm{d}x}$ 表示两平板间中心处的最大速度，则速度剖面可表示为

$$u = u_{max}\left[1 - \left(\frac{y}{h}\right)^2\right] \tag{4-21}$$

4.2.2 库埃特流动

库埃特（Couette）流动是黏性流体在相对运动着的两平行平板之间的定常层流流动。考虑下板静止，上板沿流向以速度 U 运动。此时，流动仍满足式（4-19），但边界条件则变为

$$\left.\begin{matrix} y = -h : u = 0 \\ y = h : u = U \end{matrix}\right\} \tag{4-22}$$

可得库埃特流动中的速度分布为

$$u = \frac{U}{2}\left(1 + \frac{y}{h}\right) + \frac{h^2}{2\mu}\left(-\frac{\mathrm{d}P}{\mathrm{d}x}\right)\left[1 - \left(\frac{y}{h}\right)^2\right] \tag{4-23}$$

① 当压强梯度为零，即 $\dfrac{\mathrm{d}P}{\mathrm{d}x} = 0$，表明流动完全是由运动的上壁面通过黏性力而形成的。这一流动称为简单库埃特流动。

② 当压强梯度不为零，即 $\dfrac{\mathrm{d}P}{\mathrm{d}x} \neq 0$，此流动称为一般的库埃特流动，是在简单库埃特流动的基础上叠加一个由式（4-20）描写的压强梯度驱动的流动。压强梯度的影响可通过一无量纲压强梯度 B 来分析，其定义式为：

$$B = \frac{h^2}{\mu U}\left(-\frac{\mathrm{d}P}{\mathrm{d}x}\right) \tag{4-24}$$

图 4-2 给出了不同无量纲压强梯度下的速度分布。可见，当 $B > 0$ 时，由式（4-24）可知，$\dfrac{\mathrm{d}P}{\mathrm{d}x} < 0$，即压强沿流动方向下降，称为顺压强梯度，此时两平行平板内的流体速度均为正值。当 $B < 0$ 时，由式（4-24）可知，$\dfrac{\mathrm{d}P}{\mathrm{d}x} > 0$，即压强沿流动方向增加，称为逆压强梯度。当 B 小于某个负值后，靠近静止下平板的某些流动区域内的速度为负值，即出现逆流。开始出现逆流的条件为

$$\left.\frac{\mathrm{d}u}{\mathrm{d}y}\right|_{y=-h} = 0 \tag{4-25}$$

由式（4-23）可知，此条件对应于

$$\frac{\mathrm{d}P}{\mathrm{d}x} = \frac{\mu U}{2h^2}, B = -\frac{1}{2} \tag{4-26}$$

当 $B < -\dfrac{1}{2}$ 时，速度大的流层对静止下平板附近流体微团的拖动力不足以克服逆压强梯度，因而出现逆流。

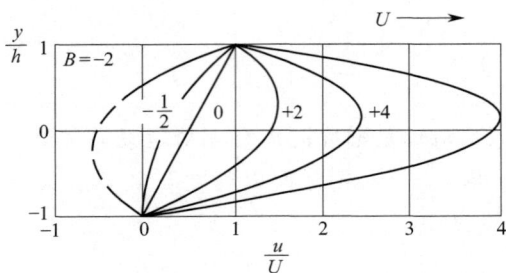

图 4-2　两平行平板间库埃特流动的速度分布

4.2.3　哈根-泊肃叶流动

哈根-泊肃叶（Hagen-Poiseuille）流动是黏性流体在直圆管道中的平行剪切流，如图 4-3 所示。现以管道中心线为柱坐标系轴线，并用 x 表示，该方向速度为 u。对于平行剪切流，径向和周向分速度为零，因此，u 不随 x 变化，只随径向位置 r 变化。压强函数 P 不随 r 变化，只随 x 变化，且 $\dfrac{\mathrm{d}P}{\mathrm{d}x} =$ 常数。

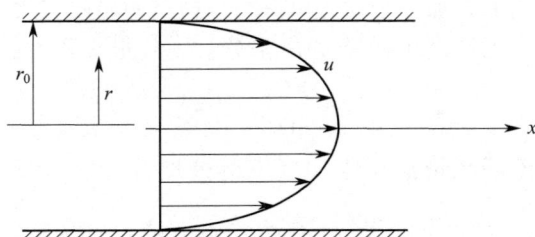

图 4-3　直圆管中的平行剪切流

由柱坐标系下的 N-S 方程简化，可得

$$\mu\left(\frac{\mathrm{d}^2 u}{\mathrm{d}r^2} + \frac{1}{r}\frac{\mathrm{d}u}{\mathrm{d}r}\right) = \frac{\mathrm{d}P}{\mathrm{d}x} \tag{4-27}$$

边界条件为

$$r=r_0 : u=0 \atop r=0 : \dfrac{\mathrm{d}u}{\mathrm{d}r}=0 \Bigg\} \tag{4-28}$$

将式（4-27）写成

$$\frac{\mathrm{d}}{\mathrm{d}r}\left(r\,\frac{\mathrm{d}u}{\mathrm{d}r}\right)=\frac{1}{\mu}\frac{\mathrm{d}P}{\mathrm{d}x}r \tag{4-29}$$

对式（4-29）进行两次积分，可得

$$u=\frac{1}{\mu}\frac{\mathrm{d}P}{\mathrm{d}x}\frac{r^2}{4}+C_1\ln r+C_2 \tag{4-30}$$

将边界条件式（4-28）代入式（4-30），求解常数 C_1 和 C_2，最终获得速度分布表达式为

$$u=-\frac{1}{4\mu}\frac{\mathrm{d}P}{\mathrm{d}x}(r_0^2-r^2) \tag{4-31}$$

可见，直圆管内黏性流体层流流动的速度分布为轴对称的抛物面型。

根据速度分布式（4-31），可以很容易地获得以下重要流动参数。

（1）流量

$$\begin{aligned}
q_V &=\iint_A u\,\mathrm{d}A=-\frac{1}{4\mu}\frac{\mathrm{d}P}{\mathrm{d}x}\int_0^{r_0}(r_0^2-r^2)\,2\pi r\,\mathrm{d}r\\
&=\frac{\pi r_0^4}{8\mu}\left(-\frac{\mathrm{d}P}{\mathrm{d}x}\right)
\end{aligned} \tag{4-32}$$

（2）断面平均流速

$$\overline{U}=\frac{q_V}{\pi r_0^2}=\frac{r_0^2}{8\mu}\left(-\frac{\mathrm{d}P}{\mathrm{d}x}\right) \tag{4-33}$$

（3）圆管中心处的最大速度

$$\begin{aligned}
u_{\max} &=\left[-\frac{1}{4\mu}\frac{\mathrm{d}P}{\mathrm{d}x}\int_0^{r_0}(r_0^2-r^2)\right]_{r=0}\\
&=\frac{1}{4\mu}\left(-\frac{\mathrm{d}P}{\mathrm{d}x}\right)r_0^2
\end{aligned} \tag{4-34}$$

可知

$$\overline{U}=\frac{1}{2}u_{\max} \tag{4-35}$$

（4）壁面切应力

$$\tau_w=-\mu\frac{\mathrm{d}u}{\mathrm{d}r}\bigg|_{r=r_0}$$

$$= \frac{1}{2} r_0 \left(-\frac{\mathrm{d}P}{\mathrm{d}x} \right) = \frac{4\mu U_0}{r_0} \tag{4-36}$$

（5）壁面摩擦阻力（摩阻）系数

$$C_f = \frac{\tau_{\mathrm{w}}}{\frac{1}{2}\rho \overline{U}^2} = \frac{16}{Re} \tag{4-37}$$

其中雷诺数定义为

$$Re = \frac{\overline{U} d}{\upsilon} \tag{4-38}$$

式中，d 为圆管直径；υ 为流体运动黏度。

在实际工程中，常使用沿程水头损失 h_f，它实际上是机械能的耗散。若用 $z + \frac{p}{\rho g} + \frac{\overline{U}^2}{2g}$ 代表某截面上单位重量流体的总机械能（其中 z 为该截面在某一坐标系的高度，代表质量力对应的势能），则两个截面间的沿程水头损失为

$$
\begin{aligned}
h_f &= \left(z_1 + \frac{p_1}{\rho g} + \frac{\overline{U}_1^2}{2g} \right) - \left(z_2 + \frac{p_2}{\rho g} + \frac{\overline{U}_2^2}{2g} \right) \\
&= \left(z_1 + \frac{p_1}{\rho g} \right) - \left(z_2 + \frac{p_2}{\rho g} \right) \\
&= -\frac{\Delta P}{\rho g}
\end{aligned} \tag{4-39}
$$

在式(4-39) 的计算中，利用了等截面管 $\overline{U}_1 = \overline{U}_2$。在重力场中，压强函数为

$$P = p + \rho g z \tag{4-40}$$

式中，z 轴方向与重力方向相反。

由于 $\frac{\mathrm{d}P}{\mathrm{d}x}$ 为常数，则单位长度上沿程水头损失为

$$\frac{h_f}{l} = -\frac{\Delta P}{l \rho g} = -\frac{\mathrm{d}P}{\mathrm{d}x} \frac{1}{\rho g} \tag{4-41}$$

引入摩阻因子 f 来表征水头损失，其定义为

$$f = \frac{-\dfrac{\mathrm{d}P}{\mathrm{d}x} 2 r_0}{\dfrac{1}{2}\rho \overline{U}^2} \tag{4-42}$$

则由式(4-41) 可得沿程水头损失

$$h_f = f \frac{l}{d} \frac{\overline{U}^2}{2g} \tag{4-43}$$

将式（4-33）代入式（4-42），则得

$$f = \frac{64}{Re} \tag{4-44}$$

由图 4-4 可见，由式（4-44）确定的理论摩阻因子与实验符合得很好，但这只适用于低雷诺数层流流动。

管道摩阻因子 f 与壁面摩阻系数 C_f 有关。由式（4-37）与式（4-44）可见，对于这里讨论的圆管内的平行流，其关系为

$$f = 4C_f \tag{4-45}$$

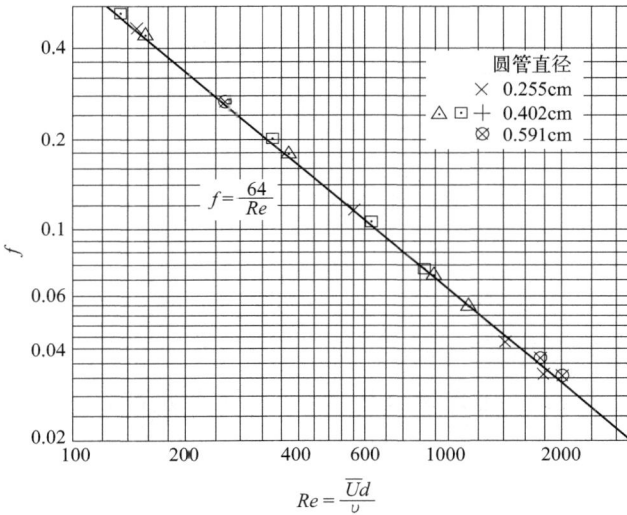

图 4-4　直圆管中黏性流体层流流动的摩阻因子的理论值与实验值对比

4.3　非定常平行剪切流动

在自然界中，几乎所有流动现象都是非定常的，比如鸟类的飞翔、飞行器在空中的运动以及龙卷风等。这种非定常流动指的是流体的状态随时间变化，流动过程中物理量（如速度、压强、温度等）也会随时间而变化。

非定常流动可以根据其时间相关性的起因进行分类：①第一类非定常流动的时间相关性直接来源于外部条件的非定常性，这可以是由于界面边界做非定常运动，例如平板的 Stokes 第一和第二问题；也可以是由于非定常的外加压强梯度，例如圆管内 Poiseuille 流的起动过程。②第二类非定常流动的边界条件和其他外部条件都不随时间变化，流动的非定常性完全源于定常流动的稳定性无法满足的情况，例如，在大雷诺数下圆球定常绕流产生的卡门涡街和圆管中的湍流。在雷

诺数足够低的情况下，这类流动是定常的，但随着雷诺数的增加，流动失稳变为非定常流动。

非定常流动在流体动力学中是一个重要且复杂的问题。理解非定常流动的产生原因及其特征，对于解决实际工程问题和了解自然现象具有重要意义。同时，非定常流动的研究也有助于开发更精确的流动模型与预测工具，以便更好地应对现实中遇到的各种流动问题。

本节将讨论非定常平行剪切流这一较为简单的流动情况，并理论求解速度分布表达式。首先研究平板在自身平面内做非定常平移所引起的流动，假设仍为平行流动，且压强为常数，即

$$v=0, w=0, p=常数 \tag{4-46}$$

对于不可压缩流动，由连续性方程可得

$$\frac{\partial u}{\partial x}=0 \tag{4-47}$$

可见，对于二维流动，流向速度 $u=u(y,t)$。因此，N-S 方程中 x 向的分量方程可简化为

$$\frac{\partial u}{\partial t}=v\frac{\partial^2 u}{\partial y^2} \tag{4-48}$$

这是典型的扩散方程。

下面将讨论界面边界非定常诱发的两个典型流动问题。

4.3.1 平板突然起动

一块无限大平板置于静止的黏性流体中，在某一瞬间突然开始运动，并以恒定速度 U 沿其自身平面移动，从而带动周围的流体开始运动。这种情况通常被称为 Stokes 第一问题，如图 4-5 所示。

初始条件：

$$u(y)=0, t\leqslant 0 \tag{4-49}$$

平板和无穷远边界条件：

$$u(0)=U, u(\infty)=0, t>0 \tag{4-50}$$

此定解问题的表述等价于以下热扩散问题：一个初始温度与周围环境相同的物体，在 $t=0$ 时，其 $y=0$ 的一端突然被加热到某个高于周围环境的温度，求解 $t>0$ 时，热量沿 $y>0$ 的空间的扩散。

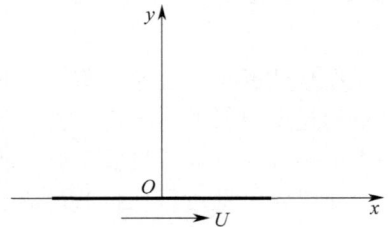

图 4-5　平板的突然起动

将式(4-48)～式(4-50)两边除以 U 后，表明无量纲速度 u/U 是坐标 y、时间 t 和流体运动黏度 v 的函数，即 $u/U=f(y,t,v)$。量纲分析表明，由 y、t 和

υ 可组成的唯一无量纲参数为

$$\eta = \frac{y}{2\sqrt{\upsilon t}} \tag{4-51}$$

因此，无量纲速度为

$$u/U = f(\eta) \tag{4-52}$$

偏微分方程（4-48）可化为二阶常微分方程，表示为

$$f'' + 2\eta f' = 0 \tag{4-53}$$

初始条件和边界条件（统称为定解条件）可简化为

$$f(0) = 1, f(\infty) = 0 \tag{4-54}$$

形式为 $u = Uf(\eta)$ 的解存在，表明了该流动在空间和时间的不同点上，只要 η 相同，其无量纲速度就相同，亦为自相似解。

将方程式（4-53）积分 1 次，得到 $f' = Ae^{-\eta^2}$，满足 $f(0) = 1$ 的解是

$$f(\eta) = 1 + A\int_0^\eta e^{-\lambda^2} d\lambda \tag{4-55}$$

再利用定解条件 $f(\infty) = 0$，可以确定积分常数 $A = -2/\sqrt{\pi}$，于是有

$$f(\eta) = 1 - \mathrm{erf}(\eta) \tag{4-56}$$

式中，$\mathrm{erf}(\eta) = \dfrac{2}{\sqrt{\pi}}\displaystyle\int_0^\eta e^{-\lambda^2} d\lambda$ 为误差函数。

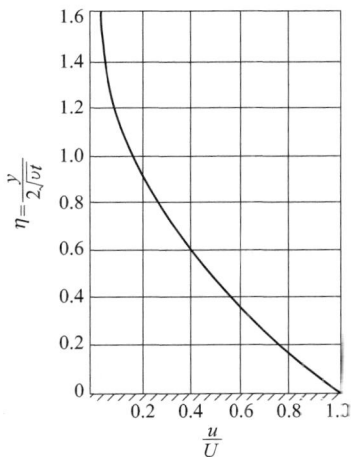

图 4-6　突然加速的平板上
　　　的速度分布

于是，平板加速起动后，平板上方流体流动的速度场分布为

$$\frac{u}{U} = 1 - \mathrm{erf}(\eta) \tag{4-57}$$

可见，速度随着到平板的距离而按指数函数的规律减少。当 $\eta = 2$ 时，在 $y = 4\sqrt{\upsilon t}$ 的距离处 $u \approx 0.5\%U$，这充分表明了黏性的影响已基本消失。因此，该问题中平板黏性层厚度的量级为 $\sqrt{\upsilon t}$。图 4-6 给出了流场的速度分布。可见，用变换式（4-52）是很方便的，它把不同时刻的速度分布整合在了同一条曲线上。

进一步计算可获得涡量场

$$\omega_z = -\frac{\partial u}{\partial y} = -\frac{\mathrm{d}u}{\mathrm{d}\eta}\frac{\partial \eta}{\partial y} = \frac{U}{\sqrt{\pi \upsilon t}}e^{-\eta^2} \tag{4-58}$$

由此可见，平板突然加速的瞬间，即 $t=0$ 时，在平板壁面 $y=0$ 处（保持 y^2/vt 有界），ω 趋于无穷大，这说明了涡量在固壁产生的情况。将此式与点涡的涡量场计算式对比，发现平板突然加速产生的涡及其扩散的形式与点涡的基本一样。

现考察单位长度平板上从 $y=0$ 到 $y=\infty$ 区间内的涡通量。根据涡通量 J 的定义，并考虑到平行流的特点和式（4-58）可得

$$J = \int_0^\infty \omega_z \, \mathrm{d}y = \int_0^\infty \frac{U}{\sqrt{\pi vt}} \mathrm{e}^{-\eta^2} \, \mathrm{d}y = U \int_0^\infty \frac{2}{\sqrt{\pi}} \mathrm{e}^{-\eta^2} \, \mathrm{d}\eta = U \mathrm{erf}(\infty) = U \quad (4\text{-}59)$$

显然，当 $\eta \to \infty$ 时，在上述单位长度平板上方的半无限区域内，涡通量保持恒定，其值等于平板速度 U。然而，涡量的空间分布随时间而变化。在平板开始运动的瞬间，涡量产生并集中在板面上；随后，涡量从板面向外部空间扩散，使得流场中的分布逐渐变得更加均匀。与点涡的情况类似，这一结果表明，如果没有新的涡源出现，单纯的涡量扩散不会改变整个无限大区域内的总涡通量。

4.3.2　平板周期振荡流

一块在自身平面内做简谐振荡的无限大平板所引起的周围流体的运动，通常被称为 Stokes 第二问题，如图 4-7 所示。平板简谐振荡运动方程为

$$u(t) = U_0 \cos\omega t \quad (4\text{-}60)$$

若仍为平行剪切流，则不可压缩流动的动量方程与 Stokes 第一问题相同，为式(4-48)。但边界条件应为

$$\left. \begin{array}{l} y=0: u(t)=U_0 \cos\omega t \\ y=\infty: u(t)=0 \end{array} \right\} \quad (4\text{-}61)$$

采用复数解法，设本问题的解为式(4-62)的实部

$$u(t) = U_0 f(y) \mathrm{e}^{i\omega t} \quad (4\text{-}62)$$

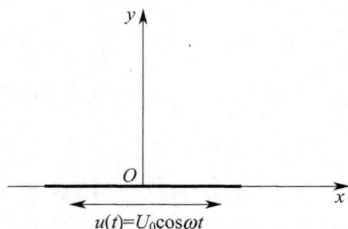

图 4-7　平板周期振荡流

将式(4-62)代入式(4-48)、式(4-60)和式(4-61)，可得函数 $f(y)$ 的方程及边界条件为

$$i\omega f(y) = v f''(y); \quad f(0)=1, f(\infty)=0 \quad (4\text{-}63)$$

设式(4-63)的解为

$$f(y) = \mathrm{e}^{sy} \quad (4\text{-}64)$$

则

$$s^2 = i\,\frac{\omega}{\upsilon},\ s = -(1+i)\sqrt{\frac{\omega}{\upsilon}}\ \text{或}\ (1+i)\sqrt{\frac{\omega}{\upsilon}} \tag{4-65}$$

考虑到 $f(\infty) = 0$，舍去 $s = (1+i)\sqrt{\dfrac{\omega}{\upsilon}}$，从而得

$$f(y) = \exp\left[-(1+i)\sqrt{\frac{\omega}{\upsilon}}\,y \right] \tag{4-66}$$

因此，本问题的解为

$$u(y,t) = U_0 e^{-ky}\cos(\omega t - ky) \tag{4-67}$$

其中

$$k = \sqrt{\frac{\omega}{2\upsilon}} \tag{4-68}$$

可见，速度剖面为随 y 衰减的简谐振荡，其振幅为 $U_0 e^{-ky}$。速度的振幅随无量纲坐标 $\eta = y\sqrt{\dfrac{\omega}{2\upsilon}}$ 的增大而指数衰减，η 也是相对于平板运动的相位滞后值。y 方向离开距离为 $2\pi\sqrt{\dfrac{2\upsilon}{\omega}}$ 的两层流体振动相位是相同的，这相当于一种沿板面法向传播的横波。振幅呈指数衰减的程度与平板振动频率和流体运动黏度有关，在距板面 $y = \sqrt{\dfrac{2\upsilon}{\omega}}$ 的距离处，流体运动的振幅下降为平板处振幅的 $1/e \approx 0.368$。因此，$\sqrt{\dfrac{2\upsilon}{\omega}}$ 反映了黏性影响区厚度的量级。

此外，从式(4-68)可以看出，如果平板的振动频率增加或流体的黏性系数减小，则 k 会增大，这意味着振幅随距离 y 的增加而更快地衰减。在流体黏性为零的理想情况下，平板在其自身平面内的振荡不会在流体中引起任何相应的振动，因为平板无法拖动无黏性的流体。

振动频率对振幅衰减的影响可以通过式(4-48)的无量纲形式来理解

$$St\frac{\partial u^*}{\partial t} = \frac{1}{Re}\frac{\partial^2 u^*}{\partial y^{*2}} \tag{4-69}$$

其中 St 数的定义式为

$$St = \frac{L\omega}{U_0} \tag{4-70}$$

显然，当 ω 增加时，非定常运动中惯性力与黏性力的比值（由 $StRe$ 表示）也随之增大。因此，黏性的阻尼效应所产生的局部加速度需要在更小的振幅下才能达到更高的频率。

图 4-8 展示了根据式（4-67）绘制的平板周期振荡附近流体的速度分布。从图中可以看出，距离壁面 y 处的流体层相对于平板的相位滞后为 $\sqrt{\dfrac{\omega}{2\upsilon}}\,y$，振动波长为 $2\pi\sqrt{\dfrac{2\upsilon}{\omega}}$。

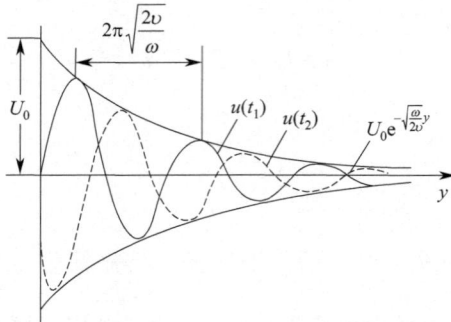

图 4-8　以 U_0 为振幅、ω 为频率做简谐振荡的平板附近的流体速度分布

根据速度分布表达式（4-67），可进一步计算出流场中的切应力，即

$$\sigma_{yx} = \mu\frac{\partial u}{\partial y} = -\sqrt{\mu\rho\omega}\,U_0\exp\left(-y\sqrt{\frac{\omega}{2\upsilon}}\right)\cos\left(\omega t - y\sqrt{\frac{\omega}{2\upsilon}} + \frac{\pi}{4}\right) \tag{4-71}$$

平板上的摩擦切应力为

$$\sigma_{yx}\big|_{y=0} = -\sqrt{\mu\rho\omega}\,U_0\cos\left(\omega t + \frac{\pi}{4}\right) \tag{4-72}$$

由此，可进一步计算出单位面积平板在单位时间内所做的功。

$$W = \frac{\omega}{2\pi}\int_0^{2\pi/\omega}\sigma_{yx}u\,\big|_{y=0}\,\mathrm{d}t = -\frac{\sqrt{2}}{4}\sqrt{\mu\rho\omega}\,U^2 \tag{4-73}$$

作为对比，当计算单位时间内以平板单位面积为底的半无限长柱体内流体的平均能耗散时，结果恰好等于 W。这一发现从物理上表明，流体中的能量耗散完全由平板所做的功来补充，以使整个流场处于动态平衡状态。

4.4　极低雷诺数流动

极低雷诺数（$Re \ll 1$）的流动被称为蠕动流。这种流动通常发生在以下条件：流速较低、特征尺度很小以及流体具有较高的黏性。蠕动流的特点是流体的惯性效应可以忽略不计，流动主要受黏性力主导。蠕动流广泛存在于自然界和工程应用中，比如空气中细小灰尘的运动、水中微小气泡的移动以及物体在液体中非常缓慢地运动等情形。蠕动流是极低雷诺数流动的一种重要类型，其独特性使其在众多领域中具有重要意义。

在蠕动流中，由于黏性力占居主导地位，可以近似地忽略 N-S 方程中的非线性项（即对流项，它表征惯性力）。因此，不可压缩流动 N-S 方程组可以简化为

$$\left.\begin{aligned} \nabla \cdot \boldsymbol{u} &= 0 \\ \nabla p &= \mu \, \nabla^2 \boldsymbol{u} \end{aligned}\right\} \tag{4-74}$$

可见，蠕动流的控制方程组是线性的，因而容易求解。

蠕动流的最早解是由斯托克斯通过研究小球在流体中的缓慢移动得到的，这种流动被称为 Stokes 近似流动。当小球缓慢移动时，这个问题可以转化为小球的定常绕流问题，如图 4-9 所示。引入球坐标系 (r, θ, φ)，其中 φ 是子午角，来流方向与 $\theta = 0°$ 一致。假定流动具有轴对称性，φ 方向的导数为零，速度只有 u_r 和 u_θ 两个分量，只是 r 和 θ 的函数。

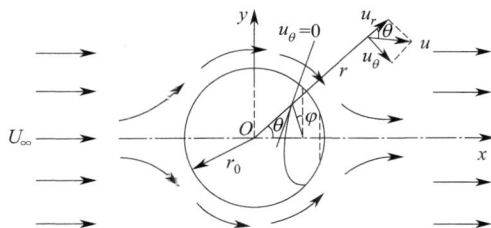

图 4-9　小球的定常绕流

连续性方程可简化为

$$\frac{1}{r^2}\frac{\partial}{\partial r}(r^2 u_r) + \frac{1}{r\sin\theta}\frac{\partial}{\partial \theta}(u_\theta \sin\theta) = 0 \tag{4-75}$$

r 方向和 θ 方向的动量方程可简化为

$$\frac{1}{r^2}\frac{\partial}{\partial r}\left(r^2 \frac{\partial u_r}{\partial r}\right) + \frac{1}{r^2\sin\theta}\frac{\partial}{\partial \theta}\left(\sin\theta \frac{\partial u_r}{\partial \theta}\right) - \frac{2}{r^2}\frac{\partial u_\theta}{\partial \theta} - \frac{2u_r}{r^2} - \frac{2u_\theta}{r^2}\cot\theta = \frac{1}{\mu}\frac{\partial p}{\partial r} \tag{4-76}$$

$$\frac{1}{r}\frac{\partial}{\partial r}\left(r^2 \frac{\partial u_\theta}{\partial r}\right) + \frac{1}{r\sin\theta}\frac{\partial}{\partial \theta}\left(\sin\theta \frac{\partial u_\theta}{\partial \theta}\right) + \frac{2}{r}\frac{\partial u_r}{\partial \theta} - \frac{u_\theta}{r\sin^2\theta} = \frac{1}{\mu}\frac{\partial p}{\partial \theta} \tag{4-77}$$

球面上和无穷远处满足以下条件

$$r = r_0, u_r = u_\theta = 0 \\ r \to \infty, u_r = U_\infty \cos\theta, u_\theta = -U_\infty \sin\theta \tag{4-78}$$

（1）速度与压强分布

令速度分布为

$$u_r = f_1(r)\cos\theta, \quad u_\theta = -f_2(r)\sin\theta \tag{4-79}$$

相应的边界条件为

$$f_1(r_0) = f_2(r_0) = 0, \quad f_1(\infty) = f_2(\infty) = U_\infty \tag{4-80}$$

将速度分布式（4-79）代入动量方程式（4-76），对 r 积分后，获得压强与 θ 间的关系为

$$p = A + f_3(r)\cos\theta \tag{4-81}$$

式中，A 为积分常数。

由于压强项和黏性力项平衡，对式（4-74）中第一个方程的两端取散度，并结合式（4-74）中第二个方程，可得

$$\nabla \cdot (\nabla p) = \nabla^2 p = 0 \tag{4-82}$$

即蠕动流的压强场满足拉普拉斯方程，因而压强 p 是调和函数。这是蠕动流的一个重要特征。下面给出压强 p 在球坐标系下的拉普拉斯方程

$$\frac{\partial^2 p}{\partial r^2} + \frac{2}{r}\frac{\partial p}{\partial r} + \frac{1}{r^2 \sin\theta}\frac{\partial}{\partial \theta}\left(\sin\theta \frac{\partial p}{\partial \theta}\right) = 0 \tag{4-83}$$

将式（4-81）代入式（4-83）后，得到欧拉型常微分方程

$$r^2 f_3'' + 2r f_3' - 2f_3 = 0 \tag{4-84}$$

求解式（4-84），得到 $f_3 = Br^{-2}$。因此，式（4-81）可写为

$$p = p_\infty + Br^{-2}\cos\theta \tag{4-85}$$

式中，B 为积分常数，而积分常数 A 为无穷远处的压强 p_∞。为了确定未知函数 f_1 和 f_2，将式（4-85）和式（4-79）代入连续性方程（4-75）和 r 方向的动量方程（4-76）得到

$$f_1' + \frac{2(f_1 - f_2)}{r} = 0 \tag{4-86}$$

$$-\frac{2B}{\mu r^3} = f_1'' + \frac{2}{r}f_1' - \frac{4(f_1 - f_2)}{r^2} \tag{4-87}$$

将式（4-86）和式（4-87）中的 $f_1 - f_2$ 消去，得到

$$f_1'' + \frac{4}{r}f_1' + \frac{2B}{\mu r^3} = 0 \tag{4-88}$$

方程（4-88）的通解为

$$f_1 = \frac{B}{\mu r} + \frac{2C_1}{3r^3} + C_2 \tag{4-89}$$

将式(4-89) 代入方程(4-86)，可得

$$f_2 = \frac{B}{2\mu r} - \frac{C_1}{3r^3} + C_2 \tag{4-90}$$

由无穷远条件式(4-78)，可得 $C_2 = U_\infty$；再由球面无滑移条件式(4-78)，可得 $C_1 = \frac{3}{4} r_0^3 U_\infty$ 和 $B = -\frac{3\mu r_0 U_\infty}{2}$。将以上结果代入压强分布式(4-85)，可得

$$p = p_\infty - \frac{3\mu r_0 U_\infty}{2r^2} \cos\theta \tag{4-91}$$

图 4-10 给出了压强沿球面中线上的分布。压强最高点与最低点分别为 P_1 和 P_2 点，其值为

$$p_{1,2} - p_\infty = \pm \frac{3\mu U_\infty}{2r_0} \tag{4-92}$$

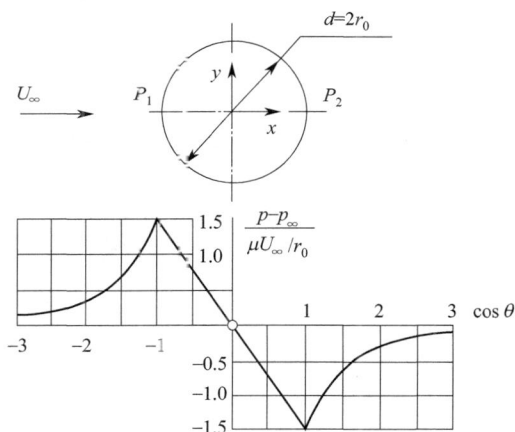

图 4-10　压强沿球面中线上的分布

将式(4-89) 和式(4-90) 代入速度分布式(4-79)，可得

$$u_r = U_\infty \left(1 - \frac{3r_0}{2r} + \frac{r_0^3}{2r^3}\right) \cos\theta, \quad u_\theta = -U_\infty \left(1 - \frac{3r_0}{4r} - \frac{r_0^3}{4r^3}\right) \sin\theta \tag{4-93}$$

与一般流场相比，蠕动流的解[式(4-91)和式(4-93)]具有以下特点：

● 流线和速度完全与流体黏性无关；

● 流线前后完全对称，且不存在尾迹流，这是由于忽略了惯性项；

● 流场上任何一点的速度都是离小球越近而越小，并且始终小于未受扰动的速度 U_∞。

（2） Stokes 流函数

引入 Stokes 流函数，它与速度间的关系为

$$u_r = \frac{1}{r^2 \sin\theta} \frac{\partial \psi}{\partial \theta}, \quad u_\theta = -\frac{1}{r \sin\theta} \frac{\partial \psi}{\partial r} \tag{4-94}$$

可得 Stokes 流函数的表达式为

$$\psi = \frac{U}{2}\left(1 - \frac{3r_0}{2r} + \frac{r_0^3}{2r^3}\right)r^2 \sin^2\theta \tag{4-95}$$

（3）阻力公式

为计算小球所受的阻力，首先求作用在小球表面的正应力

$$\sigma_{rr}\big|_{r=r_0} = \left(-p + 2\mu \frac{\partial u_r}{\partial r}\right)\bigg|_{r=r_0} = -p_\infty + \frac{3\mu U_\infty}{2r_0}\cos\theta \tag{4-96}$$

和球面处的剪切应力

$$\tau_{r\theta}\big|_{r=r_0} = \mu\left(\frac{\partial u_\theta}{\partial r} + \frac{1}{r}\frac{\partial u_r}{\partial \theta} - \frac{u_\theta}{r}\right)\bigg|_{r=r_0} = -\frac{3\mu U_\infty}{2r_0}\sin\theta \tag{4-97}$$

可见球面上的剪切应力在 A 点达到了其最大值，$\tau_{r\theta} = \dfrac{3\mu U_\infty}{2r_0}$，等于 P_1、P_2 点压强与无穷远处压强之差，见式(4-92)。

球面单位面积上的阻力由正应力和切应力在来流方向的投影之和组成，即

$$f_D = (\sigma_{rr})_{r=r_0}\cos\theta - (\tau_{r\theta})_{r=r_0}\sin\theta = -p_\infty \cos\theta + \frac{3\mu U_\infty}{2r_0} \tag{4-98}$$

式(4-98)右边第一项在球面上积分为零；右边第二项是常数，与面元位置无关。圆球总阻力只须将后一项乘上圆球表面积得到

$$F_D = 6\pi\mu r_0 U_\infty \tag{4-99}$$

引入阻力系数

$$C_D = F_D \big/ \frac{1}{2}\rho U_\infty^2 \pi r_0^2 = 24/Re_d \tag{4-100}$$

式中，雷诺数为

$$Re_d = 2U_\infty r_0/\upsilon \tag{4-101}$$

小球在流体中的运动阻力系数由雷诺数唯一确定。图 4-11 展示了 C_D 的理论值与实验值的对比。可见，只要满足条件 $Re_d < 1$，上述阻力公式的精度是令人满意的。然而，当 $Re_d > 1$ 时，由蠕动流理论预估的 C_D 值与实验值之间的偏离越来越大。

奥森（Oseen）对 Stokes 解进行了改进，部分地考虑了惯性力的作用，从而得到了小球在定常绕流中的阻力系数为

$$C_D = \frac{24}{Re_d}(1 + \frac{3}{16}Re_d) \tag{4-102}$$

由图 4-11 可见，当 $Re_d < 5$ 时，Oseen 方程可近似满足，比 Stokes 方程拓宽了适用范围。

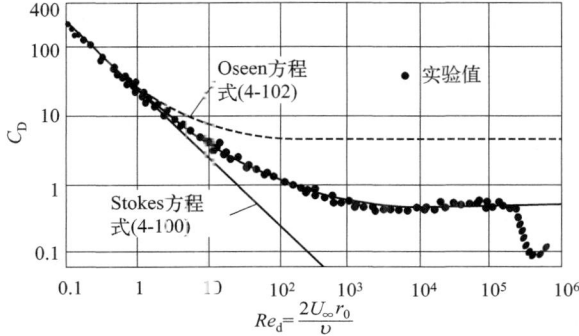

图 4-11　小球阻力系数 C_D 的理论值与实验值的比较

思考题

1. 为什么一般情况下难以获得 N-S 方程的精确解？
2. 为什么要对流体运动方程进行无量纲化处理？
3. 相似准则数的作用是什么？

习题四

1. 两平行平板间的泊肃叶流动，如图 4-12 所示，平板间距为 $2b$，板长为 L 且 $b \ll L$。不可压缩黏性流体在恒定压强差（$p_1 - p_2$）的作用下沿 x 方向流动。求不考虑进出口效应的速度分布。

2. 两无限大平板间有两层互不相溶的液体，如图 4-13 所示，厚度分别为 h_1 和 h_2，动力黏度分别为 μ_1 和 μ_2，流体密度 ρ 为常数。若无水平方向的压强梯度作用，上方平板以匀速 U 沿流动方向运动，下板静止。求流体的速度分布。

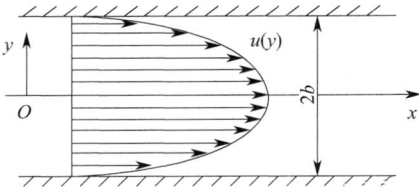

图 4-12　题 1 附图

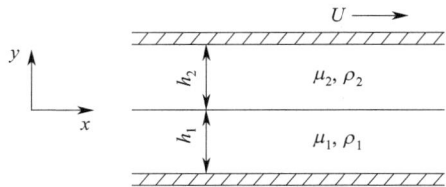

图 4-13　题 2 附图

3. 不可压缩黏性流体在倾斜放置的两块无限大平行平板间由上向下做定常层流流动，如图 4-14 所示。求：（1）若上、下板固定不动时，该层流流动的速度分布；（2）若下板固定不动，上板以匀速 U 沿流动方向运动，该层流流动的速度分布。

4. 在重力影响下，密度为 ρ、动力黏度为 μ 的液体沿一静止铅垂壁面流下，如图 4-15 所示，形成一厚度为 h 的液膜，h 为常数，向上流动的控制施加一个常切应力 τ 在液面上，液膜内压强均匀分布。求液膜内速度分布。

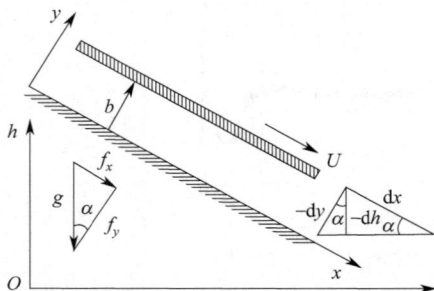

图 4-14　题 3 附图　　　　　　　　　　图 4-15　题 4 附图

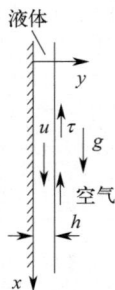

5. 厚度为 h 的液膜因重力作用沿倾角为 θ 的斜面下滑，如图 4-16 所示。假设流动为定常，且忽略液面上大气压强的作用。证明液膜中的速度分布和单位宽度上的液膜流量分别为

$$u=\frac{\rho g \sin\theta}{2\mu}y(2h-y) , \quad q_V=\frac{\rho g h^3 \sin\theta}{3\mu}$$

6. 向上倾斜的两块无限大平行平板之间充满液体，平板倾角为 α，间距为 b。若下板不动，上板以匀速 U 沿流动方向运动，如图 4-17 所示。假设上板面处液体的压强为 p_0，且为常数，液体做层流运动。求 U 为何值时，单位宽度上液体的流量为零，并求此时液体的速度分布。

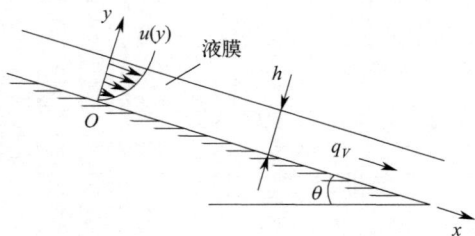

图 4-16　题 5 附图　　　　　　　　　　图 4-17　题 6 附图

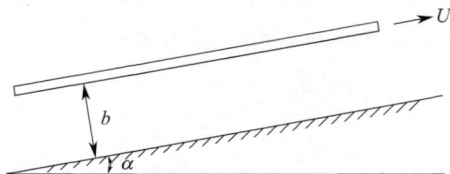

7. 如图 4-18 所示，在 x 和 z 方向（垂直于纸面）无限大的薄膜，在 x 方向以速度 $U(x) = ax$ 伸展，由于黏附作用带动其上部流体运动，形成定常二维流动，流体 x 方向速度分量 $u = ax\mathrm{e}^{-y\sqrt{a/v}}$，式中 a 和 v 为常数。设流体密度 ρ 和动力黏度 μ 均为常数，忽略重力影响。求：（1）y 方向速度分量 v；（2）在 $0 \leqslant x \leqslant L$ 范围内薄膜施加于流体的黏性力（z 方向取单位长度）。

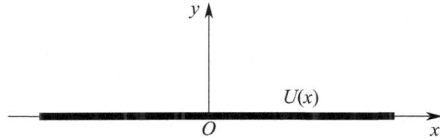

图 4-18　题 7 附图

第 5 章

边界层流动

边界层概念由普朗特于 1904 年首次提出，迅速成为流体力学研究与应用的重要分支。当流体流动经过固体表面时，由于黏性作用，紧靠壁面的流体逐渐与主流的速度相匹配，形成一个速度从零到主流速度渐变的区域，这便是边界层。在该区域内，黏性效应显著影响流体行为，而在边界层之外，流体的运动则更接近理想流动状态，表现为势流。因此，边界层流动结合了黏性流体和理想流体的特点，对于理解复杂流动现象具有重要意义。边界层的存在导致了流体在其附近的速度分布和压强变化，进而影响整体流动特性。这一理论不仅帮助科学家分析流动行为，还为工程师设计流动相关结构提供了理论基础。

随着研究的深入，边界层理论的应用范围不断扩展，其在多个实际领域中的价值日益凸显，包括航空航天、能源电力、交通运输及生物医学等。在这些领域，通过对边界层内物理机制的深入探索，研究人员能够设计出高效、低阻力的设备和结构，从而推动相关技术的进步。

本章将以不可压缩流动的边界层为基础，介绍边界层流动相关的基本概念、基本方程以及相关理论。

5.1 边界层的基本概念

5.1.1 边界层的基本结构

边界层流动是流体在绕过固体壁面时所形成的复杂流动现象，它包括紧贴壁面的边界层和外部的势流。以平板边界层为例（图 5-1），可以将其流动结构划分为几个关键区域。**平板前缘**：在平板的前缘部分，来流状态为均匀且无旋的势流。这一阶段，流体以稳定的速度接近平板，未受到显著的黏性影响。**边界层区**：随着流体靠近壁面，黏性效应逐渐凸显，导致壁面附近的流速降低，从而形成边界层。这个区域从平板前缘开始逐渐形成，并随着流体向下游的流动而不断扩展。边界层内的流动状态会经历由层流到湍流的转变，并伴随出现复杂的涡结构，这些涡结构在流动过程中不断生成、演变并相互作用。**尾流区**：当流体完全流过平板后，尾流中的涡结构依然持续发展，其影响可以延伸至较远的区域，形成尾流区。在这一部分，虽然流体已经脱离平板，但旋涡的存在仍对流动产生影响。**势流区**：在距离平板较远的区域，流体的速度恢复到与来流相同的水平，流动又回归到有势流状态。该区域称为势流区，流体在此区域中的运动主要受外部条件的影响，表现出理想流体的特征。总之，边界层流动的各个区域之间相互联系，共同影响着流体的运动行为。

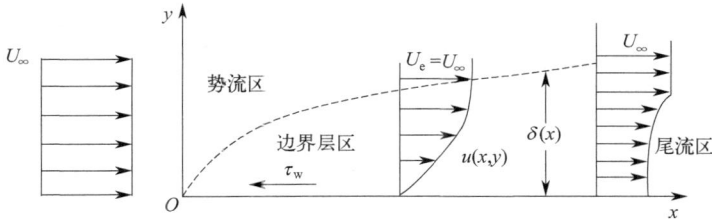

图 5-1　平板边界层流动示意图

在边界层流动的三个主要区域中，边界层区和尾流区内黏性效应显著，属于黏性流体的有旋流动，具有丰富的涡结构演化过程；而势流区内流体速度几乎相同，各流体层之间的速度梯度很小，黏性作用可以忽略不计，可视为理想流体的有势流动，理想流体的流动理论与方程在该区域是适用的。边界层区与外部势流区的分界并不是十分明确，且可能出现动态变化。学术界普遍认可的边界层厚度定义为：壁面流速为零与流速达到来流速度的 99% 之间的距离。这一定义表明，边界层的厚度不仅与流速的变化有关，还与流动状态及涡结构的发展密切相关。在流体绕过具有肋状特征的固体壁面时，边界层厚度通常会沿流动方向逐渐增厚。这种厚度的变化反映了边界层内流动状态的变化以及涡结构的演化，说明了流动的复杂性与动态性。

以平板边界层流动为例，边界层内流动演变过程通常分为三个阶段（图 5-2）：①**层流边界层的形成**：在平板前缘处，均匀来流首次接触到平板壁面，开始减速。由于黏性效应，紧靠壁面的流体速度逐渐降低，形成一层薄薄的层流边界层。随着流体沿壁面向下游流动，边界层的厚度不断增加，流动逐渐受到壁面的影响。②**过渡区域**：当边界层发展到一定厚度后，流动特性发生变化。此时，由于黏性力不足以维持稳定的层流状态，边界层内部开始生成涡结构。这一现象标志着层流向湍流的转变，也称为过渡区域。过渡区域是一个不稳定的状态，流体的流动特征表现出复杂性，旋涡相互作用加强。③**湍流边界层的稳定结构**：经过充分的发展，边界层内形成了一个稳定的结构，其中靠近壁面的部分保持为黏性底层，而外部则转变为湍流状态。黏性底层起着重要作用，它能够有效地传递动量和能量，从而影响更大范围的流动。这种特定的边界层结构使得边界层能够持续存在，并对外部流动产生深远影响。大量研究表明，在充分发展的边界层中，黏性底层的典型无量纲高度（y^+）约为 10。

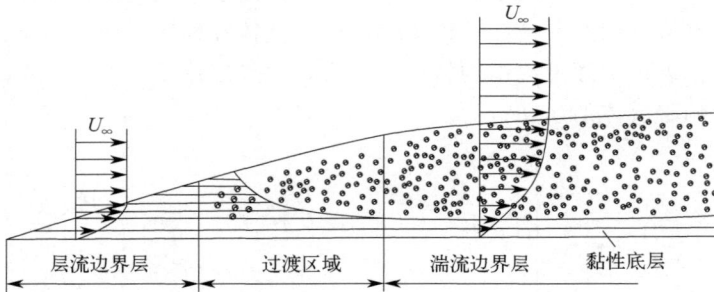

图 5-2 平板边界层内结构示意图

5.1.2 边界层内湍流猝发过程

边界层内部的流动结构与涡结构的演变密切相关，而涡结构的形成与演变正是湍流猝发的核心过程。图 5-3 展示了边界层内湍流猝发中涡结构的演化过程。①**初始阶段**：在靠近壁面的区域，流体因受到黏性作用而形成剪切流动，初步生成卷曲的横向涡结构。随着流体的滚动，这些横向涡开始逐渐远离壁面并向上发展。②**马蹄涡的形成**：随着横向涡结构的进一步发展，其中心部分的抬升速度加快，逐渐演变为前突的 U 形结构。由于其形状类似于马蹄，因此被称为"马蹄涡"。马蹄涡继续增长，并最终破碎，脱落成更复杂的涡结构，这些新生成的涡结构将进入上层的湍流中。③**湍流转变与涡的再生**：在马蹄涡脱离壁面后，新的横向涡又会逐渐形成并发展。这种反复的涡结构生成和演变构成了整个边界层内湍流猝发的动态过程。所形成的周期性有序的涡结构被称为"拟序结构"，它们在湍流中起到重要的作用，影响流动的整体特性。

5.1.3 边界层的特征参数

在对边界层进行定量分析时，一些特征参数可以帮助深入理解和计算边界层流动特性。以下是几个重要的特征参数。

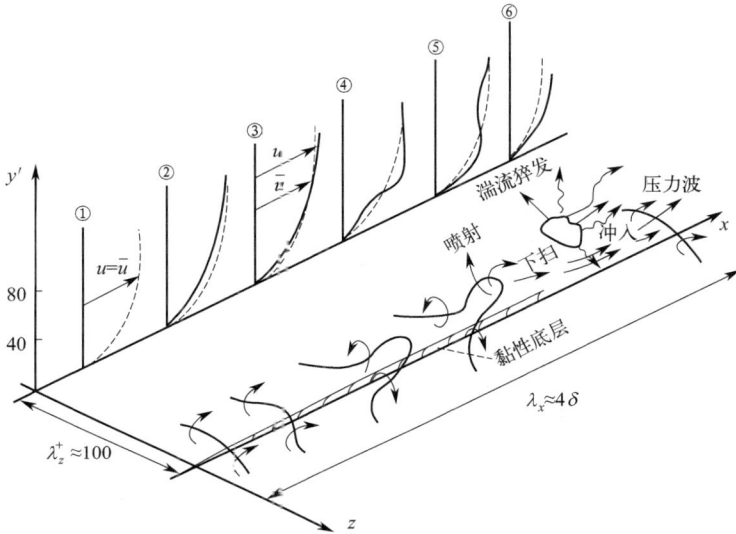

图 5-3 近壁面湍流猝发过程

（1）边界层厚度

边界层厚度是流体力学中的一个基本概念，它对于理解和分析边界层流动至关重要。通常被定义为局部流速达到外部势流速度 99% 的点与壁面之间的垂直距离。这一厚度反映了边界层的特征，表明了流体对固体表面的影响范围。在湍流边界层中，特别是在近壁面区域，存在丰富的涡结构演化过程。这些涡结构的形成和破碎导致了流动速度的脉动特性与间歇性。由于涡的作用，近壁面处的流速并不是稳定的，而是表现出强烈的随时间变化特性。这种脉动特性使得实际流速在瞬时上有较大的波动。为了简化边界层的研究和近似计算，通常采用局部区域内的平均速度作为判断依据，如图 5-4 所示。

（2）位移厚度

位移厚度是描述边界层特性的重要参数之一。当均匀有势流动遇到固体壁面形成边界层时，流动区域内的平均速度会降低，相同截面内通过的流体量相应减少。为了保持原有的流量，必须增加流通面积。为了适应这一变化，边界层外的流线会向外移动，这一移动的距离即为位移厚度，也常被称为排挤厚度，如图 5-4 所示。它反映了流体对固体壁面的排挤效应。

如图 5-4 所示，在固体壁面前缘入口处取一段高度为 Y_b 的截面，在这段面积内的流体在形成边界层后截面高度发展到了 Y。由于两个截面内流过流体总量不变，可建立质量守恒方程，即

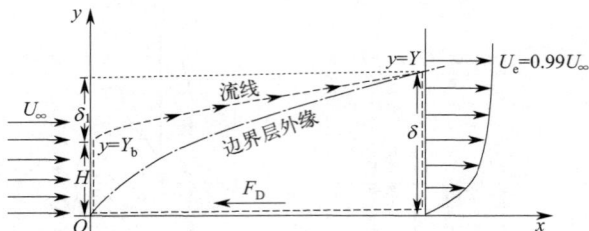

图 5-4　边界层各厚度示意图

$$\int_0^{Y_b} \rho U_\infty \, \mathrm{d}y = \int_0^Y \rho u \, \mathrm{d}y \tag{5-1}$$

假设在这部分流体外边界的流线上的速度为 $U_e = U_\infty$，则式(5-1) 可改写为

$$U_e Y_b = \int_0^Y (U_e - U_e + u) \, \mathrm{d}y = U_e Y - \int_0^Y (U_e - u) \, \mathrm{d}y \tag{5-2}$$

也即

$$U_e (Y - Y_b) = \int_0^Y (U_e - u) \, \mathrm{d}y \tag{5-3}$$

如果定义位移厚度为 $\delta_1 = Y - Y_b$，则其表达式可写为

$$\delta_1 = \int_0^\delta \left(1 - \frac{u}{U_e}\right) \mathrm{d}y \tag{5-4}$$

式(5-4) 即为**位移厚度**。当积分上限大于边界层厚度以后，积分值基本保持不变。随着边界层的形成与发展，边界层厚度逐渐发生变化，因此 δ_1 是 x 的函数。这种关系反映了流动状态的动态变化，边界层的演化直接影响整个流场的速度分布。在密闭的内流道中，由于总的流通面积不变，边界层产生的排挤效果会使得通道中心速度增大。随着边界层沿流向的发展演变，通道中心会出现不断加速的流动。

（3）动量损失厚度

边界层流动中流体在满足质量守恒的同时，还须满足动量守恒。从动量守恒角度出发，可推导得到边界层发展所导致的流体动量损失和壁面受力。在如图 5-4 所示的边界层流动中，选取一段流线与壁面之间的流体作为控制体，在流线末端流体速度与有势来流速度相同，即 $U_e = U_\infty$，且整个流线上流速基本不变，因此压强梯度几乎为零，即 $\mathrm{d}p/\mathrm{d}x \approx 0$。在水平方向外力只有来自平板的摩擦力 F_D，则可建立动量方程，即

$$F_D = \rho U_e^2 H - \int_0^\delta \rho u^2 \, \mathrm{d}y \tag{5-5}$$

由于 $\rho U_e H = \int_0^\delta \rho u \, \mathrm{d}y$ ，则式（5-5）可转化为

$$F_D = \rho U_e^2 \int_0^\delta \frac{u}{U_e}\left(1 - \frac{u}{U_e}\right) \mathrm{d}y \tag{5-6}$$

式（5-6）代表在平板摩擦力 F_D 的作用下，单位时间控制体内流体动量产生的损失。假设控制体内单位时间动量的损失用厚度为 δ_2 的有势来流全部动量损失 $\rho U_e^2 \delta_2$ 代替，则有

$$\rho U_e^2 \delta_2 = \rho U_e^2 \int_0^\delta \frac{u}{U_e}\left(1 - \frac{u}{U_e}\right) \mathrm{d}y \tag{5-7}$$

最终可得

$$\delta_2 = \int_0^\delta \frac{u}{U_e}\left(1 - \frac{u}{U_e}\right) \mathrm{d}y \tag{5-8}$$

式（5-8）即为**动量损失厚度**，其物理含义是边界层的存在，导致相当于厚度为 δ_2 的理想流体动量的损失。需要注意的是，δ_2 同样也是 x 的函数。尽管该动量损失厚度公式是在平板边界层外部势流无压强梯度（$\mathrm{d}p/\mathrm{d}x \approx 0$）的条件下推导得出的，但在翼型边界层流动等存在压强梯度的情况下，仍可以用来估算动量损失厚度，只要满足不可压缩流体的条件即可。

5.2　二维边界层微分方程

边界层流动是三维流场中一种典型且重要的流动形式。尽管理论上它可以通过三维 N-S 方程进行描述，但由于边界层是一种特殊的薄剪切层流体流动，在展向上具有良好的一致性，因此通常可以简化为二维流动。在这种情况下，通过适当的简化，三维 N-S 方程可以转化为一组描述边界层流动的二维微分方程。

5.2.1　层流边界层微分方程

当有势来流速度较小，流体流经平板产生的边界层流动处于层流状态时，二维层流的运动微分方程可写为

$$\left.\begin{aligned}
\frac{\partial u}{\partial t} + u\,\frac{\partial u}{\partial x} + v\,\frac{\partial u}{\partial y} &= -\frac{1}{\rho}\frac{\partial p}{\partial x} + \upsilon\left(\frac{\partial^2 u}{\partial x^2} + \frac{\partial^2 u}{\partial y^2}\right) \\
\frac{\partial v}{\partial t} + u\,\frac{\partial v}{\partial x} + v\,\frac{\partial v}{\partial y} &= -\frac{1}{\rho}\frac{\partial p}{\partial y} + \upsilon\left(\frac{\partial^2 v}{\partial x^2} + \frac{\partial^2 v}{\partial y^2}\right)
\end{aligned}\right\} \tag{5-9}$$

此时边界层流动还满足二维连续性方程，即

$$\frac{\partial u}{\partial x}+\frac{\partial v}{\partial y}=0 \qquad (5\text{-}10)$$

在对 N-S 方程进行简化以描述边界层流动时，关键的一步是通过量级分析确定哪些项可以忽略，哪些项必须保留。边界层内流动具有较好的相似性，速度随空间尺度的变化是接近的。因此，可以对速度的空间偏导项进行分析与简化。而压强和时间偏导项在不同的边界层流动中存在较大差异，因此先予以保留。与主流方向的尺度 L 相比，边界层厚度方向上的尺度 δ 为小量级。主流方向速度 u 具有 U_∞ 的量级，则 $\partial u/\partial x$ 的量级为 $\partial u/\partial x \sim U_\infty/L$。

根据连续性方程(5-10) 可知，$\partial v/\partial y$ 应该与 $\partial u/\partial x$ 具有相同的量级，则有 $\partial v/\partial y \sim v/\delta \sim U_\infty/L$。因此，速度 v 的量级为 $v \sim \delta U_\infty/L$。

x 方向速度 u 方程中各项的量级为

$$\frac{\partial u}{\partial t}+u\frac{\partial u}{\partial x}+v\frac{\partial u}{\partial y}=-\frac{\partial p}{\partial x}+v\frac{\partial^2 u}{\partial x^2}+v\frac{\partial^2 u}{\partial y^2}$$

$$\frac{U_\infty^2}{L} \qquad \frac{U_\infty^2}{L} \qquad\qquad v\frac{U_\infty}{L^2} \qquad v\frac{U_\infty}{\delta^2} \qquad (5\text{-}11)$$

可见，$\partial^2 u/\partial x^2$ 的量级明显小于 $\partial^2 v/\partial y^2$，因而可以忽略。在边界层内，黏性力与惯性力具有相同的量级，所以有 $u\dfrac{\partial u}{\partial x}\sim v\dfrac{\partial^2 u}{\partial x^2}\sim\dfrac{U_\infty^2}{L}$。可知，黏度的量级为 $v\sim\dfrac{\delta^2 U_\infty}{L}$。

最终，x 方向速度 u 方程可简化为

$$\frac{\partial u}{\partial t}+u\frac{\partial u}{\partial x}+v\frac{\partial u}{\partial y}=-\frac{\partial p}{\partial x}+v\frac{\partial^2 u}{\partial y^2} \qquad (5\text{-}12)$$

同理，可得 y 方向速度 v 方程中各项的量级为

$$\frac{\partial v}{\partial t}+u\frac{\partial v}{\partial x}+v\frac{\partial v}{\partial y}=-\frac{\partial p}{\partial y}+v\frac{\partial^2 v}{\partial x^2}+v\frac{\partial^2 v}{\partial y^2}$$

$$\frac{\delta U_\infty^2}{L^2} \quad \frac{\delta U_\infty^2}{L^2} \qquad\qquad \frac{\delta^3 U_\infty^2}{L^4} \quad \frac{\delta U_\infty^2}{L^2} \qquad (5\text{-}13)$$

式中，$\dfrac{\delta^3 U_\infty^2}{L^4}\ll\dfrac{\delta U_\infty^2}{L^2}\ll\dfrac{U_\infty^2}{L}$，这说明 y 方向速度 v 方程中的各项均远小于 x 方向速度 u 方程中的保留项。所以，在建立方程组时，y 方向速度 v 方程中的各项是无穷小量，可以用 $\partial p/\partial y=0$ 表示。这与边界层流动中的实际情况吻合，即在垂直于壁面的 y 方向上流体压强是相等的，这一特性在实验中也得到了验证。因此，最终边界层内流体运动微分方程可简化为

$$
\left.
\begin{aligned}
&\frac{\partial u}{\partial t}+u\,\frac{\partial u}{\partial x}+v\,\frac{\partial u}{\partial y}=-\frac{1}{\rho}\frac{\partial p}{\partial x}+v\,\frac{\partial^2 u}{\partial y^2}\\[6pt]
&\frac{\partial p}{\partial y}=0\\[6pt]
&\frac{\partial u}{\partial x}+\frac{\partial v}{\partial y}=0
\end{aligned}
\right\}
\tag{5-14}
$$

尽管方程组已经得到了一定的简化，但其中同时存在压强和速度两类未知数，这给方程组的求解带来了很大难度。如果能够消除压强项，将对方程组的求解非常有利。从式(5-14) 可知，在边界层内 $\partial p/\partial y=0$，只需获得边界层外边界上的压强分布，即可得到边界层内的压强分布。在边界层外边界上，流体在 x 方向满足动量方程，即

$$
\frac{\mathrm{D}U_e}{\mathrm{D}t}=\frac{\partial U_e}{\partial t}+u\,\frac{\partial U_e}{\partial x}+v\,\frac{\partial U_e}{\partial y}=-\frac{1}{\rho}\frac{\partial p}{\partial x}
\tag{5-15}
$$

由于在边界层外边界上 $u=U_e$，且 $\partial U_e/\partial y=0$，同时外部势流速度 U_e 只是 x 的函数 $\partial U_e/\partial x=\mathrm{d}U_e/\mathrm{d}x$，则式(5-15) 可简化为

$$
-\frac{1}{\rho}\frac{\partial p}{\partial x}=\frac{\partial U_e}{\partial t}+U_e\,\frac{\mathrm{d}U_e}{\mathrm{d}x}
\tag{5-16}
$$

对于定常流动，去掉时间偏导数项，增加边界条件，得到层流边界层流动微分方程，即

$$
\left.
\begin{aligned}
&u\,\frac{\partial u}{\partial x}+v\,\frac{\partial u}{\partial y}=U_e\,\frac{\mathrm{d}U_e}{\mathrm{d}x}+v\,\frac{\partial^2 u}{\partial y^2}\\[6pt]
&\frac{\partial u}{\partial x}+\frac{\partial v}{\partial y}=0
\end{aligned}
\right\}
\tag{5-17}
$$

方程组(5-17) 是以平板边界层流动建立的，对于曲壁面边界层，如果壁面的曲率半径远大于边界层厚度，该方程组仍然适用。

5.2.2　湍流边界层微分方程

在层流边界层流动微分方程组的基础上，将速度写成平均速度与脉动速度之和，即 $u=\bar{u}+u'$，$v=\bar{v}+v'$，可写出二维湍流边界层定常流动微分方程，即

$$
\left.
\begin{aligned}
&\bar{u}\,\frac{\partial \bar{u}}{\partial x}+\bar{v}\,\frac{\partial \bar{u}}{\partial y}=-\frac{1}{\rho}\frac{\partial \bar{p}}{\partial x}+v\Big(\frac{\partial^2 \bar{u}}{\partial x^2}+\frac{\partial^2 \bar{u}}{\partial y^2}\Big)-\frac{\partial(\overline{u'u'})}{\partial x}-\frac{\partial(\overline{u'v'})}{\partial y}\\[6pt]
&\bar{u}\,\frac{\partial \bar{v}}{\partial x}+\bar{v}\,\frac{\partial \bar{v}}{\partial y}=-\frac{1}{\rho}\frac{\partial \bar{p}}{\partial y}+v\Big(\frac{\partial^2 \bar{v}}{\partial x^2}+\frac{\partial^2 \bar{v}}{\partial y^2}\Big)-\frac{\partial(\overline{u'v'})}{\partial x}-\frac{\partial(\overline{v'v'})}{\partial y}\\[6pt]
&\frac{\partial \bar{u}}{\partial x}+\frac{\partial \bar{v}}{\partial y}=0
\end{aligned}
\right\}
\tag{5-18}
$$

同样略去方程组中的小项，得到简化后的方程为

$$
\left.\begin{aligned}
&\overline{u}\,\frac{\partial \overline{u}}{\partial x}+\overline{v}\,\frac{\partial \overline{u}}{\partial y}=-\frac{1}{\rho}\,\frac{\partial \overline{p}}{\partial x}+\upsilon\,\frac{\partial^2 \overline{u}}{\partial y^2}-\frac{\partial(\overline{u'v'})}{\partial y} \\
&\frac{\partial \overline{p}}{\partial y}=0 \\
&\frac{\partial \overline{u}}{\partial x}+\frac{\partial \overline{v}}{\partial y}=0
\end{aligned}\right\}
\tag{5-19}
$$

与层流边界层微分方程组一样，引入势流的运动方程，即

$$
-\frac{1}{\rho}\,\frac{\partial p}{\partial x}=U_e\,\frac{\mathrm{d}U_e}{\mathrm{d}x}
\tag{5-20}
$$

最终得到湍流边界层流动的微分方程为

$$
\left.\begin{aligned}
&\overline{u}\,\frac{\partial \overline{u}}{\partial x}+\overline{v}\,\frac{\partial \overline{u}}{\partial y}=U_e\,\frac{\mathrm{d}U_e}{\mathrm{d}x}+\upsilon\,\frac{\partial^2 \overline{u}}{\partial y^2}-\frac{\partial(\overline{u'v'})}{\partial y} \\
&\frac{\partial \overline{u}}{\partial x}+\frac{\partial \overline{v}}{\partial y}=0
\end{aligned}\right\}
\tag{5-21}
$$

从式(5-21)可知，与层流边界层流动微分方程相比，湍流边界层微分方程只是多了脉动速度产生的雷诺应力项。如果不考虑脉动速度的影响，则方程组就简化为层流边界层流动微分方程。

5.3　二维边界层动量积分方程

在上一节中，我们推导了边界层流动的微分方程。然而，在实际应用中直接求解这些方程往往面临困难。科学研究和工业应用通常不需要对整个边界层内流场进行详细分析，而更关注摩擦阻力、边界层厚度以及主流速度变化等宏观参数的分布和特性。因此，开发更加简化和快速的近似计算方法显得尤为重要。在一定条件下，将微分方程转化为积分形式是一种有效的简化策略。这种方法不仅能降低计算复杂性，还能在保持结果准确性的同时，更好地满足应用需求。本节将以平板边界层流动为例，推导出边界层流动的动量积分方程。通过这一过程，展示如何利用积分方法来获取边界层内重要参数的变化，从而为后续的研究和工程应用提供一种实用的解决方法。

5.3.1　层流边界层动量积分方程

由上一节可知，定常不可压缩层流平板边界层流动微分方程如式(5-17)所示，将连续性方程乘以 U_e，可得

$$U_e \frac{\partial u}{\partial x} + U_e \frac{\partial v}{\partial y} = \frac{\partial (U_e u)}{\partial x} - u \frac{\partial U_e}{\partial x} + \frac{\partial (U_e v)}{\partial y} - v \frac{\partial U_e}{\partial y} = 0 \qquad (5\text{-}22)$$

式中，$v \dfrac{\partial U_e}{\partial y}$ 相比其他项可以忽略不计，式（5-22）可进一步整理为

$$\frac{\partial (U_e u)}{\partial x} + \frac{\partial (U_e v)}{\partial y} = u \frac{\partial U_e}{\partial x} \qquad (5\text{-}23)$$

在式（5-17）中的动量方程左边加上连续性方程，并将方程右边表示成应力形式，可得

$$u \left(\frac{\partial u}{\partial x} + \frac{\partial v}{\partial y} \right) + u \frac{\partial u}{\partial x} + v \frac{\partial u}{\partial v} = \frac{\partial u^2}{\partial x} + \frac{\partial (uv)}{\partial y} = U_e \frac{\mathrm{d} U_e}{\mathrm{d} x} + \frac{1}{\rho} \frac{\partial \tau}{\partial y} \qquad (5\text{-}24)$$

将式（5-23）减去式（5-24），并对 y 积分可得

$$\int_0^\delta \frac{\partial [u(U_e - u)]}{\partial x} \mathrm{d}y + \int_0^\delta \frac{\partial [v(U_e - u)]}{\partial y} \mathrm{d}y + \frac{\mathrm{d} U_e}{\mathrm{d} x} \int_0^\delta (U_e - u) \mathrm{d}y = -\frac{1}{\rho} \int_0^\delta \frac{\partial \tau}{\partial y} \mathrm{d}y \qquad (5\text{-}25)$$

引入位移厚度 $\delta_1(x)$ 和动量损失厚度 $\delta_2(x)$，对式（5-25）进行积分并运用边界条件 $\mu \dfrac{\partial u}{\partial y} \Big|_{y=0} = \tau_w$，$\mu \dfrac{\partial u}{\partial y} \Big|_{y=\delta} = \tau = 0$，可得

$$\frac{\partial}{\partial x} \left[U_e^2 \int_0^\delta \frac{u}{U_e} \left(1 - \frac{u}{U_e} \right) \mathrm{d}y \right] + U_e \frac{\mathrm{d} U_e}{\mathrm{d} x} \int_0^\delta \left(1 - \frac{u}{U_e} \right) \mathrm{d}y = \frac{\tau_w}{\rho} \qquad (5\text{-}26)$$

即

$$\frac{\mathrm{d} \delta_2}{\mathrm{d} x} + (2 + H_{12}) \frac{\delta_2}{U_e} \frac{\mathrm{d} U_e}{\mathrm{d} x} = \frac{\tau_w}{\rho U_e^2} = \frac{C_f}{2} \qquad (5\text{-}27)$$

式中，$C_f = \tau_w / (\rho U_e^2 / 2)$ 为壁面摩擦阻力系数；$H_{12} = \delta_1 / \delta_2$ 为形状因子。在对边界层内速度分布进行一定的简化假设后，式（5-27）可以得到求解。

5.3.2　湍流边界层动量积分方程

对于湍流边界层流动，同样可根据湍流边界层微分方程式（5-21），推导得到湍流边界层的动量积分方程。与层流边界层积分方程推导过程类似，将连续性方程乘以 U_e，减去式（5-21）中动量方程，可得

$$\frac{\partial}{\partial x} [\overline{u}(U_e - \overline{u})] + \frac{\partial}{\partial y} [\overline{v}(U_e - \overline{u})] + \frac{\mathrm{d} U_e}{\mathrm{d} x} (U_e - \overline{u}) = -\frac{\partial}{\partial y} \left[\frac{\mu}{\rho} \frac{\partial \overline{u}}{\partial y} - (\overline{u'v'}) \right] \qquad (5\text{-}28)$$

对于湍流边界层，其位移厚度和动量损失厚度可表示为

$$\left. \begin{array}{l} \delta_1 = \int_0^\delta \left(1 - \dfrac{\overline{u}}{U_e}\right) \mathrm{d}y \\[4mm] \delta_2 = \int_0^\delta \dfrac{\overline{u}}{U_e}\left(1 - \dfrac{\overline{u}}{U_e}\right) \mathrm{d}y \end{array} \right\} \qquad (5\text{-}29)$$

引入 $\mu \dfrac{\partial \overline{u}}{\partial y}\Big|_{y=0} = \tau_w$，$\mu \dfrac{\partial \overline{v}}{\partial y}\Big|_{y=\delta} = 0$ 等边界条件，积分式（5-28），可得

$$\dfrac{\mathrm{d}\delta_2}{\mathrm{d}x} + (2 + H_{12})\dfrac{\delta_2}{U_e}\dfrac{\mathrm{d}U_e}{\mathrm{d}x} = \dfrac{\tau_w}{\rho U_e^2} = \dfrac{C_f}{2} \qquad (5\text{-}30)$$

其形式与层流边界层积分方程相同，但由于湍流边界层流体速度分布与层流边界层流动存在显著差异，对方程的求解结果自然也会不同。

例 5-1 有一平板外无限大空间的边界层流动，假定边界层内速度分布为 $\dfrac{u}{U_e} = \dfrac{3}{2}\left(\dfrac{y}{\delta}\right) - \dfrac{1}{2}\left(\dfrac{y}{\delta}\right)^3$，其中 δ 为边界层厚度，定义 $Re_x = \dfrac{\rho x U_e}{\mu}$。试运用动量积分关系式计算下列特征量的值：（1）$\dfrac{\delta}{x}\sqrt{Re_x}$；（2）$\dfrac{\delta_1}{x}\sqrt{Re_x}$；（3）$\dfrac{\delta_2}{x}\sqrt{Re_x}$；（4）$C_f\sqrt{Re_x}$。

解 根据动量损失厚度公式（5-8），可得

$$\delta_2 = \int_0^\delta \dfrac{u}{U_e}\left(1 - \dfrac{u}{U_e}\right)\mathrm{d}y$$

$$= \int_0^\delta \left[\dfrac{3}{2}\left(\dfrac{y}{\delta}\right) - \dfrac{1}{2}\left(\dfrac{y}{\delta}\right)^3\right]\left[1 - \dfrac{3}{2}\left(\dfrac{y}{\delta}\right) + \dfrac{1}{2}\left(\dfrac{y}{\delta}\right)^3\right]\mathrm{d}y = \dfrac{39}{280}\delta$$

由于在平板外无限大空间的边界层流动满足 $\dfrac{\mathrm{d}U_e}{\mathrm{d}x} = 0$，则动量积分关系式（5-30）可简化为 $\dfrac{\mathrm{d}\delta_2}{\mathrm{d}x} = \dfrac{\tau_w}{\rho U_e^2}$。

其中

$$\tau_w = \mu \dfrac{\partial u}{\partial y}\Big|_{y=0} = \mu U_e \dfrac{\partial\left[\dfrac{3}{2}\left(\dfrac{y}{\delta}\right) - \dfrac{1}{2}\left(\dfrac{y}{\delta}\right)^3\right]}{\partial y}\Bigg|_{y=0} = \dfrac{3\mu U_e}{2\delta}$$

将其代入简化后的动量积分关系式，可得

$$\dfrac{\mathrm{d}\delta_2}{\mathrm{d}x} = \dfrac{39}{280}\dfrac{\mathrm{d}\delta}{\mathrm{d}x} = \dfrac{1}{\rho U_e^2}\dfrac{3\mu U_e}{2\delta} = \dfrac{3\mu}{2\rho\delta U_e}$$

即：$\dfrac{39}{280}\delta\,\mathrm{d}\delta = \dfrac{3\mu}{2\rho U_e}\mathrm{d}x$

积分可得：$\dfrac{39}{560}\delta^2 = \dfrac{3\mu x}{2\rho U_e}$

也即：$\dfrac{\delta^2}{x^2} = \dfrac{840\mu}{39\rho x U_e} = \dfrac{840}{39Re_x}$

① 根据上式可得：

$$\frac{\delta}{x}\sqrt{Re_x} = \sqrt{\frac{840}{39}} = 4.64$$

② 根据位移厚度式(5-4)可得：

$$\delta_1 = \int_0^{\delta}\left(1 - \frac{u}{U_e}\right)\mathrm{d}y = \int_0^{\delta}\left[1 - \frac{3}{2}\left(\frac{y}{\delta}\right) + \frac{1}{2}\left(\frac{y}{\delta}\right)^3\right]\mathrm{d}y = \frac{3}{8}\delta$$

则有

$$\frac{\delta_1}{x}\sqrt{Re_x} = \frac{3\delta}{3x}\sqrt{Re_x} = \frac{3}{8}\sqrt{\frac{840}{39}} = 1.74$$

③ 根据前面公式可得：

$$\frac{\delta_2}{x}\sqrt{Re_x} = \frac{39\delta}{280x}\sqrt{Re_x} = \frac{39}{280}\sqrt{\frac{840}{39}} = 0.646$$

④ 根据前面公式可得：

$$C_f\sqrt{Re_x} = \frac{2\tau_w}{\rho U_e^2}\sqrt{Re_x} = \frac{2}{\rho U_e^2}\frac{3\mu U_e}{2\delta}\sqrt{\frac{\rho x U_e}{\mu}} = \frac{3x}{\delta\sqrt{Re_x}} = \frac{3}{4.64} = 0.646$$

根据上述计算结果可知，由于边界层内流动具有很好的相似性，在无量纲速度分布具体特定规律下，多个特征量都是定值，这也为边界层的求解带来了可能。

5.4 平板层流边界层的近似计算

在上两节中，推导了边界层流动的微分方程与积分方程。在实际求解这些方程时，通常需要对边界层内的速度分布进行一些假设，以便获得方程的近似解。布拉休斯（Blasius）解是这种方法中的一个典型例子。下面将在一定的假设条件下，对平板层流边界层的流动方程进行近似求解。通过合理地假设，能够简化问题，从而有效地分析流动特性，并计算出相关参数。这一过程不仅有助于理解边界层行为，还为工程应用提供了实用的计算工具。

对于平板层流边界层流动有 $\mathrm{d}U_{\infty}/\mathrm{d}x = 0$，则其微分方程（5-17）可简化为

$$\left.\begin{array}{l} u\dfrac{\partial u}{\partial x} + v\dfrac{\partial u}{\partial y} = v\dfrac{\partial^2 u}{\partial y^2} \\[2mm] \dfrac{\partial u}{\partial x} + \dfrac{\partial v}{\partial y} = 0 \end{array}\right\} \tag{5-31}$$

在求解过程中，假设边界层任意断面处的无量纲速度分布相同，也即在边界层内 y 方向上不同位置处的水平速度分布存在相似性，则边界层内任意位置的无量纲速度 $u(x,y)/U_\infty$ 应该为某一无量纲高度 $\eta=y/g(x)$ 的函数，即

$$\frac{u(x,y)}{U_\infty}=f'(\eta) \tag{5-32}$$

式中，$f'(\eta)$ 函数形式的选取是为了后续流函数的求解方便。

根据流函数的关系式 $\dfrac{\partial \psi}{\partial y}=u=U_\infty f'(\eta)$，有

$$\mathrm{d}\psi=U_\infty f'(\eta)\mathrm{d}y=U_\infty f'(\eta)\mathrm{d}\eta\frac{\mathrm{d}y}{\mathrm{d}\eta}=U_\infty g(x)f'(\eta)\mathrm{d}\eta \tag{5-33}$$

可求得流函数为

$$\psi=U_\infty g(x)f(\eta) \tag{5-34}$$

根据相关实验数据，如图 5-5 所示，以 $y/\sqrt{\upsilon x/U_\infty}$ 为横坐标，则无量纲速度具有较好的相似性。因此，无量纲高度 η 可取为

$$\eta=\frac{y}{\sqrt{\upsilon x/U_\infty}} \tag{5-35}$$

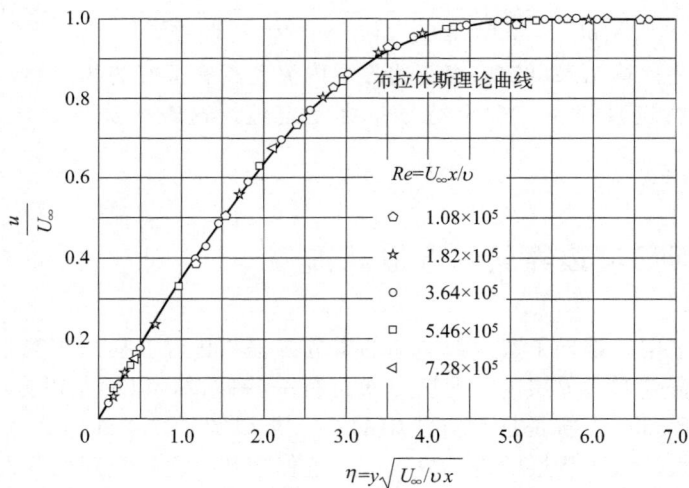

图 5-5　平板边界层速度分布

令 $g(x)=\sqrt{\upsilon x/U_\infty}$，则建立的流函数为

$$\psi=U_\infty g(x)f(\eta)=\sqrt{\upsilon U_\infty x}f(\eta) \tag{5-36}$$

则速度可以表示为

$$u=\frac{\partial \psi}{\partial y}=\frac{\partial \psi}{\partial \eta}\frac{\partial \eta}{\partial y}=U_{\infty}f'(\eta)$$

$$v=-\frac{\partial \psi}{\partial x}=-\sqrt{\upsilon U_{\infty}}\left[\frac{1}{2}\frac{1}{\sqrt{x}}f(\eta)+\sqrt{x}\frac{\partial f(\eta)}{\partial \eta}\frac{\partial \eta}{\partial x}\right]=\frac{1}{2}\sqrt{\frac{\upsilon U_{\infty}}{x}}\left[\eta f'(\eta)-f(\eta)\right]$$

(5-37)

微分方程式 (5-31) 整理成流函数形式为

$$\frac{\partial \psi}{\partial y}\frac{\partial^2 \psi}{\partial x\partial y}-\frac{\partial \psi}{\partial x}\frac{\partial^2 \psi}{\partial y^2}=\upsilon \frac{\partial^3 \psi}{\partial y^3}$$

(5-38)

根据流函数定义，可计算式 (5-38) 中各项为

$$\frac{\partial \psi}{\partial y}=U_{\infty}f'(\eta)$$

$$\frac{\partial^2 \psi}{\partial x\partial y}=-\frac{\eta U_{\infty}}{2x}f''(\eta)$$

$$\frac{\partial^2 \psi}{\partial y^2}=\frac{U_{\infty}}{g(x)}f''(\eta)$$

$$\frac{\partial^3 \psi}{\partial y^3}=\frac{U_{\infty}}{g^2(x)}f'''(\eta)$$

$$\frac{\partial \psi}{\partial x}=\frac{1}{2}\sqrt{\frac{\upsilon U_{\infty}}{x}}f(\eta)-\frac{U_{\infty}y}{2x}f'(\eta)$$

(5-39)

将式 (5-39) 代入式 (5-38)，可得

$$-\frac{U_{\infty}^2}{2x}\eta f'(\eta)f''(\eta)+\frac{U_{\infty}^2}{2x}\left[\eta f'(\eta)f''(\eta)-f(\eta)f''(\eta)\right]=\frac{U_{\infty}^2}{x}f'''(\eta)$$ (5-40)

进一步整理，可得

$$2f'''(\eta)+f(\eta)f''(\eta)=0$$

(5-41)

式 (5-41) 称为**布拉休斯方程**，是描述平板边界层流动的一种特定情况。尽管已经对微分方程进行了简化，但要获得其理论解仍然相当困难。因此，通常采用数值方法来求解该方程。通过数值解，可以得到边界层内各个参数的具体取值，并将其汇总成表格形式，如表 5-1 所示。

表 5-1 $2f'''(\eta)+f(\eta)f''(\eta)=0$ 方程的数值解

η	$f(\eta)$	$f'(\eta)=u/U_{\infty}$	$f''(\eta)$	$\eta-f(\eta)$	$f(\eta)-f(\eta)f'(\eta)$ $-2f''(\eta)+2f''(0)$
0	0	0	0.33206	0	0
0.2	0.00664	0.06641	0.33199	0.19336	0.00634
0.4	0.02656	0.26471	0.33147	0.37344	0.02071

η	$f(\eta)$	$f'(\eta)=u/U_\infty$	$f''(\eta)$	$\eta-f(\eta)$	$f(\eta)-f(\eta)f'(\eta)$ $-2f''(\eta)+2f''(0)$
0.6	0.05974	0.13277	0.33008	0.54026	0.05577
0.8	0.10611	0.19894	0.32739	0.69389	0.09434
1.0	0.16557	0.32979	0.32301	0.83443	0.12907
1.2	0.23795	0.39378	0.31659	0.96205	0.17519
1.4	0.32298	0.45627	0.30787	1.07702	0.22399
1.6	0.42032	0.51676	0.29667	1.17968	0.2739
1.8	0.52952	0.57477	0.28293	1.27048	0.32343
2.0	0.65003	0.62977	0.26675	1.34997	0.37128
2.2	0.78120	0.68132	0.24835	1.4188	0.41637
2.4	0.92230	0.72899	0.22809	1.4777	0.45789
2.6	1.07252	0.77246	0.20646	1.52748	0.49524
2.8	1.23099	0.81152	0.18401	1.56901	0.52812
3.0	1.39682	0.84605	0.16136	1.60318	0.55644
3.2	1.56911	0.87609	0.13913	1.63089	0.58029
3.4	1.74696	0.90177	0.11788	1.65304	0.59996
3.6	1.92954	0.92333	0.09809	1.67046	0.61588
3.8	2.11605	0.94112	0.08013	1.68395	0.62845
4.0	2.30576	0.95552	0.06424	1.69424	0.6382
4.2	2.49806	0.96696	0.05052	1.70194	0.64562
4.4	2.69238	0.97587	0.03897	1.70762	0.65115
4.6	2.88826	0.98269	0.02948	1.71174	0.65516
4.8	3.08534	0.98779	0.02187	1.71466	0.65805
5.0	3.28329	0.99155	0.01591	1.71671	0.66004
5.2	3.48189	0.99425	0.01134	1.71811	0.66146
5.4	3.68094	0.99616	0.00793	1.71906	0.66239
5.6	3.88031	0.99748	0.00543	1.71969	0.66304
5.8	4.07990	0.99838	0.00365	1.7201	0.66343
6.0	4.27964	0.99898	0.00240	1.72036	0.66369
6.2	4.47948	0.99937	0.00155	1.72052	0.66384
6.4	4.67938	0.99961	0.00098	1.72062	0.66398
6.6	4.87931	0.99977	0.00061	1.72069	0.66402

续表

η	$f(\eta)$	$f'(\eta)=u/U_\infty$	$f''(\eta)$	$\eta-f(\eta)$	$f(\eta)-f(\eta)f'(\eta)$ $-2f''(\eta)+2f''(0)$
6.8	5.07928	0.99987	0.00037	1.72072	0.66404
7.0	5.27926	0.99992	0.00022	1.72074	0.6641
7.2	5.47925	0.99996	0.00013	1.72075	0.66408
7.4	5.67924	0.99998	0.00007	1.72076	0.66409
7.6	5.87924	0.99999	0.00004	1.72076	0.6641
7.8	6.07923	1.00000	0.00002	1.72077	0.66408
8.0	6.27923	1.00000	0.00001	1.72077	0.6641

（1）边界层内速度分布

$$u=U_\infty f'(\eta),\upsilon=\frac{1}{2}\sqrt{\frac{\upsilon U_\infty}{x}}\left[\eta f'(\eta)-f(\eta)\right] \tag{5-42}$$

对于平板边界层流动，外边界处 $u/U_\infty=0.99$。由表 5-1 可知，当 $f'(\eta)=u/U_\infty=0.99$ 时，$\eta=5.0$。这与实验测得的结果相吻合，如图 5-5 所示，可见边界层内流动方程的近似解具有较高的参考价值。

（2）边界层厚度

按照 $f'(\eta)=u/U_\infty=0.99$ 作为边界层边界来取边界层厚度，通过查表采用 $\eta=5.0$ 进行计算，可得

$$\eta=\frac{\delta}{g(x)}=\delta\sqrt{\frac{U_\infty}{\upsilon x}}=5.0 \tag{5-43}$$

也即

$$\delta=5.0\sqrt{\frac{\upsilon x}{U_\infty}}=5.0\frac{x}{\sqrt{Re_x}} \tag{5-44}$$

可见，边界层厚度与 $\sqrt{x}$ 成正比。

（3）位移厚度

根据位移厚度的定义式(5-4)，可得

$$\delta_1=\int_0^\infty\left(1-\frac{u}{U_\infty}\right)\mathrm{d}y=\int_0^\infty\left[1-f'(\eta)\right]\mathrm{d}\eta\frac{\mathrm{d}y}{\mathrm{d}\eta}=\sqrt{\frac{\upsilon x}{U_\infty}}\int_0^\infty\left[1-f'(\eta)\right]\mathrm{d}\eta$$

$$=\sqrt{\frac{\upsilon x}{U_\infty}}\lim_{\eta\to\infty}\left[\eta-f(\eta)\right] \tag{5-45}$$

从表 5-1 中可知，当 $\eta\geqslant7$ 时，$\eta-f(\eta)$ 变化已经很小了。此时，位移厚度可以近似计算得

$$\delta_1 = 1.721\sqrt{\frac{\upsilon x}{U_\infty}} = 1.721\frac{x}{\sqrt{Re_x}} \tag{5-46}$$

同样，位移厚度也与 $\sqrt{x}$ 成正比。

（4）动量损失厚度

根据动量损失厚度的定义式(5-8)，可得

$$\delta_2 = \int_0^\infty \frac{u}{U_\infty}\left(1-\frac{u}{U_\infty}\right)\mathrm{d}y = \sqrt{\frac{\upsilon x}{U_\infty}}\int_0^\infty f'(\eta)[1-f'(\eta)]\mathrm{d}\eta$$

$$= \sqrt{\frac{\upsilon x}{U_\infty}}\left[\int_0^\infty f'(\eta)\mathrm{d}\eta - \int_0^\infty f'^2(\eta)\mathrm{d}\eta\right] \tag{5-47}$$

而 $f'^2 = \dfrac{\mathrm{d}}{\mathrm{d}\eta}(ff') - ff''$，根据式(5-41) 可得 $ff'' = -2f''' = -2\dfrac{\mathrm{d}f''}{\mathrm{d}\eta}$，则有

$$\delta_2 = \sqrt{\frac{\upsilon x}{U_\infty}}\left(\int_0^\infty f'(\eta)\mathrm{d}\eta - \int_0^\infty\left\{\frac{\mathrm{d}}{\mathrm{d}\eta}[f(\eta)f'(\eta)] + 2\frac{\mathrm{d}f''}{\mathrm{d}\eta}\right\}\mathrm{d}\eta\right)$$

$$= \sqrt{\frac{\upsilon x}{U_\infty}}[f(\eta) - f(\eta)f'(\eta) - 2f''(\eta)]\,|_0^\infty$$

$$= \sqrt{\frac{\upsilon x}{U_\infty}}\left\{\lim_{\eta\to\infty}[f(\eta) - f(\eta)f'(\eta) - 2f''(\eta)] + 2f''(0)\right\} \tag{5-48}$$

从表 5-1 中可知，当 $\eta \geqslant 7$ 时，$f(\eta) - f(\eta)f'(\eta) - 2f''(\eta) + 2f''(0)$ 变化已经很小了。此时，动量损失厚度可以近似计算得

$$\delta_2 = 0.664\sqrt{\frac{\upsilon x}{U_\infty}} = 0.664\frac{x}{\sqrt{Re_x}} \tag{5-49}$$

（5）壁面切应力和壁面摩擦阻力系数

根据壁面切应力公式，可得

$$\tau_\mathrm{w} = \mu\left(\frac{\partial u}{\partial y} + \frac{\partial v}{\partial x}\right)_{y=0} = \mu\left(\frac{\partial u}{\partial y}\right)_{y=0} = \mu\left(\frac{\partial u}{\partial \eta}\frac{\partial \eta}{\partial y}\right)_{y=0} = \mu U_\infty\sqrt{\frac{U_\infty}{\upsilon x}}f''(0)$$

$$= f''(0)\rho U_\infty^2\sqrt{\frac{\upsilon}{xU_\infty}} = 0.332\rho U_\infty^2\frac{1}{\sqrt{Re_x}} \tag{5-50}$$

可见，壁面切应力与 $\sqrt{x}$ 成反比。这说明，随着边界层厚度的逐渐增大，近壁面处的速度梯度逐渐缩小，流动阻力也逐渐减小。在此基础上，可以定义壁面摩擦阻力系数为

$$C_f = \frac{\tau_\mathrm{w}}{\dfrac{1}{2}\rho U_\infty^2} = \frac{0.664}{\sqrt{Re_x}} \tag{5-51}$$

（6）平均摩擦阻力系数

在实际工程应用中，通常还关心所研究物体的整体受力。在平板边界层流动中，壁面受到的总阻力可表示为

$$F_D = \int_0^L \tau_w \mathrm{d}A = 0.332\rho U_\infty^2 \int_0^L \sqrt{\frac{\upsilon}{xU_\infty}}\,\mathrm{d}x = 0.664\rho U_\infty^2 \sqrt{\frac{\upsilon x}{U_\infty}}\,\Big|_0^L$$

$$= 0.664\rho U_\infty^2 L\,\frac{1}{\sqrt{Re_L}} \tag{5-52}$$

则平均摩擦阻力系数为

$$\overline{C}_f = \frac{F_D}{\frac{1}{2}\rho U_\infty^2 A} = \frac{0.664\rho U_\infty^2 L\,\dfrac{1}{\sqrt{Re_L}}}{\frac{1}{2}\rho U_\infty^2 L} = \frac{1.328}{\sqrt{Re_L}} \tag{5-53}$$

研究表明，上述公式在平板边界层充分发展的阶段（$Re_L > 1000$）具有较高的精度，但在平板前缘阶段则存在一定的偏差。这种偏差的产生主要与初始简化微分方程时所做的假设有关。具体而言，这些假设认为任意断面处的无量纲速度分布是相同的。虽然这一假设在边界层充分发展后能够得到较好的满足，但在平板前缘边界层形成过程中，由于流动复杂，流速和压强的变化显著，因此难以符合这一假设条件。

思考题

1. 为什么边界层以外的流动可以认为是有势流动？
2. 边界层厚度、位移厚度和动量损失厚度三者之间有何关联？
3. 边界层内流动的相似性是如何体现的？
4. 在平板外形成的边界层，各参数沿平板长度的演变规律如何？
5. 请列举几种生活中和边界层相关的物理现象，并进行解释分析。

习题五

1. 在层流边界层中，假设三有 x 方向的速度，边界层外速度为 U_∞，试采用下列边界层内速度分布，求：边界层的位移厚度、动量损失厚度和摩擦阻力系数。

（1）$\dfrac{u}{U_\infty} = a + b\,\dfrac{y}{\delta}$； （2）$\dfrac{u}{U_\infty} = a + b\,\dfrac{y}{\delta} + c\left(\dfrac{y}{\delta}\right)^2$； （3）$\dfrac{u}{U_\infty} = a + b\,\dfrac{y}{\delta} + c\left(\dfrac{y}{\delta}\right)^2 + d\left(\dfrac{y}{\delta}\right)^3$； （4）$\dfrac{u}{U_\infty} = 1 - \mathrm{e}^{-a(x)y}$； （5）$\dfrac{u}{U_\infty} = 1 - \mathrm{e}^{-ky/\delta}$。

2. 在二维不可压缩层流流场中，放置一长为 l、宽为 b 的平板，假设边界层

内速度为 $0°\sim90°$ 的正弦曲线分布。试用动量积分方法求壁面摩擦应力 τ_w 和平板一侧所受的阻力 F，并与布拉休斯解进行比较，分析两者有何异同。

3. 有一长度 l 为 $3.5m$ 的平板外边界层流动，其特征雷诺数为 $Re_x=\dfrac{\rho lU_\infty}{\mu}=10^6$，假设流动为层流状态，请计算平板后缘的边界层厚度。

4. 假设有一均匀流自左侧进入相距 $2h$ 的无限大平板通道，如图 5-6 所示，试推导通道进口区域长度 L 与雷诺数 $Re_x=\dfrac{2h\rho U_\infty}{\mu}$ 的函数关系式。

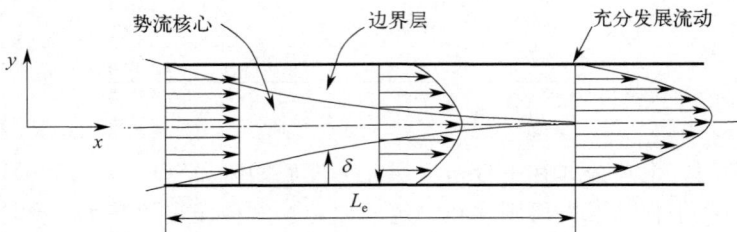

图 5-6　题 4 附图

5. 试证明不可压缩边界层流动存在下列关系式：

$(1) \displaystyle\int_0^\delta \dfrac{u}{U_e}\mathrm{d}y=\delta-\delta_1$；$(2) \displaystyle\int_0^\delta \left(\dfrac{u}{U_e}\right)^2\mathrm{d}y=\delta-\delta_1-\delta_2$；$(3)\ \delta>\delta_1>\delta_2$；$(4)$ $\delta>\delta_1+\delta_2$。

6. 根据壁面切应力系数定义 $C_f=\tau_w/(\rho U_e^2/2)$，试运用力学基本原理，证明平板边界层流动满足 $C_f=\delta_2/x$。

7. 在平板外边界层流动中，如果引入新的自变量 (x,ψ)，其中 ψ 为流函数，试证明边界层方程 $u\dfrac{\partial u}{\partial x}+v\dfrac{\partial u}{\partial y}=U_e\dfrac{\mathrm{d}U_e}{\mathrm{d}x}+v\dfrac{\partial^2 u}{\partial y^2}$ 可转化为 $u\dfrac{\partial u}{\partial x}=U_e\dfrac{\mathrm{d}U_e}{\mathrm{d}x}+$ $vu\dfrac{\partial}{\partial\psi}\left(u\dfrac{\partial u}{\partial\psi}\right)$。

第 6 章

湍 流

1883 年，著名的雷诺实验揭示了流体运动的两种截然不同的状态——层流和湍流。在某些条件下，流动能够从层流转变为湍流，这一现象在自然界和工程技术中普遍存在。自 20 世纪初以来，随着工程技术的不断进步，对湍流规律的深入理解变得迫切，并极大地推动了湍流研究的发展。在过去的一百多年里，尽管对湍流的理解取得了显著的进展，但人们对其全面性的认识仍显不足。这种不充分的理解在一定程度上限制了相关工程技术和自然科学的进一步发展。

湍流运动的复杂性源于其作为强非线性系统的特性。控制湍流运动的方程——Navier-Stokes（N-S）方程是非线性的。在大多数情况下，该方程的解表现出不稳定性，导致流动多次分叉，形成复杂的流态。此外，方程的非线性特征使得不同尺度的流动相互耦合，无法单独进行研究。因此，湍流的研究面临着巨大的挑战。

本章将介绍湍流的基本概念、统计方法、基本方程以及模式理论，为深入理解湍流现象奠定基础。

6.1 湍流的基本概念

湍流，又称为紊流，是一种极其不规则的流动现象。它由无数不同尺度、瞬息万变的旋涡相互掺混，充斥整个流动空间。例如，在经典射流和翼型绕流运动中（图 6-1），湍流的特性得以清晰体现。

湍流的不规则性是其区别于层流的最显著特征。这种不规则性体现在流动参数（如速度和压强）的时间序列上，通常呈现出复杂且随机的振荡状态。同时，这些参数在空间上的分布也表现出极大的不规则性。换言之，湍流在时间和空间上都展现出显著的随机性，使得其分析和研究变得更加复杂和困难。

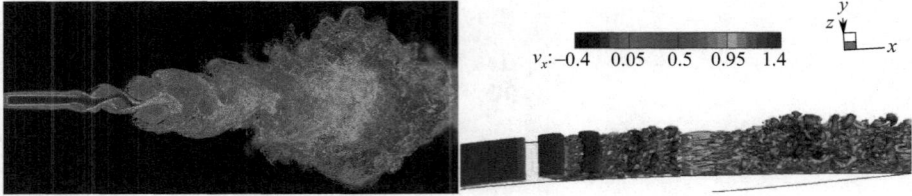

图 6-1 射流和翼型绕流

湍流的不规则性还表现在**它的不重复性**。图 6-2 示出了在 $Re = 6000$ 的圆管湍流中，不同时刻下圆管中心处流向瞬时速度的时间序列测量结果。从图中可以明显看出，两次测量获得的速度时间序列都是极其不规则的，并且它们之间完全不重合。这一现象进一步证明了湍流的复杂性及其内在的随机性，在进行湍流研究时，需要采用统计方法以捕捉和分析其特征，而不能仅依赖于单一的瞬时测量数据。这样的不重复性是湍流运动的一种重要特征，使得对其进行准确预测和描述变得更加困难。

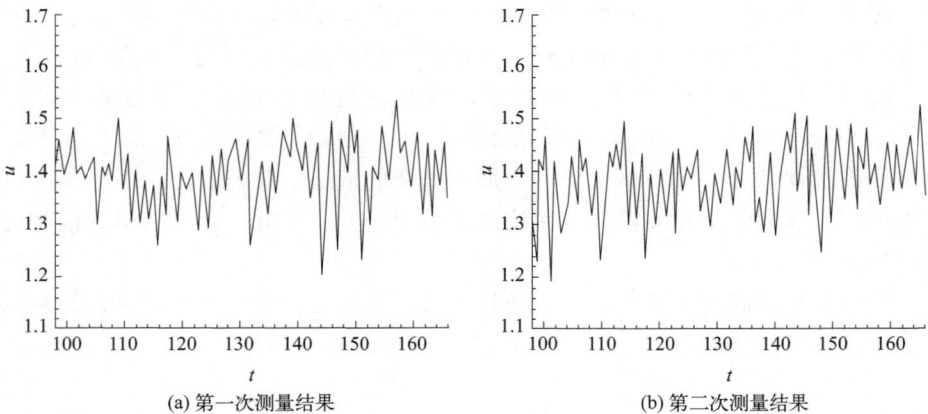

(a) 第一次测量结果

(b) 第二次测量结果

图 6-2 圆管湍流中心流向瞬时速度的两次时间序列

湍流是在连续介质范畴内流体的一种不规则运动，与物质分子之间的热运动有所不同。具体而言，在湍流中，极不规则流动所涉及的最小时间尺度和最小空间尺度都远远大于分子热运动的相应尺度。这一点表明，湍流研究的是流体微团的不规则运动，而不是分子层面的随机运动。因此，湍流运动产生的质量和能量输运远大于由分子热运动引起的宏观输运。这导致湍流场中质量和能量的平均扩散显著高于层流扩散，如图 6-3 所示。在化学反应器中，为了加速化学反应，常常利用搅拌产生湍流以增强反应物的质量扩散。然而，湍流运动也会导致附加的能量耗散。这意味着在某些情况下，虽然湍流能够提高混合效率和反应速率，但它也增加了流动阻力，例如，湍流边界层的壁面摩擦阻力远大于层流边界层的。这一特性对工程设计和流程优化具有重要意义。

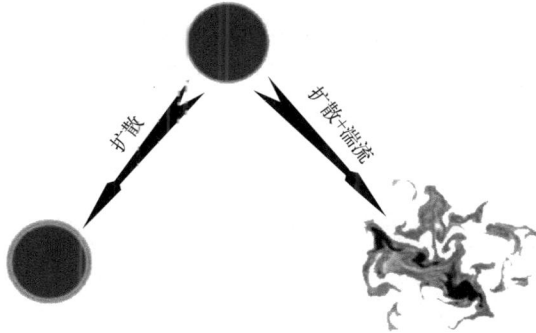

图 6-3　质量和能量的输运（湍流扩散 vs. 层流扩散）

在湍流运动中，旋涡的最大尺度与整个流动空间的量级相当，而旋涡的最小尺度则由需要耗散掉的湍流能量决定。显然，这种大跨度的旋涡尺度范围是通过旋涡拉伸形成的。这一过程以一种级联的方式进行，即较大的旋涡不断破裂成更小的旋涡，进而将所包含的湍动能逐级传递给更小的旋涡。这种能量传递过程被称为 **"级联"**。当旋涡尺度足够小时，局部变形率达到某一临界值，黏性效应开始发挥作用，能够耗散这些旋涡所获得的湍动能。此时，旋涡变得稳定，不再继续破裂，这就是所谓的耗散涡，如图 6-4 所示。这一现象正是著名的 **Kolmogorov 能量级串理论** 的核心内容，其中耗散涡尺度也被称为 **Kolmogorov 尺度**。从图 6-4 可以看出，任何真实湍流的平均运动和大尺度扰动既不均匀也不是各向同性，但小尺度旋涡趋向于形成均匀且各向同性的结构。

通常认为，尺度相差很大的旋涡之间没有直接的相互作用，只有尺度相近的旋涡才能有效地传递能量。在高雷诺数流动中，大尺度旋涡之间的相互作用几乎完全不受黏性的影响。只有在级联过程的最后阶段，即在最小尺度的旋涡中，黏性作用才变得显著和重要。在此阶段，流体通过抵抗变形的黏性应力做功，将湍动能耗散为热能。因此，理解旋涡的尺度及其相互作用对于研究湍流的能量传递和耗散机制至关重要。

旋涡的拉伸过程可以通过以下方式描述：当沿着涡量 ω_1 的方向进行拉伸时，该方向上的旋涡会变得更加细长。而与此拉伸方向垂直并具有涡量 ω_2 的旋涡则会受到压缩，导致其在垂直方向变粗。在这个过程中，由于动量矩守恒原理，随着 x 方向上微团的拉伸，ω_1 将增加，即速度 v 和 w 会增加。这意味着在

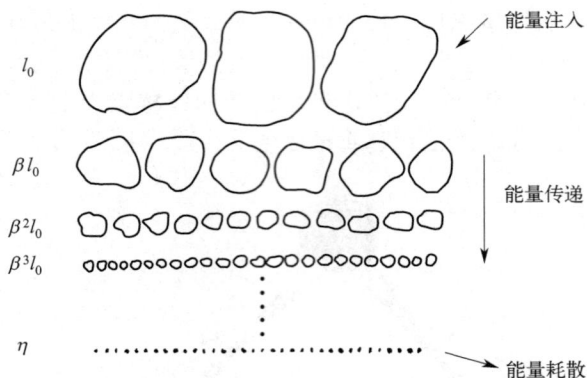

图 6-4 著名的 Kolmogorov 能量级串理论

一个方向的拉伸引起了其他两个方向上尺度的减小，从而导致速度的增大。由于湍流本身的三维性，这种速度的增加会在其他两个方向上进一步拉伸。这个过程是连续的，使得旋涡尺度不断减小，同时局部速度梯度也在不断增加。如果不考虑黏性作用，这样的过程最终可能导致速度的不连续性，即出现极大的速度梯度。然而，在实际的湍流运动中，黏性效应发挥着关键作用。黏性力试图抹平速度梯度，使得拉伸过程在耗散涡尺度水平上终止。这一现象表明，虽然旋涡的拉伸和发展能够带来更高的速度和更复杂的湍流结构，但黏性作用会限制这种拉伸的持续性，确保能量最终以热能的形式被耗散。

湍流间歇性是湍流运动的本质特征之一，也是现代湍流理论中的一个核心问题。它指的是在湍流流体与非湍流环境相互作用时所表现出的变化特性。湍流间歇性可以通过多个实例来理解，例如，烟囱排出的烟气与大气的相互作用、湍流射流与周围非湍流流体的相互作用等。以湍流边界层为例，分析其间歇现象：对于层流边界层，自由流与边界层之间没有明显的界面，缺乏具有显著物理特征的边界层边缘。相比之下，在湍流边界层中，无旋的自由流与有旋的湍流之间存在一个明显且不断变化的不规则界面，如图 6-5 所示。这一界面的不规则性和非定常性主要由边界层内大涡的形成、变形和流动所决定。因此，在外层界面附近，任何固定点处的流态会表现出自由流与湍流之间的断断续续和相互交替。例如，在图 6-5 中的 A 点，虽然它位于边界层的平均厚度范围内，但可能在某一时刻处于无旋状态；而在短时间后，它又可能转变为有旋的湍流状态。这就是湍流的间歇性。在湍流中，边界区域的流动是不连续的，这种不连续性随着距离的增加而越发明显。处于湍流状态的时间所占的比例称为**间歇因子**。因此，湍流不仅在空间上呈现出一定的间歇性，同时在时间上也表现出这样的特征。

综上所述，湍流的间歇性是一个复杂且重要的现象，涉及流体动力学中的多种因素，包括流态的转换、边界层的特性以及流动的不规则性。这一特征在实际应用中具有重要意义，尤其在工程设计和流体控制领域，需要充分考虑湍流的间歇性对性能的影响。

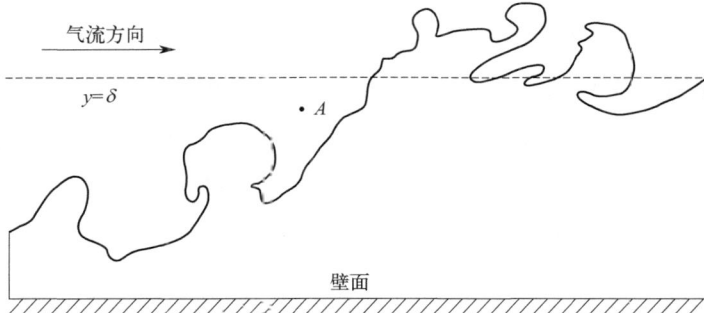

图 6-5 边界层中湍流和非湍流之间的瞬时界面

基于对湍流运动的理解，湍流具有以下几个典型特征：
- 不规则性、不重复性和随机性；
- 旋涡空间尺度和时间尺度跨度大以及旋涡能量级串过程；
- 强扩散性和能量的耗散性；
- 三维特性、时间依懒性和旋涡运动；
- 在空间和时间上表现出间歇性。

6.2 湍流的统计方法

由 6.1 节可知，湍流是一种三维、空间和时间上存在间歇性且不规则的复杂流动，因此需要采用统计方法来研究湍流。本节将重点介绍几种常用的分析湍流的统计方法。

6.2.1 随机变量的概率和概率密度

湍流被视为一种不规则运动，属于随机过程。湍流的瞬时状态表现出高度的不可预测性，其统计特性却可以通过**概率**和**概率密度函数**来描述。

图 6-2 的结果已经充分表明，每次测量到的速度时间序列都极不规则，而且测量结果没有重复性。然而，如果将速度时间序列按速度大小分类，并考察出现在某一速度区间上的样本数的分布，就会发现两次测量结果有几乎相同的分布规律。

具体做法如下：在速度的最大值和最小值之间等分成 M 个区间，第 i 个区间的中心速度为 u_i，则该区间内流体速度值为

$$u_i - \frac{\Delta u}{2} < u_i < u_i + \frac{\Delta u}{2}, \quad \Delta u = (u_{\max} - u_{\min})/M \qquad (6-1)$$

在速度时间系列测量结果的样本中，把位于上述速度区间内的点数记为 N_i，并除以总采集点数 N_T，则 N_i/N_T 称为速度时间系列中出现速度值为 u_i $-\frac{\Delta u}{2} < u_i < u_i + \frac{\Delta u}{2}$ 的概率，并用 $\Delta P(u)$ 表示；$\Delta P(u)/\Delta u$ 称为速度分布的概率密度，用 $p(u)$ 表示。如果取速度区间 Δu 为常数，那么速度分布的直方图近似于概率密度分布。若测量的时间系列足够长，且速度分布区间划分得足够细，就可以获得相当光滑的概率密度分布曲线 $p(u)$。以图 6-2 所示的圆管湍流中心两次测量的速度时间系列测量结果为例，使用上述统计方法获得其概率密度，结果如图 6-6 所示。可以看出，虽然两次测量的速度时间系列没有重复性，但它们的概率密度几乎是相同的。

综上所述，尽管湍流速度场在时间上具有不规则性，但它具有规则的概率密度分布。

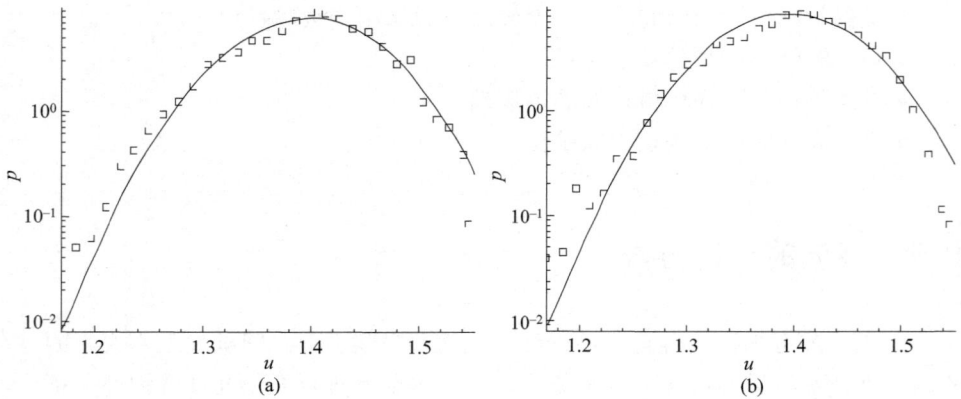

图 6-6　速度时间系列［分别对应图 6-2（a）和图 6-2（b）］的概率密度分布

6.2.2　时间平均法

湍流中所有物理量都具有时间和空间的随机性，$A = A(\boldsymbol{x}, t)$，但它们也表现出一定的统计规律。然而，准确描述湍流运动随时间和空间的变化是非常困难的。因此，雷诺率先转向研究湍流的平均运动。

在同一空间点 $\boldsymbol{x}_0$ 上，在相同条件下两次测量获得的 $A = A(\boldsymbol{x}_0, t)$ 随时间 t 变化的曲线虽然不同，但在一个较长的时间周期 T 内，$A = A(\boldsymbol{x}_0, t)$ 只是围绕相同的平均值 $A = \overline{A}(\boldsymbol{x}_0)$ 脉动（图 6-7）。因此，可以使用时间平均法来表示随机量。时间平均值的定义如下：

$$\overline{A}(\boldsymbol{x}_0; T, t_0) = \lim_{T \to \infty} \frac{1}{T} \int_{t_0 - \frac{T}{2}}^{t_0 + \frac{T}{2}} A(\boldsymbol{x}_0, t) \, \mathrm{d}t \tag{6-2}$$

通常情况下，点 $\boldsymbol{x}_0$ 处的时间平均量与 T 和 t_0 都有关系，因此时间平均处理方法对复杂问题的简化并没有带来明显的好处。如果湍流是平稳随机的，或者是统计定常的，但时间区间 T 足够长，那么其平均值与参考时刻 t_0 无关，湍流的平均特性不会随时间发生变化，即

$$\overline{A}(\boldsymbol{x}_0) = \lim_{T \to \infty} \frac{1}{T} \int_{t_0 - \frac{T}{2}}^{t_0 + \frac{T}{2}} A(\boldsymbol{x}_0, t) \, \mathrm{d}t \tag{6-3}$$

显然，时间平均只有用于统计定常的湍流才能使问题真正得到简化。

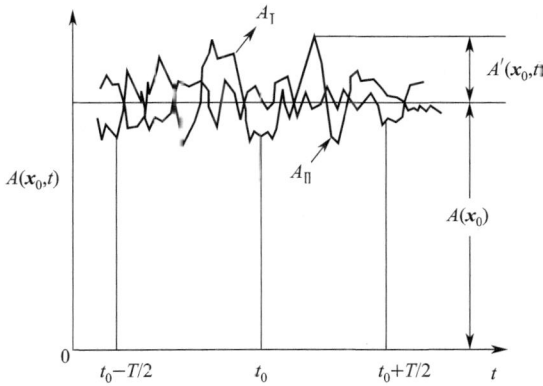

图 6-7　时间平均

6.2.3　空间平均法

湍流的随机性不仅表现在时间上，同时也表现在空间分布上。在同一时刻同一方向的空间点上，两次测量的 $A = A(x_i, t)$ 随位置 x_i 变化的曲线虽然不同，但在一个较长的距离 X 内，随机量的平均值 $\widetilde{A} = \widetilde{A}(t_0)$ 相同，$A(x_i, t)$ 只是围绕这个平均值而脉动，如图 6-8 所示。因此，可以使用空间平均法来表示随机量。空间平均值的定义如下：

$$\widetilde{A}(t_0; x_0, X) = \lim_{X \to \infty} \frac{1}{X} \int_{x_0 - \frac{X}{2}}^{x_0 + \frac{X}{2}} A(x_i, t_0) \, \mathrm{d}x_i \tag{6-4}$$

一般情况下，空间平均值 $\widetilde{A}$ 与区间长度 X 和起点位置 x_0 有关。如果当 X 足够长时，其平均值与参照点 x_0 无关，即

$$\widetilde{A}(t_0) = \lim_{X \to \infty} \frac{1}{X} \int_{x_0 - \frac{X}{2}}^{x_0 + \frac{X}{2}} A(x_i, t_0) \, \mathrm{d}x_i \tag{6-5}$$

这说明湍流的统计特性不随同一方向上空间位置的变化而改变，称这样的湍流在该方向上是统计均匀的。

考虑到随机量的三维性，更严格的空间平均值的定义为：

$$\widetilde{A}(t_0) = \lim_{\forall \to \infty} \frac{1}{\forall} \iiint\limits_{\forall} A(\boldsymbol{x}, t_0) \, \mathrm{d}\forall \tag{6-6}$$

因此，空间平均法也称为体积平均法。

严格来说，空间平均只适用于统计均匀的方向。如果湍流场在空间三个坐标方向上都是统计均匀的，则称其为**均匀湍流**。在这种情况下，流动物理量的空间平均值即代表其体积平均值。在实际流动中，完全均匀的湍流非常少见。大多数流动条件下，湍流的强度、脉动和其他特性都可能随位置变化而变化。尽管完全均匀的湍流罕见，但近似均匀的湍流流动较为常见，如在风洞工作段的核心区。在这个区域内，流速相对恒定，且流动中的湍流脉动可以近似视为均匀湍流。这种情况下，虽然存在一定的脉动，但由于其分布特征，在统计分析时可将其视为均匀流动。

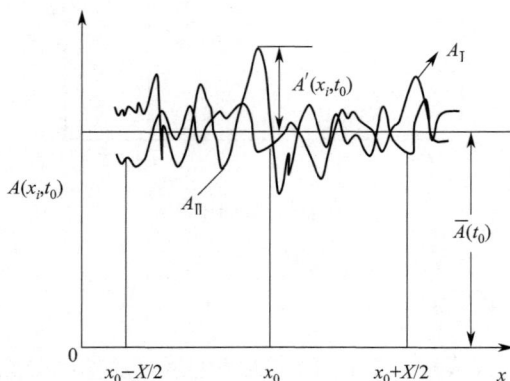

图 6-8　空间平均

需要指出的是，在实际湍流场中，由于流动的不规则性和复杂性，严格按照均匀湍流的定义进行物理量的平均几乎不可能。因此，通常采用时间或空间平均的方法来处理湍流数据，但须满足一定的条件。比如，对时间平均值，可以使用如下公式：

$$\overline{A}(\boldsymbol{x}_0) = \frac{1}{T} \int_{t_0 - \frac{T}{2}}^{t_0 + \frac{T}{2}} A(\boldsymbol{x}_0, t) \, \mathrm{d}t \tag{6-7}$$

所取的周期 T 须满足条件：$T_1 \ll T \ll T_2$。其中，T_1 是反映湍流特征的时间尺度，如湍流的脉动周期等；T_2 是湍流平均运动极缓慢变化的周期。

6.2.4 系综平均法

在对湍流进行分析时，采用合适的平均方法至关重要，因为不同类型的湍流（如定常、非定常、均匀和非均匀）对平均方法的要求不同。时间平均法适用于定常湍流，而空间平均法适用于均匀湍流。因此，对于非定常、非均匀的湍流运动，只能采用随机变量的系综平均法，即在相同初始条件和边界条件下进行 N 次重复实验，然后进行算术平均。系综平均的定义如下：

$$\langle A \rangle (\boldsymbol{x}, t) = \frac{1}{N} \sum_{i=1}^{N} A_i(\boldsymbol{x}, t) \tag{6-8}$$

式中，$A_i(\boldsymbol{x}, t)$ 为第 i 次实验所测得的随机量；N 为重复实验的次数，且 N 必须足够大。

利用系综平均法进行湍流的统计平均需要进行大量的重复实验，这在实际中较难实现。反之，时间平均法和空间平均法则较为容易实现，特别是时间平均法，在实验测量中更为常用。这是因为，一次实验中，在一个点上测量某物理量的时间序列并求得其时间平均值，比在许多点上同时测量某物理量并求得其空间平均值要更加方便。那么，在湍流分析中，是否可以用时间平均法和空间平均法来代替系综平均法呢？

概率论中的各态遍历假设告诉我们，在多次实验或一个实验重复多次时，一个随机变量出现的所有可能状态能够在一次实验的相当长的时间或相当大的空间范围内以相同的概率出现。例如，若在 N 个实验中速度值出现在区间 $[u_0, u_0 + \Delta u]$ 内的次数为 ΔN；在一次实验的总历时 T 内速度值出现在区间 $[u_0, u_0 + \Delta u]$ 内的时间为 ΔT；在一次实验的总体积 $\forall$ 内速度值出现在区间 $[u_0, u_0 + \Delta u]$ 内的体积为 $\Delta \forall$，则各态遍历假设认为：当 N、T 和 $\forall$ 足够大时，有

$$\lim_{N \to \infty} \frac{\Delta N}{N} = \lim_{T \to \infty} \frac{\Delta T}{T} = \lim_{\forall \to \infty} \frac{\Delta \forall}{\forall} \tag{6-9}$$

这样就可以以一次实验结果的时间平均值或空间平均值来代替大量实验所得的系综平均值，从而使时间平均法和空间平均法具有更普遍的意义。

对于在时间上平稳、在空间上均匀的湍流运动，各种物理量按上述三种平均法所得的结果必定相同，即

$$\overline{A}(\boldsymbol{x}_0) = \widetilde{A}(t_0) = \langle A \rangle (\boldsymbol{x}, t) \tag{6-10}$$

准定常的均匀湍流具有上述特征，因而在湍流统计理论中普遍采用系综平均法进行理论研究，用时间平均法来进行校验。对于非定常的或非均匀的湍流场，只要选取合适的特征时间 T 或特征长度 X，并且满足条件：$\tau \ll T \ll T_{un}$ 或 $\lambda \ll X \ll \Lambda$（$\tau$ 和 λ 是湍流脉动的特征时间尺度和长度尺度；T_{un} 是流场非定常性的特征时间，Λ 是流场非均匀性的特征长度），那么在 T 尺度或 X 尺度中，时间平

均值随时间的变化，或空间平均值随空间位置的变化都可以忽略，湍流也是各态遍历的，三种平均值也是接近相等的。这样，时间平均法或空间平均法就可推广到非定常的或非均匀的湍流场中。

6.2.5　平均值和脉动值的运算关系式

根据以上分析，可将流动物理量 A 进行分解

$$A = \overline{A} + A' \tag{6-11}$$

式中，A' 称为流动物理量 A 的脉动值。

在准定常的均匀湍流场中具有以下的时均运算规律。

① 时均量的平均值等于原来的时均值，即

$$\overline{\overline{A}} = \overline{A} \tag{6-12}$$

② 脉动量的平均值等于零，即

$$\overline{A'} = 0 \tag{6-13}$$

③ 瞬时物理量之和的平均值，等于各个物理量平均值之和，即

$$\overline{A + B} = \overline{A} + \overline{B} \tag{6-14}$$

④ 时均物理量与脉动物理量之积的平均值等于零，即

$$\overline{\overline{A}B'} = \overline{\overline{B}A'} = 0 \tag{6-15}$$

⑤ 时均物理量与瞬时物理量之积的平均值，等于两个时均物理量之积，即

$$\overline{\overline{A}B} = \overline{A}\ \overline{B} \tag{6-16}$$

⑥ 两个瞬时物理量之积的平均值，等于两个平均物理量之积与两个脉动量之积的平均值，即

$$\overline{AB} = \overline{(\overline{A} + A')(\overline{B} + B')} = \overline{A}\ \overline{B} + \overline{A'B'} \tag{6-17}$$

⑦ 瞬时物理量对空间坐标各阶导数的平均值，等于时均物理量对同一坐标的各阶导数值，即

$$\overline{\frac{\partial A}{\partial x_i}} = \frac{\partial \overline{A}}{\partial x_i}$$

$$\overline{\frac{\partial^2 A}{\partial x_i^2}} = \frac{\partial^2 \overline{A}}{\partial x_i^2} \quad (i = 1, 2, 3) \tag{6-18}$$

然而，脉动物理量对空间坐标各阶导数的平均值等于零，即

$$\overline{\frac{\partial A'}{\partial x_i}} = \frac{\partial \overline{A'}}{\partial x_i} = 0, \quad \overline{\frac{\partial^2 A'}{\partial x_i^2}} = \frac{\partial^2 \overline{A'}}{\partial x_i^2} = 0 \tag{6-19}$$

⑧ 瞬时物理量对时间导数的平均值，等于时均物理量对时间的导数，即

$$\overline{\frac{\partial A}{\partial t}} = \frac{\partial \overline{A}}{\partial t} \tag{6-20}$$

在准定常条件下：

$$\frac{\partial \overline{A}}{\partial t} = 0 \tag{6-21}$$

6.2.6　湍流度

在湍流研究中，经常需要比较两种流动中湍流脉动的强弱。然而，实测的脉动量往往仅有时间平均值。虽然脉动量的平均值 $\overline{A'} = 0$，但脉动量平方的平均值一般不为零，这是由于 $A'^2 \geqslant 0$，所以 $\overline{A'^2} \geqslant 0$。只在 A' 始终等于零的层流中，脉动量平方的平均值才等于零；对于湍流，$\overline{A'^2} > 0$。

为此，在比较湍流强弱时，通常采用德莱登（Dryden）1930 年提出的湍流强度定义：任一瞬时，在空间点上湍流脉动速度的均方根值就是湍流运动在该点的强度，简称湍流度，即 $\sqrt{\overline{u'^2}}$、$\sqrt{\overline{v'^2}}$ 和 $\sqrt{\overline{w'^2}}$。

由于脉动速度往往与平均速度大小有关，故常用相对量表示，称为相对湍流度，其定义为

$$T_{\mathrm{u}} = \frac{\sqrt{\dfrac{1}{3}(\overline{u'^2} + \overline{v'^2} + \overline{w'^2})}}{U_{\infty}} \tag{6-22}$$

式中，U_{∞} 为平均流速。

6.3　湍流的基本方程

湍流运动的实验研究表明，尽管流动中湍流结构十分复杂，但它仍然遵循连续介质的一般动力学规律。因此，雷诺于 1886 年提出了一种**基于时间平均**的研究方法来分析湍流。他认为，流场中任一空间点上的物理量都应符合黏性流体运动的基本方程，并且这些物理量具有某种统计学特征。基于这一观点，雷诺认为瞬时物理量可以用时间平均物理量和脉动物理量的总和来替代，从而使得整个方程能够进行时间平均运算。从不可压缩流动 N-S 方程出发，雷诺导出了湍流平均运动方程，即雷诺时均方程。此后，研究者也利用时均值的概念推导出了相关的基本方程，包括湍流平均运动的连续性方程、能量方程和脉动运动方程等。这些方程的建立，为湍流的理论分析和应用提供了重要基础。

下面将以不可压缩牛顿流体运动为例，推导出湍流的平均运动所满足的动力

学方程。根据上一节介绍的统计平均方法，湍流速度和压强都可以分解为平均量与脉动量之和，即：$u_i = \bar{u}_i + u'_i$，$p = \bar{p} + p'$。

6.3.1 连续性方程

将 $u_i = \bar{u}_i + u'_i$ 代入不可压缩流动的连续性方程中，并对整个方程进行时间平均运算，结合平均值和脉动值的运算关系式，可得

$$\overline{\frac{\partial u_i}{\partial x_i}} = \frac{\partial \overline{(\bar{u}_i + u')}}{\partial x_i} = \frac{\partial \bar{u}_i}{\partial x_i} + \frac{\partial \overline{u'_i}}{\partial x_i} = 0 \tag{6-23}$$

因此，不可压缩流体湍流平均运动的连续性方程为

$$\frac{\partial \bar{u}_i}{\partial x_i} = 0 \tag{6-24}$$

进一步，由不可压缩流体流动的连续性方程减去式(6-24)，可得

$$\frac{\partial u'_i}{\partial x_i} = 0 \tag{6-25}$$

这两式表明，在不可压缩流体湍流运动中，平均速度的散度和脉动速度的散度均等于零。

6.3.2 雷诺时均方程

将 $u_i = \bar{u}_i + u'_i$，$p = \bar{p} + p'$ 代入不可压缩流动 N-S 方程中，并对整个方程进行时间平均运算，结合平均值和脉动值的运算关系式，可得

$$\frac{\partial \bar{u}_i}{\partial t} + \bar{u}_j \frac{\partial \bar{u}_i}{\partial x_j} = -\frac{1}{\rho} \frac{\partial \bar{p}}{\partial x_i} + v \frac{\partial^2 \bar{u}_i}{\partial x_j \partial x_j} + \frac{1}{\rho} \frac{\partial(-\rho \overline{u'_i u'_j})}{\partial x_j} + \bar{f}_i \tag{6-26}$$

此即为不可压缩流体湍流平均运动的动量方程，称为雷诺时均方程（或雷诺方程）。

需指出的是，对流项的平均值的具体导出过程如下

$$\overline{u_j \frac{\partial u_i}{\partial x_j}} = \overline{u_j \frac{\partial u_i}{\partial x_j} + u_i \frac{\partial u_j}{\partial x_j}} = \overline{\frac{\partial u_i u_j}{\partial x_j}} = \frac{\partial \overline{u_i u_j}}{\partial x_j} = \frac{\partial \overline{\bar{u}_i \bar{u}_j}}{\partial x_j} + \frac{\partial \overline{u'_i u'_j}}{\partial x_j} = \bar{u}_j \frac{\partial \bar{u}_i}{\partial x_j} + \frac{\partial \overline{u'_i u'_j}}{\partial x_j}$$

$$\tag{6-27}$$

将雷诺时均方程(6-26)与不可压缩流动 N-S 方程对比，不难发现，式(6-26)中多了一项 $\frac{1}{\rho} \frac{\partial(-\rho \overline{u'_i u'_j})}{\partial x_j}$，这是由瞬时速度的非线性惯性项 $\partial u_i u_j / \partial x_j$ 作时间平均运算产生的；两个方程中其他项的形式相同，不同的是雷诺时均方程求解的是平均物理量，而 N-S 方程求解的是瞬时物理量。$-\rho \overline{u'_i u'_j}$ 有应力的量纲，相当于一项附加应力，因此称其为雷诺应力。这是包含在平均运动方程中唯一的脉动量项，因

此可以说脉动量是通过雷诺应力来影响平均运动的。

　　根据雷诺的时均思想，瞬时运动可以分解为平均运动和脉动运动，这种方法确实能够将脉动运动对平均运动的影响有效分离。然而，新的挑战随之而来：雷诺应力的出现引入了六个独立分量作为未知变量。这一因素使得雷诺时均方程变得不再封闭，从而给求解平均运动方程带来了困难。当然，可以通过不可压缩流动 N-S 方程推导出雷诺应力的求解方程，但这又会引入新的未知变量，如 $\overline{u_i' u_j' u_j'}$、$\overline{u_i' p'}$ 等。因此，求解的方程数目总是少于未知变量的数目，这是由 N-S 方程的非线性特征所决定的。

6.3.3　脉动量的运动方程

　　将不可压缩流动 N-S 方程（1-78）减去雷诺时均方程（6-26），通常质量力是确定的，即 $f_i = \overline{f_i}$，经过简单的代数运算，容易获得脉动量的运动方程如下

$$\frac{\partial u_i'}{\partial t} + \overline{u}_j \frac{\partial u_i'}{\partial x_j} + u_j' \frac{\partial \overline{u}_i}{\partial x_j} = -\frac{1}{\rho}\frac{\partial p'}{\partial x_i} + \upsilon \frac{\partial^2 u_i'}{\partial x_j \partial x_j} - \frac{1}{\rho}\frac{\partial (\rho u_i' u_j' - \overline{\rho u_i' u_j'})}{\partial x_j} \quad (6\text{-}28)$$

　　不难发现，在脉动量的运动方程中也出现了雷诺应力项 $-\rho\overline{u_i' u_j'}$，因此脉动量的运动方程也是不封闭的。

6.3.4　雷诺应力的物理意义

　　在直角坐标系中，雷诺应力 $-\rho\overline{u_i' u_j'}$ 可展开为

$$\begin{bmatrix} \sigma_{xx}' & \tau_{xy}' & \tau_{xz}' \\ \tau_{yx}' & \sigma_{yy}' & \tau_{yz}' \\ \tau_{zx}' & \tau_{zy}' & \sigma_{zz}' \end{bmatrix} = \begin{bmatrix} -\rho\overline{u'^2} & -\rho\overline{u'v'} & -\rho\overline{u'w'} \\ -\rho\overline{u'v'} & -\rho\overline{v'^2} & -\rho\overline{v'w'} \\ -\rho\overline{u'w'} & -\rho\overline{v'w'} & -\rho\overline{w'^2} \end{bmatrix} \quad (6\text{-}29)$$

　　在式（6-29）中，对角线上的元素称为雷诺正应力，非对角线上的元素称为雷诺切应力。在雷诺应力张量的主轴方向上，雷诺切应力为零，而雷诺正应力则为雷诺应力张量的特征值，并且这些特征值是非负的。因此，雷诺应力张量是一个 2 阶对称半正定的张量，共有 6 个独立的分量。

　　下面将从动量输运的角度出发，对雷诺应力 $-\rho\overline{u_i' u_j'}$ 的物理意义进行讨论。在流场中取出一个微元控制体 $\mathrm{d}x\mathrm{d}y\mathrm{d}z$，如图 6-9 所示。如果在垂直于 x 轴的微元表面 $\mathrm{d}A$ 上（$\mathrm{d}A = \mathrm{d}y\mathrm{d}z$）只考虑有脉动速度 u'、v' 和 w'，而没有平均速度（即相当于微元体以平均速度移动时的情况），那么在单位时间内通过微元表面 $\mathrm{d}A$ 的流体质量为 $\rho u'\mathrm{d}A = \rho u'\mathrm{d}y\mathrm{d}z$；在三个坐标轴方向的流体动量为 $\rho u'^2\mathrm{d}y\mathrm{d}z$、$\rho u'v'\mathrm{d}y\mathrm{d}z$、$\rho u'w'\mathrm{d}y\mathrm{d}z$。按平均运动的概念，在单位时间内通过单位控制面的

平均脉动动量为 $\overline{\rho u'^2}$、$\overline{\rho u'v'}$、$\overline{\rho u'w'}$。由于平均脉动动量的存在，产生了对微元表面 dA 的反作用力。若规定脉动动量方向与坐标轴方向一致为正，则三个反作用力为 $-\overline{\rho u'^2}$、$-\overline{\rho u'v'}$、$-\rho$ $\overline{u'w'}$。其中 $-\overline{\rho u'^2}$ 是法向雷诺应力，对微元表面来说是压强，而 $-\overline{\rho u'v'}$ 和 $-\overline{\rho u'w'}$ 则是切向雷诺应力。同理，对 $-\overline{\rho v'^2}$，$\cdots$，$-\overline{\rho v'w'}$ 也可以作相应的解释。因此，在湍流宏观研究中，把

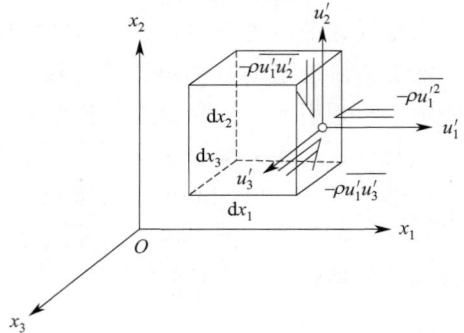

图 6-9 雷诺应力物理意义分析

雷诺应力视为由平均的脉动动量所引起的一种应力。

雷诺应力与黏性应力在本质上存在显著差异。黏性应力是由分子扩散引起的界面两侧动量交换，这种扩散源于分子的热运动，而雷诺应力则是由流体微团的跳动所导致的动量交换。具体而言，这种跳动是由不同大小的旋涡（即湍流脉动）引起的。因此，雷诺应力并不是严格意义上的表面力，它是在对真实脉动运动进行平均处理时，将脉动造成的动量交换反映在假定的平均运动界面上的作用力。换句话说，对于平均运动，雷诺应力表现出类似表面力的效果，因此在实际工程应用中，可以把它和其他表面力同样看待。从这个角度来看，湍流平均运动中的流体微团除了受到压强的影响之外，还受到两种表面力的作用：一是分子黏性应力，二是雷诺应力。这可以表示为：

$$
\left.
\begin{aligned}
\bar{\sigma}_{xx} &= -\bar{p} + 2\mu \frac{\partial \bar{u}}{\partial x} - \overline{\rho u'^2} \\
\bar{\tau}_{xy} &= \mu \left(\frac{\partial \bar{u}}{\partial y} + \frac{\partial \bar{v}}{\partial x} \right) - \overline{\rho u'v'} \\
&\cdots\cdots
\end{aligned}
\right\}
\tag{6-30}
$$

用总的平均应力张量 $\overline{T}_{ij}$ 来表示式(6-30)，即

$$
\overline{T}_{ij} = -\bar{p}\sigma_{ij} + 2\mu \overline{S}_{ij} - \overline{\rho u_i' u_j'}
\tag{6-31}
$$

式中，$\overline{S}_{ij}$ 为平均运动的应变变化率张量，即

$$
\bar{s}_{ij} = \frac{1}{2} \left(\frac{\partial \bar{u}_i}{\partial x_j} + \frac{\partial \bar{u}_j}{\partial x_i} \right)
\tag{6-32}
$$

因此，不可压缩流体湍流平均运动的动量方程可写成

$$
\frac{D\bar{u}_i}{Dt} = \frac{\partial}{\partial x_j} \left(\frac{\overline{T}_{ij}}{\rho} \right)
\tag{6-33}
$$

6.4　湍流的其他相关方程

在 6.1 节中，提到湍流能量的级联过程，即通过涡拉伸和涡破裂等物理机制，将湍流能量从大尺度旋涡传递到小尺度旋涡，并最终在最小尺度的耗散涡群内耗散掉。然而，这一描述忽略了一个**关键问题**：初始的湍流能量是如何产生的？如果只存在能量的耗散而没有能量的生成，湍流状态将无法长期维持。在湍流理论中，湍流能量的生成、输运和耗散相互作用，共同决定了湍流的发展与维持。湍流能量通常来自外部动力源，如风机、水泵或其他机械设备的输入，这些输入为流体提供了初始能量。

在分析湍流现象时，必须关注能量的生成机制，以便全面理解湍流的行为及其在实际应用中的表现。通过研究湍流平均运动的动能方程，可以更清晰地揭示出这些关键过程之间的相互关系。

6.4.1　不可压缩流体湍流平均运动的动能方程

用 $\bar{u}_k$ 乘以式(6-33)，加上用 $\bar{u}_i$ 乘以式(6-33)，则得

$$\frac{\mathrm{D}\bar{u}_i\bar{u}_k}{\mathrm{D}t}=\bar{u}_k\frac{\partial}{\partial x_j}\left(\frac{\overline{T}_{ij}}{\rho}\right)+\bar{u}_i\frac{\partial}{\partial x_j}\left(\frac{\overline{T}_{kj}}{\rho}\right)\tag{6-34}$$

当 $i=k$ 时，式(6-34) 可写成

$$\begin{aligned}\frac{\mathrm{D}}{\mathrm{D}t}\left(\frac{1}{2}\bar{u}_i\bar{u}_i\right)&=\bar{u}_i\frac{\partial}{\partial x_j}\left(\frac{\overline{T}_{ij}}{\rho}\right)=\frac{\partial}{\partial x_j}\left(\frac{\overline{T}_{ij}\bar{u}_i}{\rho}\right)-\frac{\overline{T}_{ij}}{\rho}\frac{\partial\bar{u}_i}{\partial x_j}\\&=\frac{\partial}{\partial x_j}\left(\frac{\overline{T}_{ij}\bar{u}_i}{\rho}\right)-\frac{\overline{T}_{ij}}{\rho}\bar{S}_{ij}\end{aligned}\tag{6-35}$$

在上式中，$\overline{T}_{ij}\dfrac{\partial\bar{u}_i}{\partial x_j}=\overline{T}_{ij}\bar{S}_{ij}$，其证明过程如下

$$\begin{aligned}\overline{T}_{mn}\frac{\partial\bar{u}_m}{\partial x_n}+\overline{T}_{nm}\frac{\partial\bar{u}_n}{\partial x_m}&=\overline{T}_{mn}\left(\frac{\partial\bar{u}_m}{\partial x_n}+\frac{\partial\bar{u}_n}{\partial x_m}\right)\\&=2\overline{T}_{mn}\bar{S}_{mn}\end{aligned}\tag{6-36}$$

此式未引用求和约定，但它也适于求和约定的情况。

将式(6-31) 代入式(6-35)，可得

$$\frac{\mathrm{D}}{\mathrm{D}t}\left(\frac{1}{2}\bar{u}_i\bar{u}_i\right)=\frac{\partial}{\partial x_j}\left(-\frac{\bar{p}}{\rho}\bar{u}_i+2\upsilon\bar{S}_{ij}\bar{u}_i-\overline{u_i'u_j'}\bar{u}_i\right)-2\upsilon\bar{S}_{ij}\bar{S}_{ij}+\overline{u_i'u_j'}\bar{S}_{ij}\tag{6-37}$$

此式为不可压缩流体湍流平均运动的动能方程。

在式(6-37) 推导中应用了以下关系

123

$$\overline{p}\delta_{ij}\overline{S}_{ij}=\overline{p}\,\overline{S}_{ii}=\overline{p}\,\frac{\partial\overline{u}_i}{\partial x_i}=0 \tag{6-38}$$

在式（6-37）中，$\partial(2v\overline{S}_{ij}\overline{u}_i)/\partial x_j$ 为平均运动的黏性力对机械能的输运；$\partial(\overline{p}\,\overline{u}_i)/\partial x_j$ 为平均压强对机械能的输运，即流动功；$2v\overline{S}_{ij}\overline{S}_{ij}$ 为平均运动对应的黏性耗散。此外，在式（6-37）中还增加了两项，即 $-\partial(\overline{u_i'u_j'}\,\overline{u}_i)/\partial x_j$ 和 $\overline{u_i'u_j'}\,\overline{S}_{ij}$。这两项都包含脉动量，它们反映了脉动对平均运动动能的影响。与 $\partial(2v\overline{S}_{ij}\overline{u}_i)/\partial x_j$ 对比可见，$-\partial(\overline{u_i'u_j'}\,\overline{u}_i)/\partial x_j$ 代表雷诺应力对机械能的输运。$\overline{u_i'u_j'}\,\overline{S}_{ij}$ 是式（6-34）中 $\overline{T}_{ij}\overline{S}_{ij}$ 包含的一项。$\overline{T}_{ij}\overline{S}_{ij}$ 表示变形功，即流体对抵抗平均变形运动的力所做的功。抵抗变形的力有分子黏性力和湍流脉动引起的雷诺应力。流体对抵抗变形的黏性力所做的功，将机械能转变为分子热运动的动能，此即耗散项。流体对抵抗平均运动变形的雷诺应力所做的功，将平均运动动能转变为湍流脉动动能（简称湍动能），此即湍动能的生成项 $\overline{u_i'u_j'}\,\overline{S}_{ij}$。$\overline{u_i'u_j'}\,\overline{S}_{ij}<0$，表明此项使平均运动动能 $\overline{u}_i\overline{u}_i/2$ 减少，而这一项将出现在湍动能方程中（见下一节），即此项使湍动能增加。这充分说明，此项的作用是从平均运动中吸取能量，并把它转变为湍动能。

归纳总结，式（6-37）表明流体微团平均运动动能随时间的变化率 $\mathrm{D}\left(\dfrac{1}{2}\overline{u}_i\overline{u}_i\right)/\mathrm{D}t$ 取决于平均压强、黏性应力和雷诺应力对机械能的输运以及平均运动的黏性耗散和从平均运动动能向湍动能的转化。

6.4.2 雷诺应力输运方程和湍动能输运方程

在湍流理论中，雷诺应力和湍动能是湍流研究中的两个重要量，通过推导其方程并分析其生成、输运和耗散机制，可以更深入地理解湍流现象。同时，上游历史的影响也是不可忽视的，它在很大程度上决定了湍流的发展和演变。这些问题对于湍流理论的推进以及实际工程的计算均具有重要意义。

在前面已经推导出了脉动量的运动方程(6-28)，在此基础上推导雷诺应力输运方程。雷诺应力定义为 $-\rho\overline{u_i'u_j'}$，对于均质不可压缩流体，密度 ρ 为常数。为简单起见，也将 $\overline{u_i'u_j'}$ 称为雷诺应力。

由脉动量的运动方程(6-28)可知，u_i' 所满足的方程为

$$\frac{\partial u_i'}{\partial t}+\overline{u}_k\frac{\partial u_i'}{\partial x_k}+u_k'\frac{\partial\overline{u}_i}{\partial x_k}=-\frac{1}{\rho}\frac{\partial p'}{\partial x_i}+v\frac{\partial^2 u_i'}{\partial x_k\partial x_k}-\frac{\partial}{\partial x_k}(u_i'u_k'-\overline{u_i'u_k'}) \tag{6-39}$$

u_j' 所满足的方程为

$$\frac{\partial u'_j}{\partial t} + \bar{u}_k \frac{\partial u'_j}{\partial x_k} + u'_k \frac{\partial \bar{u}_j}{\partial x_k} = -\frac{1}{\rho}\frac{\partial p'}{\partial x_j} + \upsilon \frac{\partial^2 u'_j}{\partial x_k \partial x_k} - \frac{\partial}{\partial x_k}(u'_j u'_k - \overline{u'_j u'_k}) \quad (6\text{-}40)$$

用 u'_j 乘以式（6-39），再加上 u'_i 乘以式（6-40），可得

$$\frac{\partial u'_i u'_j}{\partial t} + \bar{u}_k \frac{\partial u'_i u'_j}{\partial x_k} - u'_j u'_k \frac{\partial \bar{u}_i}{\partial x_k} + u'_i u'_k \frac{\partial \bar{u}_j}{\partial x_k}$$

$$= -\frac{1}{\rho}\underbrace{\left(u'_j \frac{\partial p'}{\partial x_i} + u'_i \frac{\partial p'}{\partial x_j}\right)}_{1} + \upsilon \underbrace{\left(u'_j \frac{\partial^2 u'_i}{\partial x_k \partial x_k} + u'_i \frac{\partial^2 u'_j}{\partial x_k \partial x_k}\right)}_{2} \quad (6\text{-}41)$$

$$-\underbrace{\left(u'_j \frac{\partial u'_i u'_k}{\partial x_k} + u'_i \frac{\partial u'_j u'_k}{\partial x_k}\right)}_{3} + \left(u'_j \frac{\partial \overline{u'_i u'_k}}{\partial x_k} + u'_i \frac{\partial \overline{u'_j u'_k}}{\partial x_k}\right)$$

式（6-41）中右边最后一项为脉动量与平均量的乘积，取平均后为零。下面将对方程右边的前三项进行简化。

第 1 项：

$$u'_j \frac{\partial p'}{\partial x_i} + u'_i \frac{\partial p'}{\partial x_j} = \frac{\partial p' u'_j}{\partial x_i} - p'\frac{\partial u'_j}{\partial x_i} + \frac{\partial p' u'_i}{\partial x_j} - p'\frac{\partial u'_i}{\partial x_j}$$

$$= \frac{\partial}{\partial x_k}(p' u'_j \delta_{ik} + p' u'_i \delta_{jk}) - p'\left(\frac{\partial u'_i}{\partial x_j} + \frac{\partial u'_j}{\partial x_i}\right) \quad (6\text{-}42)$$

第 2 项：

$$u'_j \frac{\partial^2 u'_i}{\partial x_k \partial x_k} + u'_i \frac{\partial^2 u'_j}{\partial x_k \partial x_k} = \frac{\partial}{\partial x_k}\left(u'_j \frac{\partial u'_i}{\partial x_k}\right) - \frac{\partial u'_i}{\partial x_k}\frac{\partial u'_j}{\partial x_k} + \frac{\partial}{\partial x_k}\left(u'_i \frac{\partial u'_j}{\partial x_k}\right) - \frac{\partial u'_i}{\partial x_k}\frac{\partial u'_j}{\partial x_k}$$

$$= \frac{\partial}{\partial x_k}\left(\frac{\partial u'_i u'_j}{\partial x_k}\right) - 2\frac{\partial u'_i}{\partial x_k}\frac{\partial u'_j}{\partial x_k} \quad (6\text{-}43)$$

第 3 项：

$$u'_j \frac{\partial u'_i u'_k}{\partial x_k} + u'_i \frac{\partial u'_j u'_k}{\partial x_k} = u'_j u'_k \frac{\partial u'_i}{\partial x_k} + u'_j u'_i \frac{\partial u'_k}{\partial x_k} + u'_i u'_k \frac{\partial u'_j}{\partial x_k} + u'_i u'_j \frac{\partial u'_k}{\partial x_k}$$

$$= u'_j u'_k \frac{\partial u'_i}{\partial x_k} + u'_i u'_k \frac{\partial u'_j}{\partial x_k} = u'_k \frac{\partial u'_i u'_j}{\partial x_k} = u'_k \frac{\partial u'_i u'_j}{\partial x_k} + u'_i u'_j \frac{\partial u'_k}{\partial x_k}$$

$$= \frac{\partial u'_i u'_j u'_k}{\partial x_k} \quad (6\text{-}44)$$

在第 3 项的推导中，应用了脉动运动的连续性方程 $\partial u'_k / \partial x_k = 0$。将第 1、2、3 项的简化形式代入式（6-41），并对整个方程取时间平均运算，结合平均值和脉动值的运算关系式，可得

$$\overline{\frac{\partial u_i' u_j'}{\partial t}} + \bar{u}_k \overline{\frac{\partial u_i' u_j'}{\partial x_k}} + \overline{u_j' u_k'} \frac{\partial \bar{u}_i}{\partial x_k} + \overline{u_i' u_k'} \frac{\partial \bar{u}_j}{\partial x_k}$$

$$= \frac{\partial}{\partial x_k} \left(-\frac{1}{\rho} \overline{p' u_j'} \delta_{ik} - \frac{1}{\rho} \overline{p' u_i'} \delta_{jk} + \upsilon \overline{\frac{\partial u_i' u_j'}{\partial x_k}} - \overline{u_i' u_j' u_k'} \right) \tag{6-45}$$

$$+ \frac{1}{\rho} \overline{p' \left(\frac{\partial u_i'}{\partial x_j} + \frac{\partial u_j'}{\partial x_i} \right)} - 2\upsilon \overline{\frac{\partial u_i'}{\partial x_k} \frac{\partial u_j'}{\partial x_k}}$$

可将式(6-45) 简写为

$$\frac{D\overline{u_i' u_j'}}{Dt} = P_{ij} + D_{ij} + \Phi_{ij} - \varepsilon_{ij} \tag{6-46}$$

其中

$$\frac{D\overline{u_i' u_j'}}{Dt} = \overline{\frac{\partial u_i' u_j'}{\partial t}} + \bar{u}_k \overline{\frac{\partial u_i' u_j'}{\partial x_k}}$$

$$P_{ij} = -\overline{u_j' u_k'} \frac{\partial \bar{u}_i}{\partial x_k} - \overline{u_i' u_k'} \frac{\partial \bar{u}_j}{\partial x_k}$$

$$D_{ij} = \frac{\partial}{\partial x_k} \left(-\frac{1}{\rho} \overline{p' u_j'} \delta_{ik} - \frac{1}{\rho} \overline{p' u_i'} \delta_{jk} + \upsilon \overline{\frac{\partial u_i' u_j'}{\partial x_k}} - \overline{u_i' u_j' u_k'} \right)$$

$$\Phi_{ij} = \frac{1}{\rho} \overline{p' \left(\frac{\partial u_i'}{\partial x_j} + \frac{\partial u_j'}{\partial x_i} \right)}$$

$$\varepsilon_{ij} = 2\upsilon \overline{\frac{\partial u_i'}{\partial x_k} \frac{\partial u_j'}{\partial x_k}}$$

在式(6-46) 中，$D\overline{u_i' u_j'}/Dt$ 代表了雷诺应力沿平均运动轨迹的变化率；P_{ij} 是雷诺应力和平均运动速度梯度的乘积，称为雷诺应力的产生项；D_{ij} 是梯度形式项，具有扩散性质，称为雷诺应力的扩散项；Φ_{ij} 是脉动压强和脉动运动应变率乘积的平均值，称为压强变形项，也叫再分配项；ε_{ij} 是脉动速度梯度乘积的平均值，称为耗散项。

下面将导出湍动能输运方程。首先给出湍动能的定义：湍动能为雷诺应力张量迹的 $1/2$，记为 k，则

$$k = \frac{1}{2} \overline{u_i' u_i'} \tag{6-47}$$

那么

$$\frac{1}{2} \overline{u_i u_i} = \frac{1}{2} \bar{u}_i \bar{u}_i + \frac{1}{2} \overline{u_i' u_i'} = \frac{1}{2} \bar{u}_i \bar{u}_i + k \tag{6-48}$$

即湍流运动动能的平均值等于平均运动动能和湍动能之和。

将雷诺应力输运方程(6-46)做张量缩并运算，可得湍动能输运方程，即

$$\frac{\mathrm{D}k}{\mathrm{D}t} = P_k + D_k - \varepsilon \tag{6-49}$$

其中

$$\frac{\mathrm{D}k}{\mathrm{D}t} = \frac{\partial k}{\partial t} + \bar{u}_j \frac{\partial k}{\partial x_j}$$

$$P_k = \frac{1}{2} P_{ii} = -\overline{u_i' u_j'} \frac{\partial \bar{u}_i}{\partial x_j}$$

$$D_k = \frac{1}{2} D_{ii} = \frac{\partial}{\partial x_j} \left(-\frac{1}{\rho} \overline{p' u_j'} + v \frac{\partial k}{\partial x_j} - \frac{1}{2} \overline{u_i' u_i' u_j'} \right)$$

$$\Phi_{ii} = \frac{1}{\rho} \overline{p' \left(\frac{\partial u_i'}{\partial x_i} + \frac{\partial u_i'}{\partial x_i} \right)} = 0$$

$$\varepsilon = \frac{1}{2} \varepsilon_{ii} = v \overline{\frac{\partial u_i'}{\partial x_j} \frac{\partial u_i'}{\partial x_j}} = v \overline{\left(\frac{\partial u_i'}{\partial x_j} \right)^2} = 2v \overline{s_{ij}' s_{ij}'}, \left[s_{ij}' = \frac{1}{2} \left(\frac{\partial u_i'}{\partial x_j} + \frac{\partial u_j'}{\partial x_i} \right) \right]$$

在式(6-49)中，$\dfrac{\mathrm{D}k}{\mathrm{D}t}$ 为湍动能沿平均运动轨迹的增长率；P_k 为湍动能的产生项；D_k 是湍动能的扩散项；ε 总是正的，表明此项总是使湍动能减少，称为湍动能的耗散项。

下面将对湍动能的输运过程进行分析。

从式(6-49)中可见，$\dfrac{\mathrm{D}k}{\mathrm{D}t}$ 为湍动能沿平均运动轨迹的增长率，它与产生项 P_k、扩散项 D_k 和耗散项 ε 相平衡。

① $\partial k / \partial t$ 为湍动能的当地变化率，而 $\bar{u}_j \dfrac{\partial k}{\partial x_j}$ 项则表示由于湍流动能沿空间分布不均所对应的变化率。也就是说，因平均迁移运动而使流体微团空间位置发生变化时，其湍动能也相应发生了变化，因此这一项常称为对流项。

② 在产生项 P_k 中，下标 i、j 是哑指标，交换次序不影响结果，因此有

$$P_k = -\overline{u_j' u_i'} \frac{\partial \bar{u}_j}{\partial x_i} \tag{6-50}$$

雷诺应力为二阶对称张量，即 $\overline{u_i' u_j'} = \overline{u_j' u_i'}$，因此有

$$P_k = -\overline{u_i' u_j'} \left[\frac{1}{2} \left(\frac{\partial \bar{u}_i}{\partial x_j} + \frac{\partial \bar{u}_j}{\partial x_i} \right) \right] = -\overline{u_i' u_j'} \bar{S}_{ij} \tag{6-51}$$

可见，P_k 为雷诺应力与平均运动应变率的乘积，表明通过平均运动变形，雷诺应力将平均运动动能转变为湍动能，以维持湍流脉动，所以称 P_k 为湍动能的产生项。这一项也正好出现在不可压缩流体湍流平均运动的动能方程(6-37)中。

③ 扩散项 D_k 由三部分组成：由脉动压强和脉动速度相关 $-\overline{p'u'_j}/\rho$ 产生的扩散，称为压强扩散项；由湍流脉动速度三阶相关 $\frac{1}{2}\overline{u'_iu'_iu'_j}$ 产生的扩散，称为湍流扩散项，它是由湍流脉动 u'_j 的不规则运动引起的脉动动能 $\frac{1}{2}u'_iu'_i$ 输运量的平均值；由分子黏性产生的湍动能的扩散，$\upsilon\dfrac{\partial k}{\partial x_j}$，称为黏性扩散项。这三项可分别理解为由于脉动压强、雷诺应力和黏性应力所做的功在空间分布不均匀而引起的湍动能在流场内的传递。

④ 耗散项 ε 总是大于零，在湍动能方程中这一项的贡献为 $-\varepsilon$，它总是使湍动能减少，所以也称其为湍动能的破坏项。

综上分析可知，流体微团湍动能的增长率主要来源于产生项 P_k。在均匀湍流中，平均运动的应变率为零，即所有统计量的空间导数等于零，此时，湍动能输运方程可简化为

$$\frac{\partial k}{\partial t}=-\varepsilon<0 \tag{6-52}$$

可见，在均匀湍流中，湍动能总是不断衰减的。然而，在平均运动应变率不等于零的湍流场中，通过雷诺应力将平均运动中的一部分能量转移给脉动运动，抵消湍动能的耗散，最终维持湍流脉动。

在定常情况下，物质导数 D/Dt 可有

$$\frac{D}{Dt}=U_s\frac{D}{Ds} \tag{6-53}$$

式中，Ds 为沿流线方向的微元弧长；U_s 为全速度。

对于湍流，若平均运动是定常的，则此式仍成立。利用式(6-53)，可将湍动能的输运方程改写为

$$\frac{D}{Ds}\left(\frac{1}{2}\overline{u'_iu'_i}\right)=\frac{1}{U_s}(P_k+D_k-\varepsilon) \tag{6-54}$$

从转变为湍流的点 s_0 开始沿平均流线积分此式，则得任一点 s 处的湍动能为

$$\begin{aligned}
\frac{1}{2}\overline{u'_iu'_i} &=\int_{s_0}^{s}\frac{D}{Ds}\left(\frac{1}{2}\overline{u'_iu'_i}\right)ds+\frac{1}{2}(\overline{u'_iu'_i})_0 \\
&=\int_{s_0}^{s}\frac{1}{U_s}(P_k+D_k-\varepsilon)ds+\frac{1}{2}(\overline{u'_iu'_i})_0
\end{aligned} \tag{6-55}$$

该公式表明，流体微团在某一点 s 处的湍动能依赖于沿途上游相邻流体微团对其输送的湍动能、新生成的湍动能以及耗散掉的湍动能的总和，再加上该点本身的湍动能。换句话说，湍流场中某一点的湍流状态与上游历史密切相关。因

此，在进行湍流流动的计算时，必须考虑上游的历史过程，这使得问题变得更加复杂和困难。

有一种湍流流动被称为**湍流状态的局部平衡**，它的特点是湍流状态与上游历史过程无关，仅依赖于局部的流动状态。这种情况可以视为一种理想化的湍流模型，通常对应于定常、均匀的湍流剪切流。在这种情况下，湍流的统计特性保持不变，不随时间和空间变化，因此对流项和扩散项都可以视为零。此时，湍动能输运方程可简化为

$$-\overline{u_i' u_j'}\,\overline{S}_{ij} = 2\upsilon\overline{s_{ij}' s_{ij}'} \tag{6-56}$$

式（6-56）中，湍动能产生项 $P_k = -\overline{u_i' u_j'}\,\overline{S}_{ij}$，耗散项 $\varepsilon = 2\upsilon\overline{s_{ij}' s_{ij}'}$，也就是说 $P_k = \varepsilon$。这表明，在这种流动中，湍动能处于局部平衡状态。换句话说，此时的湍流状态不再受上游历史的影响，而是由局部的能量产生和耗散所决定。而局部的能量产生在很大程度上依赖于当地平均运动的 $\overline{S}_{ij}$，比如 $\partial \overline{u}/\partial y$ 等。一个典型的例子是在压强梯度不大的二维湍流边界层的内层，可以认为湍流流动处于局部平衡状态。在大多数剪切流中，湍动能的产生项与黏性耗散率并不总是相等的，但它们通常具有相似的量级。因此，在进行湍动能分析时，可以近似使用公式（6-56），而不是采用公式（6-43）。然而，在边界层外层、分离区以及激波与边界层相互作用区域等复杂湍流中，上游历史的影响和扩散项是不可忽视的，这使得建立湍流模型的难度增加。

接下来，将分析雷诺应力的输运过程。根据雷诺应力输运方程（6-46），可以看出，雷诺应力在平均运动轨述上的增长率与产生项、扩散项、再分配项和耗散项之和相平衡。由于产生项、扩散项和耗散项的作用与湍动能的输运过程类似，因此不再详细讨论这些内容，以下仅对再分配项的作用进行讨论。

在推导湍动能输运方程时，对再分配项 Φ_{ij} 做下标收缩后，可得 $\Phi_{ii}=0$，这说明再分配项对湍动能的增长率没有贡献，而只在湍流脉动各速度分量之间起调节作用。假想这样一种平均流动，除 $\partial \overline{u}/\partial y \neq 0$ 外无其他平均运动的剪切发生，则由式（6-45）可见，只有 x 向方程的能量生成项 $-\overline{u'v'}\partial\overline{u}/\partial y$ 不为零，而 y 向和 z 向方程的能量生成项均为零。但这两个方向的湍动能 $\overline{v'^2}/2$ 和 $\overline{w'^2}/2$ 都不为零，这正是由于再分配项的存在，通过压强脉动将 x 向的湍动能传递给另外两个方向的结果。因此，这项称为再分配项，它使湍动能趋于各向均匀同性。在上述例子中 $\overline{p'\partial u'/\partial x}<0$，而 $\overline{p'\partial v'/\partial y}>0$、$\overline{p'\partial w'/\partial z}>0$。

6.5　湍流的模式理论

在 6.3 节和 6.4 节中，利用统计平均方法推导出了不可压缩流体湍流的平均

运动方程，即雷诺时均方程以及雷诺应力输运方程。在雷诺时均方程中，出现了雷诺应力项 $-\rho \overline{u_i' u_j'}$，这是一个新的未知量，导致方程无法封闭。同样，雷诺应力输运方程中亦包含更高阶的未知统计相关量，如 $\overline{u_i' u_j' u_k'}$、$\overline{p' u_j'}$ 等，这使得该方程同样不封闭。如果继续基于 N-S 方程推导出高阶相关量的输运方程，将会出现更高阶的未知相关量。因此，从 N-S 方程导出的湍流统计方程永远是不封闭的。

针对这一问题，学者提出了多种湍流模式理论，以建立相应的模型来实现雷诺时均方程和雷诺应力输运方程的封闭。下面将介绍常用的湍流统计方程的封闭模式。

6.5.1 涡黏假设

1877 年，Boussinesq 提出了涡黏假设，他将湍流中流体微团的脉动运动类比为流体分子的热运动，认为流体微团的平均速度可以视作分子的宏观平均速度，而湍流脉动所产生的平均动量输运则类似于分子热运动引起的平均动量输运。在这一过程中，分子热运动所产生的平均动量输运等同于宏观的黏性应力，而湍流脉动所导致的平均动量输运则被称为雷诺应力。基于这一类比，Boussinesq 提出了著名的涡黏模型，即

$$-\overline{u_i' u_j'} = 2 \upsilon_{\mathrm{T}} \bar{S}_{ij} - \frac{2}{3} k \delta_{ij} \tag{6-57}$$

式中，υ_{T} 为涡黏性系数。虽然雷诺应力的涡黏模型表达式(6-57) 与牛顿流体的本构方程形式上是相同的，但是 υ_{T} 与 υ 不同，υ_{T} 不是流体的运动黏度，它与湍流的平均场有关。

将涡黏模型表达式(6-57) 代入雷诺时均方程(6-26) 中，可得

$$\frac{\partial \bar{u}_i}{\partial t} + \bar{u}_j \frac{\partial \bar{u}_i}{\partial x_j} = -\frac{1}{\rho} \frac{\partial}{\partial x_i} \left(\bar{p} + \frac{2}{3} k \rho \right) + \frac{\partial}{\partial x_j} \left[(\upsilon + \upsilon_{\mathrm{T}}) \frac{\partial \bar{u}_i}{\partial x_j} \right] + \bar{f}_i \tag{6-58}$$

定义 $\upsilon_{\mathrm{eff}} = \upsilon + \upsilon_{\mathrm{T}}$ 为有效黏度，$\bar{P} = \bar{p} + 2k\rho/3$ 为修正压强，则式(6-58) 可改写为

$$\frac{\partial \bar{u}_i}{\partial t} + \bar{u}_j \frac{\partial \bar{u}_i}{\partial x_j} = -\frac{1}{\rho} \frac{\partial \bar{P}}{\partial x_i} + \frac{\partial}{\partial x_j} \left[\upsilon_{\mathrm{eff}} \frac{\partial \bar{u}_i}{\partial x_j} \right] + \bar{f}_i \tag{6-59}$$

由此可见，该方程与不可压缩流动 N-S 方程具有相同的形式。如果能够给出涡黏性系数 υ_{T} 的表达式，雷诺时均方程便可以实现封闭。因此，许多学者针对如何构建 υ_{T} 的表示式进行了大量研究，提出了多种封闭模型，包括零方程、一方程以及两方程模型等。

6.5.2　Prandtl 混合长度模型

1925 年，普朗特（Prandtl）对湍流扩散与分子扩散过程进行了详细分析，认为湍流运动引起的旋涡扩散与分子扩散具有一定的相似性。因此，他将 $-\rho \overline{u_i' u_j'}$ 视为由湍流引起的旋涡扩散作用的结果，并借用分子扩散的概念来描述这一现象，从而提出了著名的混合长度理论。

混合长度理论核心思想是：假设有一个平面湍流场，若在 x 方向平均速度 $\bar{u}(y) \neq 0$，$\bar{v} = \bar{w} = 0$，由于湍流旋涡作用，流体微团将在 y 方向上下跳动。例如，位于位置 y_1 处的某流体微团可能会跳到位置 y_2 处，当流体微团到达新位置后，它的流向速度不会立即改变，因此它会低于当地周围的平均速度，这就是流向脉动速度 $u' = \bar{u}(y_2) - \bar{u}(y_1)$。显然，这个速度差取决于当地的平均速度梯度 $\partial \bar{u}/\partial y$ 和微团沿 y 方向跳动的距离 l，即

$$u' \approx l \frac{\partial \bar{u}}{\partial y} \qquad (6\text{-}60)$$

式中，l 为混合长度，它表示这样的距离，在此距离内流体微团沿 y 方向跳动时基本不丧失其原有速度，因此 l 也称为自由距离。也就是说，流体微团经过一个混合长度的距离，到达新环境之前，原来的输运关系保持不变，即平均运动的单位质量动量的梯度在 l 距离上是常数。

实际测量表明，一般情况下流向脉动速度的均方根值 $\sqrt{\overline{u'^2}}$ 大于法向值 $\sqrt{\overline{v'^2}}$，但他们有大致相同的量级，即 $u' \approx v'$，因此有

$$v' \approx l \frac{\partial \bar{u}}{\partial y} \qquad (6\text{-}61)$$

上述仅讨论 u' 和 v' 大小的估计。当 $\partial \bar{u}/\partial y > 0$ 时，$\overline{u'v'} < 0$，因此考虑到符号后，由式（6-60）与式（6-61）可得

$$-\rho \overline{u'v'} = \rho l^2 \left| \frac{\partial \bar{u}}{\partial y} \right| \frac{\partial \bar{u}}{\partial y} \qquad (6\text{-}62)$$

这就是按混合长度理论来计算雷诺应力的公式。由此，可算出涡黏性系数为

$$\upsilon_{\mathrm{T}} = l^2 \left| \frac{\partial \bar{u}}{\partial y} \right| \qquad (6\text{-}63)$$

由式（6-62）可见，如果假设 l 不随速度变化，则可以得出湍流切应力与平均速度平方成正比，这与实验结果是一致的。然而，混合长度 l 仍是与流动有关的未知量。

混合长度理论基于与分子运动论的类比，例如，混合长度类比于分子自由程，湍流脉动速度类比于分子热运动平均速度。这种类比的合理性在于它们都是

从统计的观点研究问题。但需要指出的是，这两者有本质差别。首先，若温度不变，则分子热运动的平均动能不变，而湍流脉动动能则与流动的一系列因素有关。

混合长度理论本身没有给出确定 l 的理论。为此，冯·卡门（von Kármán）提出了局部相似性假设，可用以估计 l 与空间坐标的关系。他认为在湍流场中的所有点上，湍流脉动都是相似的，即不同点之间只有长度尺度和时间尺度的差别。对于平行流动的流场，在 y_0 点用泰勒级数展开

$$\bar{u}(y)=\bar{u}(y_0)+(y-y_0)\left(\frac{\partial \bar{u}}{\partial y}\right)_0+\frac{(y-y_0)^2}{2!}\left(\frac{\partial^2 \bar{u}}{\partial y^2}\right)_0+\cdots \tag{6-64}$$

若流动处处相似，则必有尺度 l 和 $\bar{u}_0$ 使此方程量纲归一化后是通用的，即

$$\begin{aligned}\frac{\bar{u}}{\bar{u}_0}=&1+\left(\frac{y}{l}-\frac{y_0}{l}\right)\left[\frac{\partial (\bar{u}/\bar{u}_0)}{\partial (y/l)}\right]_0\\&+\frac{1}{2!}\left(\frac{y}{l}-\frac{y_0}{l}\right)^2\left[\frac{\partial^2 (\bar{u}/\bar{u}_0)}{\partial (y/l)}\right]_0+\cdots\end{aligned} \tag{6-65}$$

若脉动流场处处相似，则此式中各项系数之比均为与位置无关的常数，比如有

$$\left[\frac{\partial (\bar{u}/\bar{u}_0)}{\partial (y/l)}\right]_0 \Big/ \left[\frac{\partial^2 (\bar{u}/\bar{u}_0)}{\partial (y/l)^2}\right]_0=\kappa \tag{6-66}$$

可进一步简化为

$$l=\kappa\left|\frac{\partial \bar{u}/\partial y}{\partial^2 \bar{u}/\partial y^2}\right| \tag{6-67}$$

式中，κ 为冯·卡门常数，实验表明，其值约为 $0.4 \sim 0.41$，此值对于平行流是通用的。

式(6-67) 表明，混合长度 l 不再与速度大小有关，而只取决于当地速度分布。此外还发现，在速度剖面的拐点（即 $\partial^2 \bar{u}/\partial y^2=0$）处，若 $\partial \bar{u}/\partial y \neq 0$，则 $l \rightarrow \infty$，这显然是不正确的。尽管存在这一缺点，冯·卡门的相似性理论仍不失为壁面附近某区域内最合理的关系。

实测表明，在湍流边界层距壁面的某个范围内，平均速度与离壁面距离 y 按对数关系变化，即 $\bar{u} \sim \ln y$，则由式(6-67) 可得

$$l=\kappa\left|\frac{\partial \bar{u}/\partial y}{\partial^2 \bar{u}/\partial y^2}\right|=\kappa\left|\frac{1/y}{1/y^2}\right|=\kappa y \tag{6-68}$$

这表明，随着离壁面距离 y 的增加，旋涡的典型尺度也将增加，因此混合长度 l 也将增加。

然而，在离壁面很近的区域，流动状态将显著受到分子黏性的影响，但冯·卡门的相似性理论却无法反映出这一影响。为此，范德里斯特（van Driest）提出了修

正公式，即

$$l=\kappa y[1-\exp(-y/A)] \tag{6-69}$$

式中，A 为衰减长度因子，定义为

$$A=26\upsilon(\tau_{\mathrm{w}}/\rho)^{-1/2} \tag{6-70}$$

式中，τ_{w} 为壁面剪切应力。式（6-69）表明，当 y 很小时，黏性作用很大；而当 y 增大后，黏性作用逐渐消失。将此式中的指数函数用泰勒级数展开后容易看出，当 $y\to 0$，$l\sim y^2$。因此，此式综合了 $l\sim y^3$ 与 $l\sim y$ 两个区域混合长度的变化。

在湍流剪切层中还存在另一种区域，即所谓的尾迹区或速度亏损区，此时混合长度 l 与离壁面距离 y 无关，而与整个剪切层厚度 δ 成正比，即 $l\sim\delta$。在此区域内，涡黏性系数 υ_{T} 可近似表示为

$$\upsilon_{\mathrm{T}}=C_1\delta\bar{u}_{\mathrm{e}} \tag{6-71}$$

式中，C_1 为常数；$\bar{u}_{\mathrm{e}}$ 为某个参照速度。各种自由湍流剪切层、边界层外层以及管流中心区都属于这种情况。

Prandtl 混合长度模型属于零方程模型，即在不引入其他辅助方程的情况下就可以实现雷诺时均方程的封闭。零方程模型的主要优点在于其应用的便利性。此外，该模型将雷诺应力与当地平均速度梯度联系起来，使得在 $S_{ij}=0$ 的位置处，雷诺应力为零，这在大多数情况下是合理的。然而，这种模型属于局部平衡模型，无法反映上游历史的影响，仅在各种输运项较小的情况下能够获得良好的结果，如在具有适度压强梯度的二维边界层中。对于表面曲率较大或压强梯度显著的情况以及自由湍流剪切流，应用 Prandtl 混合长度模型的效果往往并不理想。

6.5.3　一方程和两方程模型

在湍流输运较强的流动中，零方程模型的效果往往不佳。为了解决这一问题，自然的选择是采用湍流量的输运方程，而湍动能作为湍流最基本的特征参数，将其输运方程(6-49) 作为模型方程显然是非常合理的。

使用湍动能输运方程会涉及**两个关键问题**：①如何建立湍动能与雷诺应力之间的联系？②湍动能输运方程中，如何构建未知的脉动关联项与雷诺应力或湍动能之间的关系式，从而实现方程的封闭？这两个问题的解决对于形成有效的湍流模型至关重要。

针对第一个问题常采用以下方法来解决。

① 假设雷诺应力正比于湍动能，即

$$-\rho\overline{u_i'u_j'}=a_1\rho k \tag{6-72}$$

式中，a_1 为比例系数。这是最简单，也是最直接的方法。但确定比例系数是比较困难的。

② 采用涡黏模型表达式(6-57)，根据量纲分析，涡黏性系数 υ_T 可由下式计算获得

$$\upsilon_T = C_\mu k^{1/2} l \tag{6-73}$$

式中，C_μ 为一系数。

由此可见，只要求出 k 和 l，就可以获得涡黏性系数 υ_T，进而计算雷诺应力，从而实现雷诺时均方程的封闭。因此，在求解 υ_T 时，只需引入湍动能输运方程，并通过代数关系式给定混合长度 l，这种封闭模式被称为一方程模型。然而，通常情况下，l 随具体流动而变化，具有不同的形式，且往往是经验性的，因此不可能提供一个普遍适用的统一公式来求解 l。因此，一方程模型在通用性和预测性方面都存在一定局限性。

③ 采用涡黏模型表达式(6-57)时，为了避免求解 l 带来的数值不准确问题，在湍动能 k 的基础上，引入了另一个湍流参数——旋涡涡量 ω。根据量纲分析，涡黏性系数 υ_T 由下式计算获得

$$\upsilon_T = k/\omega \tag{6-74}$$

显然，需要引入 k 和 ω 这两个输运方程，才能获得 υ_T，从而计算雷诺应力，最终实现雷诺时均方程的封闭。因此，这样的封闭模式称为两方程模型。

④ 在采用涡黏模型表达式(6-57)时，引入的湍流参数是湍动能和湍动能耗散率。这是因为湍动能的输入主要源于平均流场，属于大尺度脉动，即大尺度脉动占据了湍动能的绝大部分；而湍流的耗散则主要发生在小尺度脉动中，即小尺度脉动占有绝大部分的湍动能耗散率。因此，湍流脉动的长度尺度可以通过湍动能 k 和湍动能耗散率 ε 来进行估计。根据量纲分析可知，$k^{3/2}/\varepsilon$ 具有长度的量纲，因此可取 $l \approx k^{3/2}/\varepsilon$。湍流脉动的特征速度 $u \approx k^{1/2}$，因此，涡黏性系数 υ_T 可由下式计算获得

$$\upsilon_T = C_\mu k^2/\varepsilon \tag{6-75}$$

此式表明，涡黏性系数用当地的湍动能和湍动能耗散率来表示，这种涡黏模式称为 k-ε 模型。显然，需要引入 k 和 ε 这两个输运方程，才能获得 υ_T，从而计算雷诺应力。

然而，在湍动能和湍动能耗散率输运方程中，存在未知的脉动关联项，这使得雷诺时均方程仍然无法封闭。因此，需要解决之前提到的第二个问题，即建立未知脉动关联项与雷诺应力或湍动能之间的关系式，这一过程通常被称为**模化问题**。通过有效的模化，可以实现湍流模型的封闭，从而提高预测的准确性和可靠性。

在湍动能输运方程(6-49)中，产生项 P_k 没有引入新的未知量，因此将涡黏假设(6-57)代入 P_k 的表达式，可得

$$P_k = 2\upsilon_T \bar{S}_{ij}^2 \tag{6-76}$$

耗散项 ε 可由 ε 输运方程求解，而扩散项 D_k 中的压强扩散项和湍流扩散项需要模化。湍流的扩散作用是使湍动能从大的地方向小的地方传输，最简单的形式是认为扩散项与湍动能的梯度之间呈线性关系。进一步，假定湍动能的扩散与平均动量的输运具有类似的性质，其扩散系数正比于 υ_T，因此扩散项 D_k 可模化为

$$-\frac{1}{\rho}\overline{p'u_j'}-\frac{1}{2}\overline{u_i'u_i'u_j'}=\frac{\upsilon_T}{\sigma_k}\frac{\partial k}{\partial x_j} \tag{6-77}$$

式中，σ_k 为经验常数。将式(6-76)、式(6-77) 代入湍动能输运方程(6-49) 中，可得 k 的模型方程为

$$\frac{\partial k}{\partial t}+\overline{u}_j\,\frac{\partial k}{\partial x_j}=2\upsilon_T\overline{S}_{ij}^2+\frac{\partial}{\partial x_j}\left[\left(\upsilon+\frac{\upsilon_T}{\sigma_k}\right)\frac{\partial k}{\partial x_j}\right]-\varepsilon \tag{6-78}$$

从式(6-78) 可知，只要获得了湍动能耗散率 ε，湍动能就可以通过此式求解。因此，需要建立湍动能耗散率 ε 的输运方程。ε 的输运方程可通过对脉动量的运动方程(6-28) 求导之后，进一步推导获得，但推导过程较为烦琐，感兴趣的读者可自行推导。湍动能的耗散机制十分复杂，对 ε 的输运方程逐项模化几乎是不可能的。目前，常采用的 ε 的模型方程是采用类比的方法，比照 k 的模型方程获得，即

$$\frac{\partial\varepsilon}{\partial t}+\overline{u}_j\,\frac{\partial\varepsilon}{\partial x_j}=C_{\varepsilon_1}\,\frac{\varepsilon}{k}(2\upsilon_T\overline{S}_{ij}^2)+\frac{\partial}{\partial x_j}\left[\left(\upsilon+\frac{\upsilon_T}{\sigma_\varepsilon}\right)\frac{\partial\varepsilon}{\partial x_j}\right]-C_{\varepsilon_2}\,\frac{\varepsilon^2}{k} \tag{6-79}$$

式中，C_{ε_1}、C_{ε_2}、σ_ε 为经验常数。

因此，连续性方程(6-24)、涡黏假设的平均运动方程(6-59)、涡黏性系数方程(6-75)、k 的模型方程(6-78) 和 ε 的模型方程(6-79) 一起构成了求解雷诺时均变量的封闭方程组，即

$$\left.\begin{aligned}
&\frac{\partial\overline{u}_i}{\partial x_i}=0\\[2mm]
&\frac{\partial\overline{u}_i}{\partial t}+\overline{u}_j\,\frac{\partial\overline{u}_i}{\partial x_j}=-\frac{1}{\rho}\frac{\partial\overline{P}}{\partial x_i}+\frac{\partial}{\partial x_j}\left[\upsilon_{\mathrm{eff}}\frac{\partial\overline{u}_i}{\partial x_j}\right]+\overline{f}_i\\[2mm]
&\frac{\partial k}{\partial t}+\overline{u}_j\,\frac{\partial k}{\partial x_j}=2\upsilon_T\overline{S}_{ij}^2-\frac{\partial}{\partial x_j}\left[\left(\upsilon+\frac{\upsilon_T}{\sigma_k}\right)\frac{\partial k}{\partial x_j}\right]-\varepsilon\\[2mm]
&\frac{\partial\varepsilon}{\partial t}+\overline{u}_j\,\frac{\partial\varepsilon}{\partial x_j}=C_{\varepsilon_1}\,\frac{\varepsilon}{k}(2\upsilon_T\overline{S}_{ij}^2)+\frac{\partial}{\partial x_j}\left[\left(\upsilon+\frac{\upsilon_T}{\sigma_\varepsilon}\right)\frac{\partial\varepsilon}{\partial x_j}\right]-C_{\varepsilon_2}\,\frac{\varepsilon^2}{k}\\[2mm]
&\upsilon_T=C_\mu k^2/\varepsilon\\[2mm]
&\overline{S}_{ij}=\frac{1}{2}\left(\frac{\partial\overline{u}_i}{\partial x_j}+\frac{\partial\overline{u}_j}{\partial x_i}\right)
\end{aligned}\right\} \tag{6-80}$$

式中，经验常数 C_μ、σ_k、C_{ε_1}、C_{ε_2} 和 σ_ε 需要用各向同性湍流典型流动的实验结果和直接数值模拟结果来拟合获得。目前常用 $C_\mu = 0.09$、$\sigma_k = 1.0$、$C_{\varepsilon_1} = 1.45$、$C_{\varepsilon_2} = 1.93$、$\sigma_\varepsilon = 1.30$。

这就是标准 $k\text{-}\varepsilon$ 模型，它是目前工程应用中最广泛使用的湍流封闭模型，适用于薄剪切层流动、圆管和槽道内的湍流等。虽然 $k\text{-}\varepsilon$ 模型已成功应用于多种场合，但它主要是针对充分发展的高雷诺数（Re）湍流流动建立的，因此，当应用于低雷诺数的流动问题时可能会出现困难。此外，在强旋涡流动、弯曲壁面流动或弯曲流线流动的情况中，标准 $k\text{-}\varepsilon$ 模型同样存在局限性。这是因为该模型采用涡黏模型，假设雷诺应力的各个分量对应的涡黏性系数 υ_T 是相同的，即视其为各向同性标量。然而，在弯曲流线情况下，湍流表现出各向异性，因此涡黏性系数 υ_T 应当被视为各向异性的张量。为了克服标准 $k\text{-}\varepsilon$ 模型的不足，许多研究人员提出了多种修正方案，例如 RNG $k\text{-}\varepsilon$ 模型和 Realizable $k\text{-}\varepsilon$ 模型等。

【拓展阅读】

周培源：科学巨擘与教育先驱

周培源（1902—1993 年），是一位在中国近代科学史上留下深刻烙印的杰出科学家、教育家和社会活动家。他不仅是流体力学和理论物理学的奠基人之一，更是一位将个人命运与国家和人民紧密相连的伟大爱国者。

周培源（1902—1993 年）

一、早年经历与求学之路

周培源，1902 年出生于江苏宜兴芳桥镇后村的一个开明绅士家庭。他的家族在当地颇有声望，这种家庭背景为他提供了良好的成长环境和教育机会。少年时的周培源便立下了奋发图强、报效祖国的远大志向。辛亥革命后，周培源随父亲举家迁至南京。1919 年，他进入上海圣约翰大学附中读书，并积极参与了五四运动。同年秋，他以优异的成绩考取了清华大学的插班生。

1924 年，周培源从清华大学毕业，并前往美国深造。他在留学期间展现出了过人的智慧，他的博士论文《在爱因斯坦引力论中具有旋转对称性物体的引力场》在答辩时受到高度赞扬，并荣获最佳论文奖。

二、科学成就与国际声誉

周培源早期主要从事广义相对论的研究，但随着国家危难的加深，他逐渐将研究重点转向更具应用价值的流体力学领域。1940 年，他在《物理学报》上发表论文，首次提出了需要研究湍流的脉动方程，并给出了求解方法，这一成果在国际上产生了重大影响。

1943 年，周培源在加州理工大学继续从事湍流力学研究，并发表了《关于速度关联和湍流脉动方程的解》。这一论文引起了国际学术界的广泛关注，湍流模式理论由此诞生。周培源也因此被公认为世界湍流模式理论的奠基人之一，成为 20 世纪四位世界流体力学巨匠之一。

三、回国奉献与学术成就

面对美国的优厚待遇和科研条件，周培源毅然选择了回国，继续为祖国的科学事业贡献力量。1929 年，他成为清华大学最年轻的物理学教授，主讲理论力学和相对论等前沿课程，培养了一批杰出的科学家。新中国成立后，周培源更是将大部分时间投入到高等教育事业中，为国家培养了大量的科学人才。他的湍流理论研究也在不断深入和完善，最终建立了自己独特的湍流理论体系。他的学术成就得到了国际学术界的广泛认可，为中国科学事业的发展作出了卓越贡献。

周培源一生致力于高等教育事业，曾先后出任清华大学教务长、校务委员会副主任等职，承担了大量的教务工作。1952 年全国高等学校院系调整后，他离开清华大学来到北京大学，开始了新的征程。在北大期间，他为祖国培养了几代物理学家，其中不乏钱伟长、何泽慧、王大珩等赫赫有名的科学家。周培源的教学理念注重培养学生的独立思考能力和创新精神。他讲课认真生动，极富感染力，能够激发学生的学习兴趣和求知欲。他十分注重调动学生的主观思考能力，鼓励学生勇于提问和辩论。即使对于已经滚瓜烂熟的课程内容，他每次上课前仍会认真备课，写出新的讲课提纲。周培源不仅在教学上取得了卓越成就，还在人才培养和引荐方面作出了重要贡献。他经常推荐优秀的学生出国留学师从名师深造，使他们能够进入国际科研前沿领域。在他的引荐和帮助下，许多学生后来成为了国际知名的科学家。

四、社会活动与爱国情怀

除了科学研究和教育事业外，周培源还积极承担社会责任，参与各种社会活动。他曾任全国政协副主席、中国科协主席、九三学社中央委员会主席等职务，始终将国家和人民的利益放在首位。他利用自己的影响力和资源为国家的科技和教育事业争取了更多的支持和关注。周培源的一生充满了对祖国的热爱和民族担当。他始终将个人命运与国家和人民的需要紧密联系在一起，为国家的科学事业和教育事业倾注了全部心血。在抗日战争期间，他随清华大学迁往昆明西南联合大学任教，在艰苦的条件下坚持科学研究和教学活动。新中国成立后，他更是全身心投入到新中国的建设事业中，为国家的繁荣富强贡献了自己的力量。

周培源对国家的重大工程项目也给予了高度关注。在三峡工程的论证过程中，他积极建言献策，提出了许多宝贵的意见和建议。他还亲自带队到三峡地区进行实地考察，为工程的科学决策提供了有力支持。此外，他还对西部开发提出了许多前瞻性的建议和思考，为国家的区域协调发展作出了重要贡献。

五、个人品质与精神风貌

周培源在科研工作中始终保持着严谨治学的态度。他对待每一个问题都认真探究、精益求精。在指导学生时注重培养他们的独立思考能力和创新精神。他的科学态度和精神风貌对后来的科学工作者产生了深远影响。尽管在学术上取得了卓越成就，社会地位显赫，但周培源在生活中却始终保持着朴实无华的作风。他勤俭节约、淡泊名利，从不追求个人享受和物质利益。他的朴实作风和高尚品格赢得了人们广泛的尊敬和爱戴。

思考题

1. 湍流的本质是什么？如何有效增强和减弱湍流？
2. 为什么对两个脉动量的乘积进行时均化处理不等于零？
3. 为什么要对 N-S 方程进行时均化处理？有何好处？
4. 如何确定湍动能和耗散率输运方程中的经验常数？

习题六

1. 以瞬时量表示的平均定常管流运动方程为

$$\rho \frac{\partial u_i}{\partial t} + \rho u_j \frac{\partial u_i}{\partial x_j} = \sum F_i$$

式中，$\sum F_i$ 代表压强和黏性力的总和；密度 ρ 为常数。对上述方程两边同时乘以 u_i，可得动能方程为

$$\rho \frac{\partial}{\partial t}\left(\frac{u_i u_i}{2}\right) + \rho u_j \frac{\partial}{\partial x_j}\left(\frac{u_i u_i}{2}\right) = \sum F_i u_i$$

对此方程作平均运算。证明

$$\rho \bar{u}_j \frac{\partial}{\partial t}\left(\frac{\bar{u}_i \bar{u}_i}{2} + \overline{\frac{u_i' u_i'}{2}}\right) + \rho \overline{u_j' \frac{\partial}{\partial x_j}\left(\frac{u_i' u_i'}{2}\right)} = \frac{\partial}{\partial x_j}(\bar{u}_i \tau_{ij}') + \sum \overline{F_i u_i}$$

成立，其中 $\tau'_{ij} = -\rho\overline{u'_i u'_j}$ 为雷诺应力。

2. 证明在不可压缩流体湍流中有

$$\nabla^2 \frac{\rho'}{\rho} = -\frac{\partial^2}{\partial x_i \partial x_j}(u'_i u'_j - \overline{u'_i u'_j}) - 2\frac{\partial \overline{u}_i}{\partial x_j} \times \frac{\partial u'_j}{\partial x_i}$$

3. 写出湍动能耗散率 $\varepsilon = \upsilon\overline{(\partial u'_i/\partial x_j)(\partial u'_i/\partial x_j)}$ 在直角坐标系中的表达式。

4. 平壁边界层壁面附近有 $\mu \partial \overline{u}/\partial y - \rho\overline{u'v'} = \tau_0$。证明湍动能生成项的最大值为 $u_*^4/(4\upsilon)$，其中 $u_* = \sqrt{\tau_0/o}$。

5. 采用混合长度理论证明平壁边界层内的速度分布为

$$u^+ = 2\int_0^{y^+} \frac{\mathrm{d}y^+}{1 + [1 + 4(l^+)^2]^{1/2}}$$

式中，$l^+ = u_* l/\upsilon$，是无量纲混合长度。如 $l^+ = a_0^2 y^+[1 + a_0^4(y^+)^2]^{1/2}$，$a_0 = 0.3$，求解 u^+。

6. ε 方程中的常数 C_{ε_2} 可通过风洞内栅格后的各向同性湍流测量来确定。设速度为 U 的均匀流通过栅格，栅格远下游的流动可近似看作是各向同性的。已测得湍动能沿流动方向的衰减规律为 k 约为 Ax^n，n 约为 -1.08，式中是栅格后沿流动方向的距离。求 C_{ε_2} 值。

第 7 章

可压缩流体流动基础

前几章的内容主要集中于不可压缩流体的流动过程，这一理论在液体或低速气体流动的情况下较为适用。然而，当气体经历显著压强变化时，如在压缩机、喷管和节流阀等设备中，或是在接近声速乃至超声速的高速流动状态下（如飞机、火箭以及燃气轮机中的情况），流体的可压缩性便变得不可忽视。随着可压缩性的引入，流动规律发生了重大变化，并伴随出现多普勒效应、形成马赫锥及激波等一系列复杂而有趣的流体力学现象。

本章将首先介绍可压缩流体动力学的基本概念，随后通过对相关方程的推导，深入理解这些特殊条件下的流动特性。特别地，将重点探讨超声速流动中的现象，包括激波的产生机制及其传播规律等内容。

7.1　可压缩流体动力学基本概念

7.1.1　流体热力学性质

在流体压缩与膨胀过程中，热力学参数会发生变化，例如受到压缩时流体温度升高，而在膨胀做功的情况下流体温度降低等。这些热力学过程在可压缩流体流动中对流动特性产生了显著影响。因此，下面简要介绍在推导可压缩流体流动方程时涉及的一些热力学性质。

（1）理想气体状态方程

理想气体状态方程是描述流体压缩与膨胀过程中遵循的基本方程，也是可压缩流体流动中不可或缺的控制方程，其表达式为

$$p = \rho R T \tag{7-1}$$

式中，R 是气体常数，可表示为

$$R = \frac{\lambda}{M} \tag{7-2}$$

式中，λ 为普适气体常数，其值为 8.314 kJ/(kg·K)；M 为气体的分子量，对于空气可取 28.97。则可计算得到空气的气体常数 R 为 286.99 J/(kg·K)。

（2）比热容

由热力学理论可知，比热容有两种测量方式，分别为定压比热容和定容比热容，其表达式分别为

$$c_p = \left. \frac{\partial h}{\partial T} \right|_{p = \mathrm{Const}} \tag{7-3}$$

$$c_V = \left. \frac{\partial e}{\partial T} \right|_{\rho = \mathrm{Const}} \tag{7-4}$$

式中，h 为气体的焓值；e 为气体的内能。两者满足以下热力学状态方程，即

$$h = e + \frac{p}{\rho} = e + RT \tag{7-5}$$

对式（7-5）取微分，可得

$$\mathrm{d}h = \mathrm{d}e + R\,\mathrm{d}T \tag{7-6}$$

而根据两种比热容定义式可知，$\mathrm{d}h = c_p\,\mathrm{d}T$，$\mathrm{d}e = c_V\,\mathrm{d}T$，代入式（7-6）可得

$$c_p\,\mathrm{d}T = c_V\,\mathrm{d}T + R\,\mathrm{d}T \tag{7-7}$$

也即

$$c_p - c_V = R \tag{7-8}$$

这表明定压比热容与定容比热容之差为常数。

7.1.2　等熵过程

在可压缩气体自由流动中，流体的压缩与膨胀都在极短的时间内完成，这一过程通常被认为是等熵过程，所以可压缩流体流动遵循等熵过程中的理论规律。其中一个重要的关系式就是等熵关系式，它通常可以表示为

$$\frac{p}{\rho^{\kappa}} = \mathrm{Const} \tag{7-9}$$

式中，$\kappa = c_p / c_V$ 为绝热指数。

该关系式是可压缩流体流动方程的基础之一。下面简单地利用热力学知识对上式进行推导。对于一定质量 m 和体积 V 的流体，可压缩流体的理想气体状态方程式（7-1）也可表示为

$$pV = mRT \tag{7-10}$$

而等熵过程是绝热的($dq = 0$)，则能量转换满足

$$mc_V dT = dq - p dV = -p dV \tag{7-11}$$

对式(7-10)进行微分，可得

$$p dV + V dp = mR dT \tag{7-12}$$

也即

$$dT = \frac{p}{mR} dV + \frac{V}{mR} dp \tag{7-13}$$

代入式(7-11)，并整理可得

$$\left(1 + \frac{R}{c_V}\right)\frac{1}{V} dV = -\frac{1}{p} dp \tag{7-14}$$

对式(7-14)进行积分，并运用 $c_p - c_V = R$，可得

$$\frac{c_p}{c_V} \ln V = -\ln p + C \tag{7-15}$$

也即

$$\ln(V^{\frac{c_p}{c_V}} p) = C \tag{7-16}$$

由于 $V = m/\rho$，且控制体内流体质量 m 不变，并取 $\kappa = c_p/c_V$，可得 $p/\rho^{\kappa} = $ Const，即为等熵关系式。

由于绝热指数 κ 是大于 1 的数，相比于等温过程（$T = $ Const）的 $p/\rho = RT$ $= $ Const，在等熵过程中 $p/\rho = \rho^{\kappa-1} \times$ Const。可以理解为在等熵过程的绝热条件下，压缩流体做的功使得流体升温，导致压强与密度不呈线性增长，而是压强增长速率大于密度增长速率。

7.1.3　可压缩流体流动基本方程

在可压缩流体流动过程中，如高速气体流动，除了很薄的近壁面边界层内黏性作用显著，主流中黏性作用占比很小，因此可以视作是理想流体流动。由于密度不再是常数，则可压缩流体流动基本方程可写为

$$\left. \begin{array}{c} \dfrac{\partial \rho}{\partial t} + \nabla \cdot (\rho \boldsymbol{u}) = 0 \\[2mm] \rho \dfrac{D\boldsymbol{u}}{Dt} = -\nabla p \\[2mm] \dfrac{p}{\rho^{\kappa}} = C \\[2mm] \dfrac{p}{\rho} = RT \end{array} \right\} \tag{7-17}$$

上述方程中，既包括连续性方程和动量方程等流体力学方程，也包含了等

熵关系式和理想气体状态方程等热力学方程。这些方程的结合使得可压缩流体流动过程呈现出更加复杂和独特的流动现象。例如，在高速气体流动中，流场中的扰动波传播、激波的形成与发展等现象都体现了流体的可压缩性对流动行为的影响。下面将重点介绍这些典型的现象，如扰动波传播与激波。

7.2　小扰动波在可压缩流体中的传播

对于可压缩流体而言，可以认为其具有弹性特性，因此流体能够传播波动。声音在空气中的传播就是一种典型的扰动波传播过程。在研究扰动波在流体中的传播时，可假设小扰动发生在一维均匀静止流场中，并在此基础上开展理论推导。

由于扰动速度很快，而压强和温度等变化很小，所以可认为是绝热的等熵过程，并假设流体是静止的，即 $u=0$。增加小扰动量 $p=p_0+p'$、$\rho=\rho_0+\rho'$、$u=0+u'$ 后，式（7-17）中的连续性方程可写为

$$\frac{\partial(\rho_0+\rho')}{\partial t}+\frac{\partial\left[(\rho_0+\rho')(0+u')\right]}{\partial x}=0 \tag{7-18}$$

即

$$\frac{\partial\rho_0}{\partial t}+\frac{\partial\rho'}{\partial t}+\frac{\partial(\rho_0 u')}{\partial x}+\frac{\partial(\rho' u')}{\partial x}=0 \tag{7-19}$$

由于扰动波微弱且传播非常迅速，其中平均量 ρ_0 可认为是不随时间变化的。而扰动量相比平均量非常微小，所以 $\rho' u'$ 可认为是二阶无穷小量，则式（7-19）可写为

$$\frac{\partial\rho'}{\partial t}+\rho_0\frac{\partial u'}{\partial x}=0 \tag{7-20}$$

同时，式（7-17）中的动量方程可写为

$$\frac{\partial u'}{\partial t}+u'\frac{\partial u'}{\partial x}=-\frac{1}{(\rho_0+\rho')}\frac{\partial(p_0+p')}{\partial x} \tag{7-21}$$

对于均匀流场有 $p_0=\text{Const}$，则上述方程右边可写为

$$-\frac{1}{(\rho_0+\rho')}\frac{\partial(p_0+p')}{\partial x}=-\frac{1}{(\rho_0+\rho')}\frac{\partial p'}{\partial x}\approx-\frac{1}{\rho_0}\frac{\partial p'}{\partial x} \tag{7-22}$$

则式（7-21）可简化为

$$\frac{\partial u'}{\partial t}=-\frac{1}{\rho_0}\frac{\partial p'}{\partial x} \tag{7-23}$$

由等熵关系式 $p/\rho^\kappa=C$ 可知，在扰动波内，压强是密度的函数，以密度为

自变量对压强做泰勒级数展开，并略去二阶小量，可得

$$p = p_0 + \frac{\partial p}{\partial \rho}(\rho - \rho_0) + \cdots \tag{7-24}$$

式中，$p = p_0 + p'$，$\rho = \rho_0 + \rho'$，并采用 $\frac{\partial p}{\partial \rho} = c^2$，则有

$$p' = c^2 \rho' \tag{7-25}$$

将式（7-25）代入式（7-23），可得

$$\frac{\partial u'}{\partial t} = -\frac{c^2}{\rho_0}\frac{\partial \rho'}{\partial x} \tag{7-26}$$

将式（7-20）对 t 求偏导，可得

$$\frac{\partial^2 \rho'}{\partial t^2} + \rho_0 \frac{\partial^2 u'}{\partial x \partial t} = 0 \tag{7-27}$$

将式（7-23）对 x 求偏导，可得

$$\frac{\partial^2 u'}{\partial t \partial x} = -\frac{c^2}{\rho_0}\frac{\partial^2 \rho'}{\partial x^2} \tag{7-28}$$

结合式（7-27）和式（7-28），可得

$$\frac{\partial^2 \rho'}{\partial t^2} - c^2 \frac{\partial^2 \rho'}{\partial x^2} = 0 \tag{7-29}$$

同理，将式（7-20）对 x 求偏导，与式（7-23）对 t 求偏导，结果整理可得

$$\frac{\partial^2 u'}{\partial t^2} - c^2 \frac{\partial^2 u'}{\partial x^2} = 0 \tag{7-30}$$

式（7-29）和式（7-30）就是典型的一维波动方程，其解为

$$\rho' = f(x - ct) + g(x + ct) \tag{7-31}$$

从上式可知，对于 $t = 0$ 时刻在原点发生扰动 ρ' 和 u' 的传播速度为 $c = \sqrt{\partial p / \partial \rho}$，这是从波动学说的角度推导得到的微弱扰动波传播速度，也就是声速。

结合等熵关系式 $p / \rho^\kappa = C$，可得声速为

$$c = \sqrt{\kappa \frac{p}{\rho}} \ 或 \ c = \sqrt{\kappa R T} \tag{7-32}$$

在高速气体流动中，声速是一个非常关键的参数，流体在低于声速时称为亚声速流动，流体在高于声速时称为超声速流动。将流体速度与当地声速的比值定义为马赫数，即

$$Ma = \frac{u}{c} \tag{7-33}$$

当 Ma 小于 1 时，为亚声速流动；Ma 等于 1 时，为声速流动；Ma 大于 1

时，为超声速流动。

例 7-1　假设在某型火炮发射时，炮管内的气体温度为 3050℃，其中绝热指数为 $\kappa=1.221$，$R=319$ N·m/（kg·K），请计算炮管内的声速为多少？如果该款火药的爆速为 6300 m/s，气体出口的最大马赫数为多少？

解　由声速计算公式，可得炮管内的声速

$$c=\sqrt{\kappa RT}=\sqrt{1.221\times319\times(3050+273)}=1138(\text{m/s})$$

假设火药爆速为出口气体能达到的最大速度，其对应的马赫数为

$$Ma=\frac{u}{c}=\frac{6300}{1138}=5.5$$

7.3　激波

在小扰动波传播的过程中，波形和速度保持不变，且对流场的扰动幅度有限。然而，在有限振幅波的传播中，由于扰动的幅度不再微小，其扰动量 p'、ρ' 和 u' 与平均值 p_0、ρ_0 和 u_0 相当，因此具有相同的量级。在有限振幅波的传播中，实际上是压缩波与膨胀波交替出现的过程。如图 7-1 所示，BC 段为压缩波段（即扰动波经过后，密度增加），而 AB 段和 CD 段则为膨胀波段（即扰动波经过后，密度减小）。尽管波的传播速度非常快，有限振幅波的传播仍可视作绝热等熵的过程。在压缩波段内，由于气体的压缩量已不再微小，流体温度必然会有所上升。根据声速公式（7-32），在压缩波段内，随着温度的升高，声速也将随之增大，这使得压缩波段的扰动传播速度高于前面的膨胀波段。经过一段时间的传播后，压缩波逐渐追赶上膨胀波，并在某一位置形成了参数的阶跃，这个间断面即为**激波**。

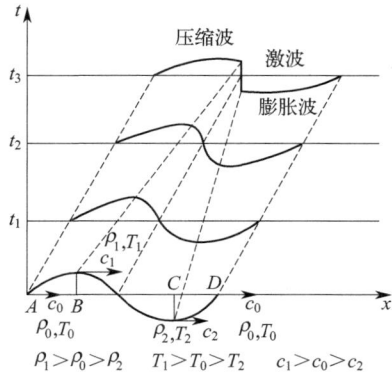

图 7-1　有限振幅波的传播

激波的厚度非常薄，通常在分子自由程的量级。激波内部存在着复杂而剧烈的物理过程，这些过程是绝热、不可逆且伴随熵增加的。然而，在激波两侧的气流仍可按照理想气体的性质进行分析，只是在经过激波后，相关参数会发生突变。由于激波极为细小，可以忽略其厚度，将其视为一个参数的间断面，只须关注气流在激波前后的状态变化。这种参数突变可能在激波两侧引发截然不同的现象，使得激波在实际生活中易于观察。例如，超声速飞行中的战斗机所产生的音爆云，以及火

箭或战斗机尾喷口后形成的马赫环，都是在激波作用下产生的显著现象。

当物体以超声速运动或周围气流为超声速时，物体对气流的扰动会导致激波的形成。根据激波的形状和方向，可以将其分为以下几类：

① **正激波**：激波面与气流方向垂直，通常出现在管道内气体急剧压缩时，如图 7-2(a) 所示。

② **斜激波**：激波面基本保持平面，并与气流方向呈一定的夹角。这种激波常见于超声速流体绕流楔形物体时，如图 7-2(b) 所示。

③ **脱体激波**：激波面呈弯曲状态，通常发生在绕流较大顶角的楔形物体或钝体时。在物体正前方，激波近似为正激波，而随着激波向两侧扩展，逐渐演变为斜激波，如图 7-2(c) 所示。

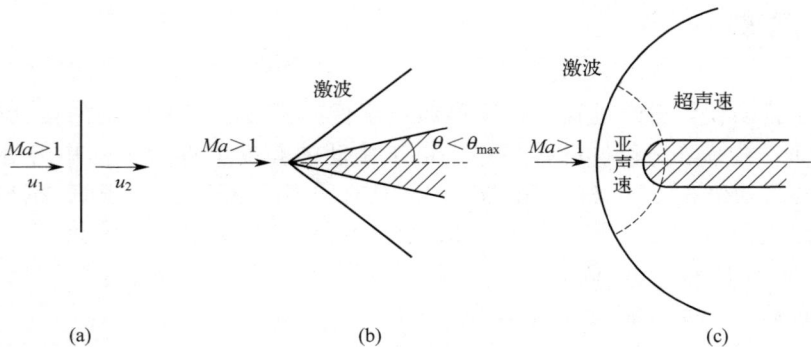

图 7-2　激波

7.3.1　正激波

在管内气体被压缩形成正激波的过程中，当活塞向右逐渐加速运动时，活塞前方被压缩的气体的压强和密度会随之发生变化。初始时刻 $t=0$ 时，管内的气体压强和温度分别为 p_1 和 T_1。随着活塞速度增加到 Δu_1 时，一列微弱的压缩波 A_1-A_1 开始向右传播，其传播速度为 $c_1=\sqrt{\kappa R T_1}$。波面 A_1-A_1 经过后，气体的压强和温度分别变为 $p_1+\Delta p'$ 和 $T_1+\Delta T'$，当地声速也相应地变为 $c_2=\sqrt{\kappa R\,(T_1+\Delta T')}$，这一过程如图 7-3(a) 所示。

当活塞速度再次增加时，会形成一个新的压缩波 A_2-A_2，此时新的波面以更快的速度 c_2 向右传播，如图 7-3(b) 所示。随着活塞持续加速，一系列压缩波相继产生，且每个后续压缩波的压强和温度均高于前面的波，同时其传播速度也更快，如图 7-3(c) 所示。最终，这些后方的波面将逐渐追赶上前方的波面。在某一刻，所有的波面重叠在一起，形成一个两侧参数存在显著差异的波面，这便是所谓的正激波，如图 7-3（d）所示。

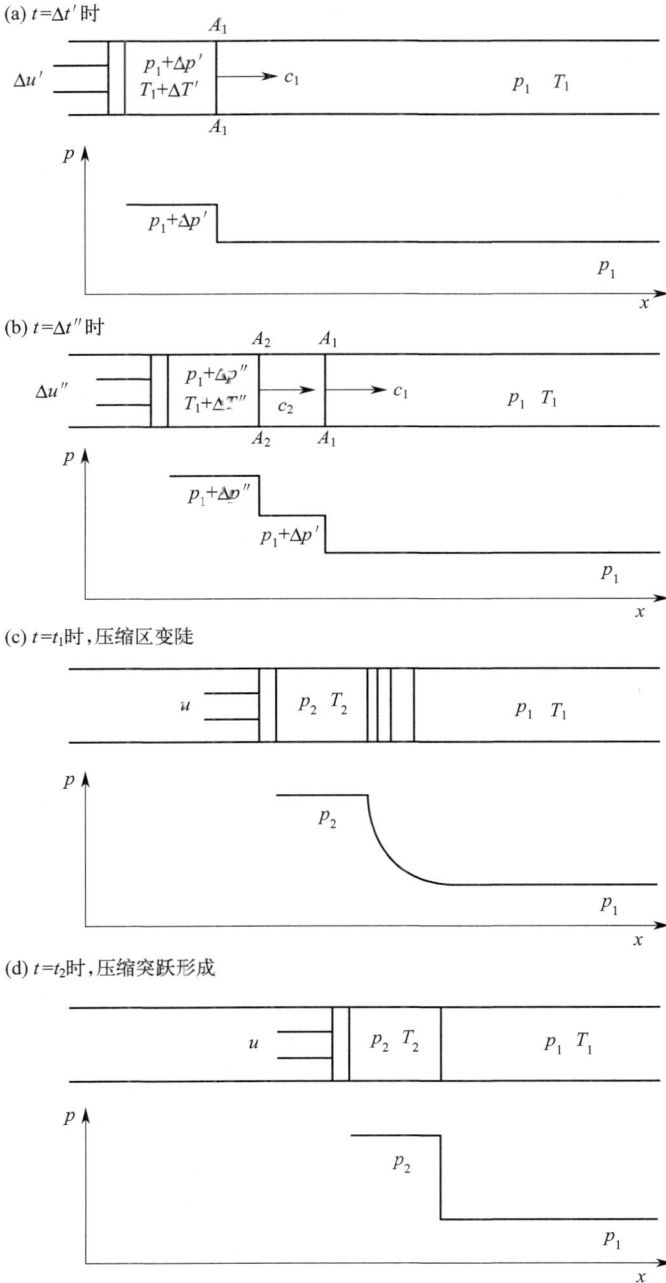

图 7-3　正激波形成过程

以简单的一维正激波为例，对经过激波前后的参数变化进行分析，如图 7-4 所示。流体经过正激波前的参数为 u_1、p_1、ρ_1 和 T_1，经过正激波后的参数为 u_2、p_2、ρ_2 和 T_2。流体流经正激波面的过程满足连续性方程、动量方程、能量方程和气体状态方程，即

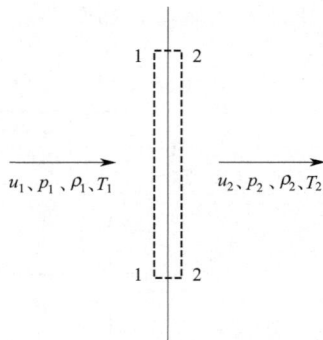

$$\rho_1 u_1 = \rho_2 u_2 \tag{7-34}$$

$$p_1 + \rho_1 u_1^2 = p_2 + \rho_2 u_2^2 \tag{7-35}$$

$$\frac{1}{2} u_1^2 + c_p T_1 = \frac{1}{2} u_2^2 + c_p T_2 \tag{7-36}$$

$$p_2 - p_1 = R(\rho_2 T_2 - \rho_1 T_1) \tag{7-37}$$

图 7-4　正激波

根据上述方程，可推导得到正激波前后参数的关系。根据能量方程式（7-36），结合理想气体状态方程 $p = \rho R T$，可得

$$\frac{1}{2} u^2 + c_p T = \frac{1}{2} u^2 + c_p \frac{p}{\rho R} \tag{7-38}$$

运用气体基本关系式 $c_p - c_V = R$ 和 $\kappa = c_p / c_V$，式（7-38）可转化为

$$\frac{1}{2} u^2 + c_p T = \frac{1}{2} u^2 + c_p \frac{p}{(c_p - c_V)\rho} = \frac{1}{2} u^2 + \frac{p}{\left(1 - \dfrac{c_V}{c_p}\right)\rho} = \frac{1}{2} u^2 + \frac{\kappa p}{(\kappa - 1)\rho}$$

$$\tag{7-39}$$

将式（7-32）代入式（7-39），可得

$$\frac{1}{2} u^2 + c_p T = \frac{1}{2} u^2 + \frac{c^2}{\kappa - 1} \tag{7-40}$$

此时引入临界声速 c_{cr} 的概念。临界声速是指在能量守恒条件下，气体能够加速至当地声速的速度。当地声速依赖于气体的静温，而临界声速则与气体的总温度相关。这两者仅在气体进行等熵流动时相等。换句话说，在能量守恒的流动中，当地声速会随着气体流速的变化而变化，而临界声速则保持不变。因此，当将能量方程转换到临界状态时，如果气体的流速等于临界声速 $u = c_{cr}$，则可表示为

$$\frac{1}{2} u^2 + \frac{c^2}{\kappa - 1} = \frac{1}{2} c_{cr}^2 + \frac{c_{cr}^2}{\kappa - 1} = \frac{(\kappa + 1) c_{cr}^2}{2(\kappa - 1)} \tag{7-41}$$

由式（7-32）可知，$c^2 = \kappa p / \rho$。将式（7-35）两边同时除以式（7-34），并结合式（7-41），可得

$$u_1 - u_2 = \frac{c_2^2}{\kappa u_2} - \frac{c_1^2}{\kappa u_1} = \frac{1}{\kappa u_2}\left(\frac{\kappa + 1}{2} c_{cr}^2 - \frac{\kappa - 1}{2} u_2^2\right) - \frac{1}{\kappa u_1}\left(\frac{\kappa + 1}{2} c_{cr}^2 - \frac{\kappa - 1}{2} u_1^2\right) \tag{7-42}$$

进一步简化，可得

$$u_1 u_2 = c_{cr}^2 \tag{7-43}$$

若采用马赫数类似的方式，来计算流体速度与临界声速的比值 $M_{*1} = u_1/c_{cr}$ 和 $M_{*2} = u_2/c_{cr}$，可称作速度系数，则有

$$M_{*1} M_{*2} = 1 \tag{7-44}$$

从式(7-44) 可以看出，在王激波前是超声速流动，则经过正激波后必定是亚声速流动，而且正激波前的 M_{*1} 越大，则经过正激波后的 M_{*2} 越小。速度系数虽然具有马赫数相同的形式，但并不能代表激波前后流体流动的真实马赫数。

要计算激波前后的真实马赫数之间的关系，则须从速度分析入手。运用式(7-41) 进行转化，可得

$$\frac{c_{cr}^2}{u^2} = \frac{\kappa-1}{\kappa+1} + \frac{2c^2}{(\kappa+1)u^2} = \frac{\kappa-1}{\kappa+1} + \frac{2}{(\kappa+1)Ma^2} = \frac{2+(\kappa-1)Ma^2}{(\kappa+1)Ma^2} \tag{7-45}$$

该式在激波前后都满足，则由式(7-44) 可得

$$\frac{c_{cr}^2}{u_1^2} \cdot \frac{c_{cr}^2}{u_2^2} = \frac{2+(\kappa-1)Ma_1^2}{(\kappa+1)Ma_1^2} \cdot \frac{2+(\kappa-1)Ma_2^2}{(\kappa+1)Ma_2^2} = 1 \tag{7-46}$$

求解可得

$$Ma_2^2 = \frac{2+(\kappa-1)Ma_1^2}{2\kappa Ma_1^2-(\kappa-1)} = 1 + \frac{(\kappa+1)(1-Ma_1^2)}{2\kappa Ma_1^2-(\kappa-1)} \tag{7-47}$$

式(7-47) 即为正激波前后的马赫数关系式。从中可知，当 $Ma_1 = 1$ 时，$Ma_2 = 1$，此时恰好是临界声速状态（$Ma_1 = M_{*1}$，$Ma_2 = M_{*2}$）；而当 $Ma_1 > 1$ 时，$Ma_2 < 1$，说明超声速流动经过正激波后会转变为亚声速流动。以此类推，其他参数在正激波前后的关系同样可以推导得到。

（1）速度关系式

由式(7-43) 和式(7-45) 可得

$$\frac{u_2}{u_1} = \frac{c_{cr}^2}{u_1^2} = \frac{2+(\kappa-1)Ma_1^2}{(\kappa+1)Ma_1^2} \tag{7-48}$$

（2）密度关系式

根据连续性方程式(7-34) 可知

$$\frac{\rho_2}{\rho_1} = \frac{u_1}{u_2} = \frac{(\kappa+1)Ma_1^2}{2+(\kappa-1)Ma_1^2} \tag{7-49}$$

（3）压强关系式

根据动量方程式(7-35) 可知

$$\frac{p_2}{p_1} = 1 + \frac{1}{p_1}(\rho_1 u_1^2 - \rho_2 u_2^2) \tag{7-50}$$

由理想气体状态方程可得 $p_1 = \rho_1 R T_1$，代入式(7-50)，并结合连续性方程式(7-34) 可得

$$\frac{p_2}{p_1} = 1 + \frac{\rho_1 u_1^2}{\rho_1 R T_1}\left(1 - \frac{\rho_1}{\rho_2}\right) = 1 + \frac{\kappa u_1^2}{\kappa R T_1}\left(1 - \frac{\rho_1}{\rho_2}\right) = 1 + \kappa Ma_1^2\left(1 - \frac{\rho_1}{\rho_2}\right) \tag{7-51}$$

将式(7-49) 代入式(7-51)，可得

$$\frac{p_2}{p_1} = Ma_1^2 \frac{2\kappa}{\kappa + 1} + \frac{1 - \kappa}{\kappa + 1} \tag{7-52}$$

（4）温度关系式

由理想气体状态方程可知

$$\frac{T_2}{T_1} = \frac{p_2 \rho_1}{p_1 \rho_2} = \frac{2\kappa Ma_1^2 + (1 - \kappa)}{\kappa + 1} \cdot \frac{2 + (\kappa - 1)Ma_1^2}{(\kappa + 1)Ma_1^2}$$

$$= \frac{(2\kappa Ma_1^2 + 1 - \kappa)\left[2 + (\kappa - 1)Ma_1^2\right]}{(\kappa + 1)^2 Ma_1^2} \tag{7-53}$$

（5）总温关系式

由于激波面非常薄，并且流体以极高的速度穿过，整个过程可以视作绝热过程。在这种情况下，流体的总能量保持不变，因此总温度也维持不变。这可以用以下关系式表示，即

$$\frac{T_{02}}{T_{01}} = 1 \tag{7-54}$$

（6）总压关系式

由于总压与静压满足以下关系式，即

$$p_0 = p\left(1 + \frac{\kappa - 1}{2}Ma^2\right)^{\frac{\kappa}{\kappa - 1}} \tag{7-55}$$

则激波前后总压比为

$$\frac{p_{02}}{p_{01}} = \frac{p_2}{p_1}\left(\frac{1 + \frac{\kappa - 1}{2}Ma_2^2}{1 + \frac{\kappa - 1}{2}Ma_1^2}\right)^{\frac{\kappa}{\kappa - 1}} = \left(\frac{p_2}{p_1}\right)^{-\frac{1}{\kappa - 1}}\left(\frac{\rho_2}{\rho_1}\right)^{\frac{\kappa}{\kappa - 1}} \tag{7-56}$$

将式(7-52) 和式(7-49) 代入式(7-56)，可得

$$\frac{p_{02}}{p_{01}} = \left(Ma_1^2 \frac{2\kappa}{\kappa + 1} + \frac{1 - \kappa}{\kappa + 1}\right)^{-\frac{1}{\kappa - 1}}\left[\frac{(\kappa + 1)Ma_1^2}{2 + (\kappa - 1)Ma_1^2}\right]^{\frac{\kappa}{\kappa - 1}} \tag{7-57}$$

（7）熵增量

由熵的公式可得

$$ds = \frac{dq}{dT} = \frac{du + p\, d(\rho^{-1})}{T} = c_V \frac{dT}{dT} + R \frac{d(\rho^{-1})}{\rho^{-1}} = c_V d\left(\ln \frac{p}{\rho^\kappa}\right) \tag{7-58}$$

积分式(7-58)，可得

$$s = c_V \ln \frac{p}{\rho^\kappa} + s_0 \tag{7-59}$$

则激波前后的熵增为

$$s_2 - s_1 = c_V \ln \frac{p_2}{\rho_2^\kappa} - c_V \ln \frac{p_1}{\rho_1^\kappa} = c_V \ln \left(\frac{\rho_{2\text{等熵}}}{\rho_2}\right)^\kappa \tag{7-60}$$

由于 $\rho_{2\text{等熵}}$ 总是大于 ρ_2，因此熵增总是大于零，这表明流体通过激波会产生不可逆的损失，属于熵增加的过程。这与小扰动波传播过程中流体经过波面时的等熵过程有所不同。由此可见，激波很容易因为能量损耗而减弱。在实际情况中，激波通常只能维持在较小的空间范围内。相对而言，声音作为一种小扰动波则能够传播到更远的距离，因为其过程是等熵的，不会产生显著的能量损失。

7.3.2 斜激波

前面所述的正激波仅在特定条件下生成，要求激波面与流动速度垂直。然而，在大多数超声速流动中，由于扰动的影响，激波会向周围传播，激波面并不总是与流动方向垂直。**斜激波**就是这种情况的一种典型代表。当超声速流体经过折转壁面时，在折转点会产生一道激波。在这一过程中，气体经过激波后，其速度方向发生了变化。斜激波与来流方向之间的夹角称为**激波倾角** β。这种激波的形成与流体的动力学特性密切相关，是超声速流动中的重要现象。

从图 7-5 中可以看出，流体在经过斜激波后，速度的大小和方向均发生了变化。为了方便计算流体经过激波前后参数的变化规律，可以将激波前后的速度分别分解为与波面垂直和与波面平行的分速度 u_{1n}、$u_{1\tau}$ 和 u_{2n}、$u_{2\tau}$。通过这种分解，可以更容易地分析和计算流体在激波前后的各项参数变化，如密度、压强、温度等，进而获得流体动力学中的相关关系。

从质量守恒角度来看，穿过激波面前后流体的质量应保持不变。由于只有垂直于激波面的速度 u_{1n} 会产生穿过激波面的流量，因此连续性方程可写为

$$\rho_1 u_{1n} = \rho_2 u_{2n} \tag{7-61}$$

从动量守恒的角度来看，由于激波面非常薄，因此切向方向上的受力可以忽略。在这种情况下，切向方向满足动量守恒条件，即

$$\rho_1 u_{1n} u_{1\tau} = \rho_2 u_{2n} u_{2\tau} \tag{7-62}$$

这个方程表达了在激波过程中流体的质量守恒条件，在分析激波前后流体状态变化时具有重要意义。

而在法向方向上，激波面两侧的压强是不同的，压差的存在会使得流体经过

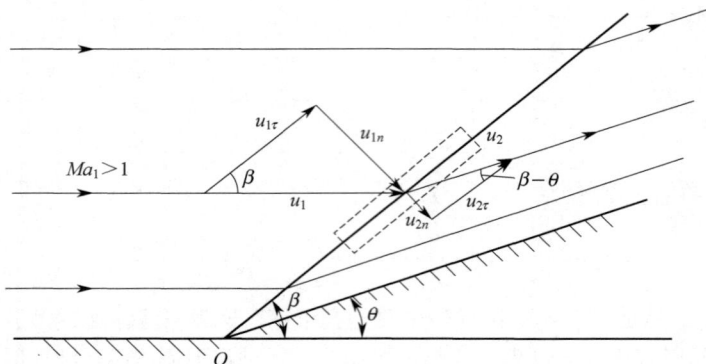

图 7-5 斜激波

激波面产生法向动量差，所以动量方程可写为

$$\rho_2 u_{2n}^2 - \rho_1 u_{1n}^2 = p_1 - p_2 \tag{7-63}$$

该式与式（7-35）形式相同。这个动量方程反映了在激波面处，流体的动量变化与压强变化之间的关系，并且可以用来分析激波过程中流体状态参数的变化。可见在垂直于波面方向上，斜激波的动量方程与正激波相同。

由式（7-61）和式（7-62）可得

$$u_{1\tau} = u_{2\tau} \tag{7-64}$$

这确实说明流体穿过斜激波时，只有法向速度发生了突变，而切向速度保持不变。斜激波垂直于波面上的变化规律与正激波是相似的。结合正激波前后参数关系式（7-48）～式（7-60），可以推导出经过斜激波前后流体参数的关系式，即

$$Ma_2^2 \sin^2(\beta - \theta) = \frac{2 + (\kappa - 1) Ma_1^2 \sin^2 \beta}{2\kappa Ma_1^2 \sin^2 \beta - (\kappa - 1)} \tag{7-65}$$

$$\frac{u_{2n}}{u_{1n}} = \frac{2 + (\kappa - 1) Ma_1^2 \sin^2 \beta}{(\kappa + 1) Ma_1^2 \sin^2 \beta} \tag{7-66}$$

$$\frac{\rho_2}{\rho_1} = \frac{(\kappa + 1) Ma_1^2 \sin^2 \beta}{2 + (\kappa - 1) Ma_1^2 \sin^2 \beta} \tag{7-67}$$

$$\frac{p_2}{p_1} = 1 + \frac{2\kappa}{\kappa + 1} (Ma_1^2 \sin^2 \beta - 1) \tag{7-68}$$

$$\frac{T_2}{T_1} = \left(\frac{2\kappa}{\kappa + 1} Ma_1^2 \sin^2 \beta - \frac{\kappa - 1}{\kappa + 1} \right) \frac{2 + (\kappa - 1) Ma_1^2 \sin^2 \beta}{(\kappa + 1) Ma_1^2 \sin^2 \beta} \tag{7-69}$$

$$\frac{p_{02}}{p_{01}} = \left[\frac{(\kappa + 1) Ma_1^2 \sin^2 \beta}{(\kappa - 1) Ma_1^2 \sin^2 \beta + 2} \right]^{\frac{\kappa}{\kappa - 1}} \left[\frac{\kappa + 1}{2\kappa Ma_1^2 \sin^2 \beta - (\kappa - 1)} \right]^{\frac{1}{\kappa - 1}} \tag{7-70}$$

要想获得上述参数的比值，就需要求得激波倾角 β。对于斜激波，由于

$u_{1\tau}=u_{2\tau}$，可得

$$\tan\beta=\frac{u_{1n}}{u_{1\tau}},\tan(\beta-\theta)=\frac{u_{2n}}{u_{2\tau}},\frac{\tan(\beta-\theta)}{\tan\beta}=\frac{u_{2n}}{u_{1n}} \tag{7-71}$$

将式(7-66)代入式(7-71)可得

$$\frac{\tan(\beta-\theta)}{\tan\beta}=\frac{2+(\kappa-1)Ma_1^2\sin^2\beta}{(\kappa+1)Ma_1^2\sin^2\beta} \tag{7-72}$$

整理可得

$$\tan\theta=\cot\beta\frac{Ma_1^2\sin^2\beta-1}{Ma_1^2\left(\dfrac{\kappa+1}{2}-\sin^2\beta\right)+1} \tag{7-73}$$

根据式(7-73)，可将激波倾角 β 与气流折转角 θ 的关系绘制成图 7-6。

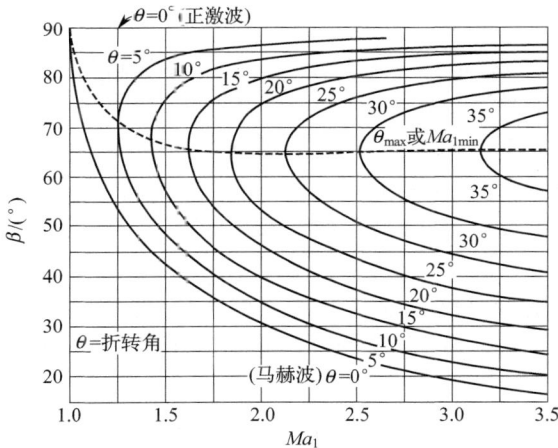

图 7-6　激波倾角 β 与气流折转角 θ 的关系曲线

从图中可知，当折转角 θ 为 0°时，激波倾角与马赫角相同，此时激波倾角可用马赫角公式 $\sin\beta=1/Ma$ 计算。在相同的来流马赫数下，随着折转角 θ 的增大，激波倾角 β 也随之增大。

例 7-2　如图 7-7 所示，来流以马赫数为 2 的速度流经顶角为 20°的楔形，请计算激波倾角、激波后马赫数和激波前后总压比。如果 20°的楔形分两次 10°折转，试计算此时的激波后马赫数和激波前后总压比有何变化？（空气绝热指数 $\kappa=1.4$）

解　根据 $Ma_1=2$ 和 $\theta=20°$，查图 7-6 可得，激波倾角 $\beta=53.5°$。

根据式(7-65)，可得经过激波后的马赫数为

$$Ma_2=\sqrt{\frac{2+(\kappa-1)Ma_1^2\sin^2\beta}{\left[2\kappa Ma_1^2\sin^2\beta-(\kappa-1)\right]\sin^2(\beta-\theta)}}=1.207$$

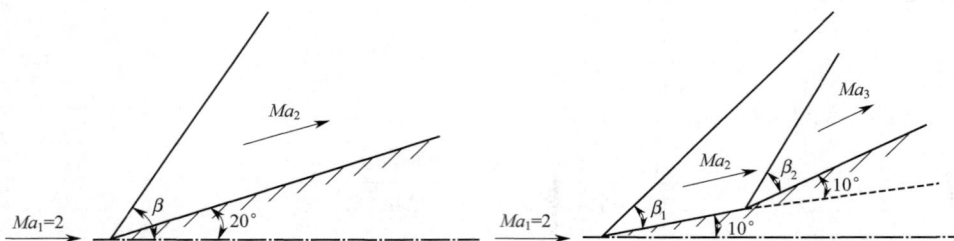

图 7-7　激波经过两种结构形成的斜激波结构

根据式(7-70)，可得激波前后总压比为

$$\frac{p_{02}}{p_{01}}=\left[\frac{(\kappa+1)Ma_1^2\sin^2\beta}{(\kappa-1)Ma_1^2\sin^2\beta+2}\right]^{\frac{\kappa}{\kappa-1}}\left[\frac{\kappa+1}{2\kappa Ma_1^2\sin^2\beta-(\kappa-1)}\right]^{\frac{1}{\kappa-1}}=0.893$$

如果 20°的楔形分两次 10°折转，根据 $Ma_1=2$ 和 $\theta=10°$，查图 7-6 可得，激波倾角 $\beta=39.5°$。根据式(7-65) 和式(7-70) 计算得到经过第一个激波后的马赫数为 1.626，第一个激波前后总压比为 0.984。

以第一个激波后的数据为基础，根据 $Ma_1=1.626$ 和 $\theta=10°$，查图 7-6 可得，激波倾角 $\beta=50°$。根据式(7-65) 和式(7-70) 计算得到经过第二个激波后的马赫数为 1.268，第二个激波前后总压比为 0.988。两个激波前后的整体的总压比为 $0.984\times0.988=0.972$。

当总折转角一样时，将一次折转改为两次折转，可使经过激波后马赫数从 1.207 升高到 1.268，总压比从 0.893 增加到了 0.972。可见，两次折转的损失要更小。

对于可压缩流体流动，本章仅简要介绍了一些最基础的知识。在实际应用和研究中，可压缩流体流动的内容非常丰富，并形成了一个独立的研究领域——**空气动力学**。这一领域在航空航天等高速流体研究中占据着重要地位。空气动力学涉及气体流动的各种现象，包括但不限于激波、边界层、升力与阻力等。这些现象在设计飞机、火箭以及其他高速飞行器时至关重要。感兴趣的同学可以查阅相关资料进行学习，可以进一步加深对可压缩流体流动与空气动力学的理解和应用。

【拓展阅读】

丹心育才，气动报国：陆士嘉的科学家精神与教育传承

陆士嘉（1911—1986 年），女，原名陆秀珍，祖籍浙江省萧山县。她是中国著名的流体力学家、教育家，北京航空航天大学的主要筹建者之一，也是我国第一个空气动力学专业的创办者。她长期从事空气动力学的研究与教学，主导旋涡、分离流和湍流结构的研究，曾任民盟第五届中央委员，第六届全国政协常

委。陆士嘉教授的一生充满了传奇色彩，她以坚韧不拔的科学精神、卓越的学术成就和无私奉献的高尚品质，赢得了广泛的尊敬和爱戴。

陆士嘉（1911—1986 年）

一、书香少女立科学报国志

1911 年 3 月 18 日，陆士嘉出生于书香门第，但幼年丧父，寄居北平叔父家。寄人篱下的生活并没有磨灭她求学的信心，更锻造了她坚韧的品格。在她就读于北京师范大学附属中学时，恰逢国家内忧外患，她经历了"三一八惨案"。在求学期间，她大量阅读鲁迅等革命先驱的著作，在进步思想的影响下，立下救国救民的伟大志向。

在上初二的时候，陆士嘉从朋友那里借到了一本《居里夫人传》，她为居里夫人所倾倒，书中"科学界只认成就，不分性别"的精神震撼了她。"当中国的居里夫人！"——15 岁的誓言成为了她的人生航标。在坚定信念的指引下，她在 1929 年考入不收学费的北京师范大学物理系，并靠半工半读顺利完成学业。

二、远渡重洋成名师高徒

毕业后陆士嘉前往河北大名第三女子师范学校和北京志成中学任教，但是渴求留学深造以改变祖国科学技术落后面貌的愿望却更加强烈了。1937 年，她克服重重困难，自费赴德留学，进入德国哥廷根大学学习，而当时闻名世界的近代流体力学奠基人普朗特教授正在该校执教。卢沟桥事变后，听闻祖国遭日军轰炸，她想到学航空知识将来能为祖国作贡献，便毅然放弃物理学，选择了航空科学，并决心做普朗特教授的研究生。普朗特教授从未收过女研究生，也不愿意接收当时处于落后地位的中国学生，并以此为由拒绝了她。但她坚持请求以考试证明能力，坚称"如果我考试成绩不好，我决不乞求"。面对这位有强烈民族自尊心、倔强和自信的中国姑娘，普朗特同意她参加考试，而陆士嘉的考试成绩之好使普朗特深感意外。她以自己坚强的毅力和优异的成绩成为普朗特唯一的女研究生，也是唯一的中国学生，同时也是这位著名教授的关门弟子。

在德国求学期间正处于第二次世界大战，德国实验室对中国学生严格封锁。没有实验数据，她就用严密的理论方法处理复杂的流体力学问题。最终她以《圆柱射流遇垂直气流时的上卷》的论文，获得了博士学位，并以优异成绩获得洪堡奖学金。

三、毅然归国，筑中国航空宏图

1946年回国之后，陆士嘉曾先后在天津北洋大学航空系、清华大学水工试验研究所任教。1952年参与筹建北京航空航天大学，自费买肥皂与教师制作校园规划模型，这也是北航最早的蓝图。1956年她与钱学森联名提议，创建首个空气动力学专业。她亲授《黏性流体力学》，并带领年轻教师写出了中国最早的《高速黏性流体力学》、《电磁流体力学》和《高超音速流、附面层理论》等学科分支的讲义和著作。这些珍贵的资料不仅为北京航空航天大学，也为其他高校提供了早期教学的教材。

此后，她积极参与创建了一整套低速风洞和我国第一个高速风洞。1982年，她发起并主持了在福州举行的全国第一届边界层和黏性流体力学会议，对新兴流体力学分支在中国的发展起到了很大的推动作用。

四、赤子之心育国家栋梁

1954年，在陆士嘉先生的主持下招收了空气动力学学科最早的研究生，并创办了中国最早的空气动力学本科专业。她明确提出，这是为航空航天建设服务的工程性质的专业，教学计划要根据中国实际情况制定，教学上应理论教学与实验教学并重，强调教学科研要结合生产实践。这为北京航空航天大学空气动力学专业的教学和研究奠定了基础。

数十年来，北京航空航天大学的空气动力学专业，为国家培养了诸多人才，为推动中国空气动力学的发展作出了很大贡献。同时，陆士嘉先生一贯重视国际流体力学的发展，重视与国外的交流和合作，她先后推荐过几十名流体力学工作者出国学习、进修、交流和合作。

五、无私奉献树人格丰碑

陆士嘉先生的一生充满了高风亮节和无私奉献的精神。她曾多次主动放弃个人名利和荣誉，把机会让给更多有成就的年轻人。1981年，她两度退出中科院学部委员（院士）增选，致信中国科学院表示"绝不能因我们挡住年轻人"。她还曾在国家困难时期主动申请降薪，并坚持每月多缴党费以支持国家建设。此外，她还匿名捐助灾区、困难群众数十次，并供养多名亲属子女完成大学学业。她的高尚品质赢得了广泛尊敬和爱戴，被誉为"为年轻人铺路的石子"。

陆士嘉先生作为中国空气动力学的奠基者之一，她的一生为中国的航空事业和教育事业作出了巨大贡献。她的学术成就和精神品质不仅为后人树立了榜样，也为中国科学事业的发展注入了强大的动力。她被誉为"中国的居里夫人"和"巾帼不让须眉的典范"。她的学生遍布航空航天系统，许多人都成为了业务领导和科研骨干，为中国的航空事业作出了重要贡献。同时，她的故事和精神也激励着无数学子不断追求卓越，勇攀科学高峰。

思考题

1. 小扰动波和激波的本质区别是什么？
2. 与不可压缩流体相比，流体的可压缩性给流动带来了哪些影响？
3. 流体中的声速受哪些因素的影响？
4. 流体穿过正激波与穿过斜激波，参数变化规律有何相同与不同？
5. 在超声速流动中，斜激波和马赫波有何异同？

习题七

1. 在标准状态下（$T=288K$），空气绝热指数 $\kappa=1.221$，$R=286.85N \cdot m/(kg \cdot K)$，请计算此时的声速为多少？

2. 在 15km 的高空，温度 $T=200K$，空气绝热指数 $\kappa=1.221$，$R=286.85N \cdot m/(kg \cdot K)$，请计算此处的声速为多少？

3. 超声速气流通过一正激波，若激波前后流体密度比为 2，求激波前后的速度比和压强比。

4. 已知马赫数为 3.0 的气流绕半角为 15°的楔形壁面流动，求激波后的马赫数以及激波前后的总温比、总压比。

5. 空气在管道中以 200m/s 的速度流动，压强为 $1.5 \times 10^5 Pa$，温度为 300K。某瞬时管道末端阀门突然关闭，于是形成一道正激波逆流向管道内部传播（图 7-8）。试求该激波相对于管壁的传播速度。

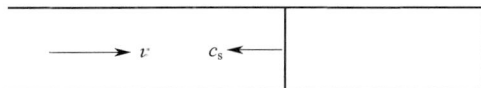

图 7-8 习题 5 附图

6. $T=288K$ 的空气以 $u=500m/s$ 的速度流过一个二维楔形产生 50°的斜激波，试求激波后的速度和楔形的半顶角。

7. 为求超声速风洞试验段气流马赫数，在其内放置一个顶角 30°的楔形，当气流方向与楔形轴线一致时测得顶点激波倾角为 50°，请计算来流马赫数。

第8章

湍流高级数值模拟基础

理论分析、实验研究和数值模拟是研究流体流动问题的主要方法，其各自具有不同的优缺点。**理论分析**：具有普遍性，但需要对问题进行抽象和简化，建立相应的理论模型，因此可能无法完全反映实际情况。**实验研究**：实验结果真实可靠，能更接近实际流动情况，在处理复杂流动时，测量难度较大，并且通常需要大量的经费、人力和物力资源。**数值模拟**：也称为计算流体力学或计算流体动力学（简称 CFD），能够弥补理论与实验的不足，特别适用于分析复杂现象，如旋涡生成与演化、流动分离等。随着计算机技术和数值计算方法的进步，CFD 的应用范围日益扩大，尤其在湍流这种复杂流动状态的研究中发挥了重要作用。

本章将介绍湍流高级数值模拟的基础知识，包括网格生成技术、离散方法以及数值求解方法等。通过对这些基础知识的学习，能够更好地理解如何利用 CFD 方法进行湍流及其他流动现象的数值模拟，为相关的工程应用和研究提供支持。

8.1 数值模拟基本概念

数值模拟是一种通过求解计算域内有限离散点上的变量值来近似描述流动特征的方法，这与物理模型实验中通过测量有限位置的特征量来研究流体运动特性的方式非常相似。在工程流动问题的研究中，数值模拟分析流动特性逐渐成为一种重要的手段，其优势包括不受场地限制、研究周期短、成本低且信息全面等。然而，由于计算能力和认识水平的限制，数值结果需要经过验证才能应用于实际工程。

数值模拟的主要步骤包括：

① **建立数学模型**：根据物理规律建立数学模型，通常需要根据实际情况对

湍流运动的基本方程（如 N-S 方程）进行必要的简化，并确定求解条件（边界条件、初始条件等）。

② **网格划分**：确定计算范围并进行网格划分。不同的网格类型（如结构化网格、非结构化网格、适应性网格）各有优缺点，对计算区域的适应能力也不同，因此需要根据计算区域的特点选择合适的网格。

③ **方程离散与程序编制**：选择合适的计算方法（如有限差分法、有限元法或有限体积法）对控制方程进行离散化处理，并编写相应的求解程序，然后进行调试以确保程序的正确性和稳定性。

④ **验证计算与模拟计算**：使用典型的算例或实测数据进行标定和验证计算，以检验数值模拟的准确性。经过验证后，进行实际问题的模拟计算。

⑤ **结果后处理**：将计算结果以图表、contour 图、流线图等形式展示，并进一步分析，如流动特性、压强分布、温度场等，得出相关结论和工程应用建议。

通过上述步骤，数值模拟能够有效地分析和预测流体流动特性，为工程设计、优化和改进提供重要依据。

8.1.1　网格生成技术

数值计算的第一步就是生成合适的计算网格，即将连续的计算域离散为网格单元。网格生成技术在 CFD 中扮演着极为重要的角色。在现代 CFD 的工作流程中，网格生成往往占据整个计算周期人力时间的约 60%。这一比例显示了网格生成在整个计算中的重要性。网格质量的好坏直接影响 CFD 的计算精度和计算效率。高质量的网格能有效捕捉流场特征，而低质量网格可能导致数值不稳定或计算结果偏差。随着 CFD 应用领域的不断扩展，尤其是在处理更高复杂度的流动现象时，如边界层内、激波附近、分离区等，需要更加精细的网格，这些复杂流动现象的存在，使得网格生成技术的局限性严重制约了复杂流动的数值模拟能力。为了克服上述挑战，网格生成技术正在向更高效和更智能的方向发展，如自适应网格生成、多种网格类型的结合、软件工具的进步等。

综上所述，网格生成技术不仅是 CFD 的基础，同时也是推动流体动力学研究与应用发展的一个重要分支学科。通过提升网格生成技术的水平，可以显著提高复杂流动模拟的准确性和效率。

8.1.1.1　网格分类

在数值模拟中，根据网格的拓扑结构，计算网格可以分为两大类：**结构化网格**和**非结构化网格**。这两种网格类型在节点之间的连接方式和存储结构上存在显著差异。

结构化网格中的网格单元之间存在规则的拓扑关系。节点之间的连接顺序是隐含的，可以通过各方向的索引(i, j, k)直接确定连接关系。由于结构化网格具有明确的几何排列，通常可以在几何空间进行维度分解，简化计算过程。正交和非正交曲线坐标系中生成的网格都属于结构化网格。这类网格在处理简单几何形状或流动特性较为均匀的区域时表现良好。非结构化网格的特点是节点间的关联没有固定的顺序，节点和单元的编号在空间中随机分布。需要通过特定的数据结构（如联合段、链表等）来存储节点与单元之间的连接信息。这种网格类型适合复杂几何形状和流动特性变化较大的区域，例如分离流或边界层内的流动。

图 8-1 展示了现有的生成复杂计算区域网格的方法，包括结构化网格和非结构化网格的生成技术。当采用适体坐标法时，数值求解首先在计算平面上进行，然后将结果传递到物理空间。在计算平面上，边界形状被简化为正方形或长方形，但这是以控制方程变得更加复杂为代价的。不同类型网格的示意图如图 8-2所示。通过选择合适的网格类型，可以有效提高数值模拟的精度和效率，特别是在复杂流动问题的研究中。

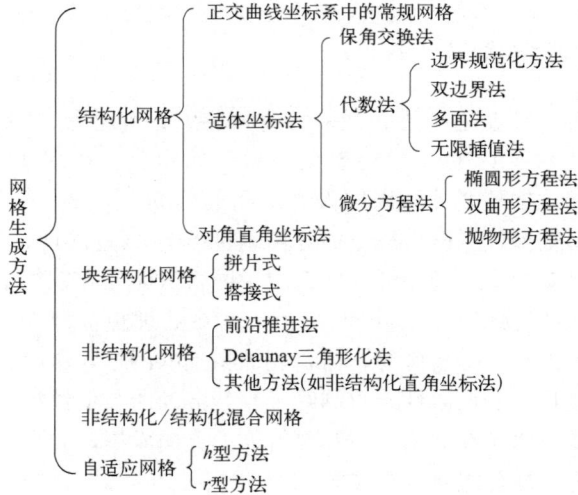

图 8-1　网格分类图

总结：结构化网格计算高效准确，但是网格自适应能力差，复杂外形的结构化网格生成比较困难；非结构化网格自适应能力强，可以处理复杂外形，但是计算精度稍差，而且鲁棒性较弱。

8.1.1.2　数值模拟对网格的基本要求

数值模拟获得的离散解可否较好地逼近原偏微分方程组定解问题的解，不仅取决于原偏微分方程组的离散化方法（即内点计算格式）以及边界条件的离散化

(a) 规则矩形网格

(b) 贴体结构网格及坐标变换

△1 (P1, P2, P6)
△2 (P2, P7, P6)
△3 (P2, P3, P7)
△4 (P3, P8, P7)
△5 (P3, P4, P8)

P10······

△18 (P9, P10, P11)
△19 (P10, P18, P11)
△20 (P11, P18, P16)

(c) 非结构化网格

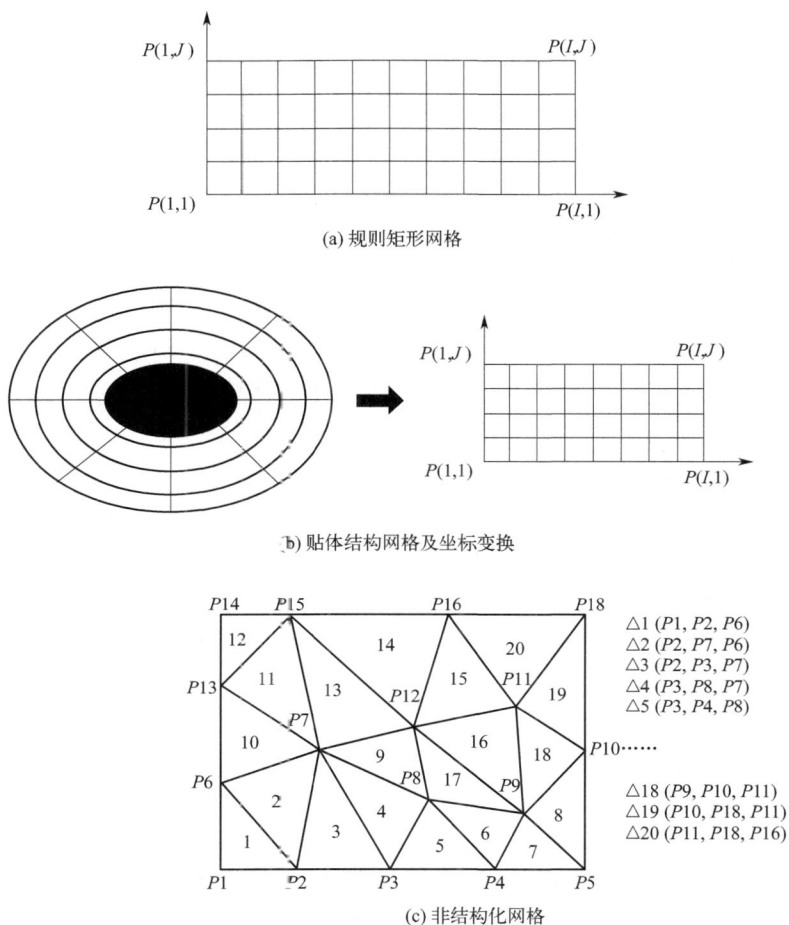

图 8-2　结构化网格与非结构化网格示意图

方法（即边界点计算格式），而且取决于离散点（即网格）的质量。网格的质量一般包括网格的分布合理性、光滑性、正交性等。

（1）网格的分布合理性

比如，以某一流动参数的一维形式 $f = f(x)$ 为例，采用步长为 Δx 的均匀网格，以中心差分来逼近某点 $x = x_i$ 处的一阶导数，则有

$$\left(\frac{\mathrm{d}f}{\mathrm{d}x}\right)_i = \frac{f_{i+1} - f_{i-1}}{2\Delta x} - \frac{\Delta x^2}{6}\left(\frac{\mathrm{d}^3 f}{\mathrm{d}x^3}\right)_i + \cdots \tag{8-1}$$

若用式（8-1）中右边第一项作为一阶导数近似，那么式（8-1）中右边第二项以及以后各项之和即为截断误差。可见，截断误差值与网格点 $x = x_i$ 的位置以及网格步长 Δx 有关。当在流动参数变化剧烈的区域（如边界层和激波），

161

$d^3 f / dx^3$ 的绝对值可能很大。为了确保计算结果的精度，使用密集网格是常见的方法。然而，在整个流场中采用均匀分布的网格可能会导致网格数量急剧增加，从而显著降低计算效率。为了解决这一问题，可以采用自适应网格技术，即在流动参数变化较大的区域生成更密集的网格，而在参数变化较小的区域生成较稀疏的网格。计算过程中可以定期重构网格，以便根据最新的流动特征动态调整网格分布。这种方法既能保证计算精度，又能提高计算效率。

在数值模拟中，处理复杂边界的几何形状时，确保边界条件的高精度是至关重要的。在边界处理过程中，某些物理量常通过插值方法获得。这意味着插值的精度直接影响了边界条件处理的精度。因此，通常要求边界附近的网格线尽可能与边界正交，并且在物面边界附近保持一定的网格节点密度。

由此可见，在求解偏微分方程组的定解问题时，网格的分布起着至关重要的作用。在确保相同解精度的情况下，合理的网格配置可以显著减少所需的网格点数量，从而提升计算效率。经验表明，不恰当的网格分布可能导致数值计算过程的不稳定性或出现无法收敛的问题。

（2）网格的光滑性

对于结构化网格，虽然计算空间中的均匀网格在物理空间中呈现为非均匀网格，但为了获得高精度的数值解，物理空间中的网格变化应当是逐渐过渡的，而不是突然变化的。这种平滑的过渡能够有效避免数值计算中的不稳定性，同时提高数值解的准确性。这意味着在设计网格时，应关注网格点之间的连贯性和变化规律，以确保更好的模拟效果。

以某一流动参数的一维形式 $f = f(x)$ 为例，其具有连续一阶导数。若网格变换 $x = x(\xi)$ 将物理空间变换到计算空间，利用变换关系，可得

$$\frac{df}{dx} = \frac{df/d\xi}{d\xi/dx} \tag{8-2}$$

一般来说，在计算空间计算的 $df/d\xi$ 是连续的，若 $d\xi/dx$ 不连续，则由式(8-2)求出的 df/dx 将是不连续的，但原问题中的 df/dx 却是连续的，这是由于变换关系式 $x = x(\xi)$ 的一阶导数不连续。$d\xi/dx$ 在某一网格点处出现不连续意味着计算空间中的均匀网格对应到物理空间时，该点的网格密度变化过于突然，这将导致该点附近的计算结果存在较大误差。同样地，如果涉及某个流动参数的二阶导数，那么变换关系式 $x = x(\xi)$ 的二阶导数必须是连续的。然而，在实际复杂的外形流动中，很难保证严格的网格变换连续性，因此只能尽量确保网格的光滑过渡。

在结构化网格中，这可以通过一条网格线上相邻网格点的距离之比来表示。而在非结构化网格中，通常采用相邻单元的体积之比、外接圆(二维)或外接球(三维)的半径之比来表征。经验表明，一般建议相邻网格的尺度之比应小于 2，以确保数值计算的稳定性和精度。

（3）网格的正交性

网格的正交性是指在多维情况下，结构化网格中的线（或面）应尽可能保持相互垂直。这一点非常重要，因为非正交或歪斜的网格可能会引发较大的计算误差，从而影响数值解的准确性和稳定性。

以二维问题为例，考察如下的坐标变换：

$$\begin{cases} x = \xi\cos\theta \\ y = \eta + \xi\sin\theta \end{cases} \Longleftrightarrow \begin{cases} \xi = x/\cos\theta \\ \eta = y - x\tan\theta \end{cases} \tag{8-3}$$

式中，$\theta = \text{Const}$。

图 8-3 给出了物理平 0 面(x,y) 与计算平面(ξ,η) 上网格间对应的示意图。

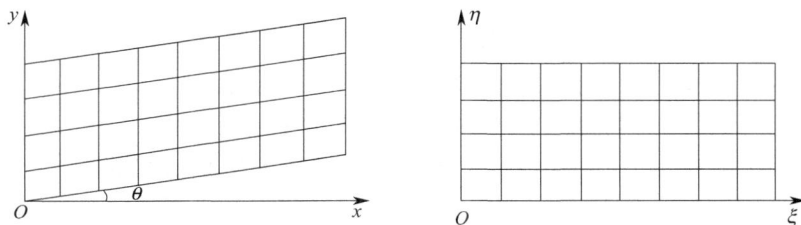

图 8-3　物理平面与计算平面上的网格间对应示意图

由图 8-3 可知，当$\theta = 0°$时，计算平面上的矩形网格单元对应的物理平面上也是正交的。θ 越接近$90°$，则对应在物理平面上的网格歪斜越严重。以二维函数 $f(x,y)$ 的偏导数为例，有

$$\frac{\partial f}{\partial x} = \frac{\partial f}{\partial \xi}\frac{\partial \xi}{\partial x} + \frac{\partial f}{\partial \eta}\frac{\partial \eta}{\partial x} \tag{8-4}$$

由式(8-3) 可知，当$\theta \to 90°$时，$\partial\xi/\partial x \to \infty$，$\partial\eta/\partial x \to \infty$。因此，当$\theta$ 越接近$90°$时，式(8-4) 中右边两项的绝对值都很大，但通常$\partial f/\partial x$ 不会特别大，可见根据式(8-4) 来计算时，将是两个绝对值很大的数求和时大部分相互抵消的结果，从而导致算出的$\partial f/\partial x$ 的误差可能较大。

在物面边界附近，网格的正交性不仅使得边界条件的处理更加方便，还提高了计算的精度。经验表明，网格的正交性对计算的收敛性有显著影响：使用正交性良好的网格可以提升收敛性，并加快收敛速度。在涉及激波的流场计算中，通常要求网格线与激波面保持正交，以更准确地捕捉激波的位置和强度。

8.1.1.3　网格适用性分析

不同的网格类型各具特色，在适应计算区域的能力上存在显著差异。网格适用性分析的目的在于评估各种网格的适用程度，从而为数值模拟时的网格选择提供指导。在评价网格适用性时，应从数值模拟对网格的需求出发，综合考虑网格

布局、计算精度、计算成本以及网格生成和后处理的难易程度等因素。

（1）结构化网格的适用性

目前，曲线网格在结构化网格中得到了广泛应用，尤其是在数值模拟领域。通常，所使用的（非）正交曲线网格是通过求解泊松方程生成的，这一过程类似于计算流动区域内的等势线和流线。因此，生成的网格可以视为由等势线和流线组成，使得网格方向与流动方向基本平行。这种布局在一定程度上减小了网格方向与流向之间夹角过大而导致的数值耗散。

由此可见，曲线网格是流体模拟中常用的一种网格类型。经验表明，只要确保网格方向与流动方向基本一致，且最小内角大于 88°，同时布置合理，其计算精度通常优于非结构化网格。这使得曲线网格成为流体力学模拟中的一个重要选择。

（2）非结构化三角形网格的适用性

非结构化三角形网格的布置非常灵活，具有较强的适应能力，特别是在处理复杂流道或需要局部加密的计算区域时，可以有效提高计算精度。然而，其生成过程相对困难，数据结构也较为复杂，且计算量较大。在相同的网格尺度下，非结构化三角形网格的计算量大约是四边形网格的两倍。因此，在进行流动模拟时，只有在生成合理布局的结构网格确实存在困难的情况下，才应考虑使用非结构化三角形网格。这种选择可以帮助平衡计算效率与精度之间的关系。

（3）非结构化四边形网格的适用性

相较于非结构化三角形网格，非结构化四边形网格在相同的网格尺度下具有更少的网格数量，从而实现更快的计算速度和更高的计算精度。此外，非结构化四边形网格能够更好地适应复杂的边界条件。然而，其生成过程相对复杂，通常采用三角合成法来构建非结构化四边形网格。这一方法首先生成非结构化三角形网格，然后通过合并三角形生成所需的非结构化四边形网格。这种生成方式虽然增加了计算的复杂性，但最终得到的网格可以有效提高数值模拟的效果。

（4）非结构化混合网格的适用性

在数值模拟流体运动时，若流动边界发生变化，计算区域需要相应调整。例如，计算区域可能会经历显著的变化。如果采用传统的非正交曲线网格，网格的走向往往难以与流动方向保持一致。虽然非结构化三角形网格布置较为灵活且便于局部加密，但其计算量通常较大。

为了解决这一问题，可以考虑采用混合网格的方法。具体而言，可以沿主流动方向布置贴体四边形网格，使网格顺应流动方向，从而减少网格数量；在其他区域，则使用非结构化三角形网格来适应复杂的几何边界。这种方法结合了两种网格的优点，既保证了计算精度，又提高了计算效率，从而有效应对流动边界变化带来的挑战。

8.1.2 控制方程离散与求解

在进行 CFD 计算之前，首先需要对计算区域进行离散化。这意味着将空间上连续的计算区域划分成多个子区域，并确定每个子区域中的节点，从而生成网格。接下来，将控制方程在网格上进行离散化，即将偏微分形式的控制方程转化为各个节点上的代数方程组。对于瞬态问题，还需要考虑时间域离散，但由于时间域离散相对比较简单，本节主要讨论空间域的离散。这一过程是 CFD 计算中至关重要的一步，因为合理的离散化直接影响到模拟结果的准确性和稳定性。

8.1.2.1 离散方法概述

控制方程的离散化是将控制方程转化为计算域内有限个离散点的函数值的代数表达式。常用的控制方程离散方法包括有限差分法（finite difference mlethod，FDM）、有限元法（finite element method，FEM）和有限体积法（finite volume method，FVM）。

有限差分法是数值模拟中最早使用的一种方法。首先在求解区域内布置有限个离散点，通常选择网格单元的顶点或中心点，然后用这些离散点的差商来代替微分方程中的微商，从而在每个节点上形成一个包含本节点及其附近节点上所求变量未知值的代数方程。在特定的边界条件下，求解由这些代数方程组成的方程组，进而得到数值解。有限差分法是一种直接将微分方程变为代数方程的数学方法，具有概念清晰、表达简单和便于实现等优点，是发展较早且比较成熟的数值方法。然而，有限差分法只是一种数学近似，所得的离散方程没有考虑节点之间的相互联系，因此流体运动控制方程所具有的守恒性质（如质量守恒、能量守恒等）在差分方程中并不能得到严格保证。此外，对不规则区域的适应性较差，难以处理复杂几何形状。

有限元法的基本思想是将计算区域划分为有限个任意形状的单元，并在每个单元内选择一些合适的节点作为求解函数的插值点。然后，在每个单元内构造插值函数，将微分方程中的变量或其导数改写成节点变量值与所选用的插值函数组成的表达式，根据极值原理（变分或加权余量法）构建离散方程，从而将连续问题转化为离散问题。通过求解得到的离散方程，求得各节点的变量值。有限元法可以采用三角形网格、四边形网格和多边形网格，能够灵活处理复杂的边界问题。然而，有限元法存在计算格式复杂、计算量和存储量较大、大型系数矩阵求解困难且效率低等缺点，因此在流动模拟中的应用相对较少。

有限体积法是近几十年发展起来的一种离散方法。首先将计算区域划分为有限个任意形状的单元，对待解的微分方程沿着每个控制体进行积分，得出一组离散方程。这一过程能够确保物理量在控制体内的守恒性。在积分过程中，需要对界面上被求函数本身及其一阶导数的构成方式作出合理假设，从而保证计算精度。根据控制体上得出的积分形式，构建出对应的代数方程组。有限体积法与有限元法类似，可以基于三角形网格、四边形网格和多边形网格求解，对复杂区域的适应能力较强，且计算量较小，物理意义明确。此外，由于该方法大多采用守恒型的离散格式，在局部单元和整个计算区域内都能保证物理量守恒，且容易处理非线性较强的流体流动问题，因此在 CFD 领域得到了广泛的应用。一些成熟的商用软件如 Phoenics、Fluent、Star-CCM＋等都采用了有限体积法。

有限差分法、有限元法和有限体积法三者在离散方程的思路上存在显著区别：①有限差分法是点近似，采用离散的网格节点上的值近似表达连续函数，数值解的守恒性较差。②有限元法是分段（或分块）近似，单元内的解是连续解析的，单元之间近似解是连续的，此外有限元法对计算单元的划分没有特别的限制，处理灵活，特别是在处理复杂边界的问题时，优点更为突出。③有限体积法可以看作是有限差分法和有限元法的中间产物，有限体积法只求解变量在控制体节点或中心处的值，这与有限差分法相似，而沿着控制体积分时必须假定值在网格之间的分布，这又与有限元法相似。因此，有限体积法物理概念清晰，兼备有限元法和有限差分法的优点。

8.1.2.2 控制方程的通用形式

从物理现象的本质来看，流体运动控制方程（如连续性方程、动量方程、能量方程和物质输运方程）都遵循守恒原理。这些方程可以统一表示为一个通用的形式，该形式包含时间项、对流项、扩散项和源项，即

$$\frac{\partial \rho \phi}{\partial t} + \frac{\partial \rho u_i \phi}{\partial x_i} = \frac{\partial}{\partial x_j}\left(\Gamma_\phi \frac{\partial \phi}{\partial x_j}\right) + S_\phi \tag{8-5}$$

式中，ϕ 为通用变量，可以表示不同的待求变量；Γ_ϕ 为广义扩散系数。等号左边第一项为时间项，等号左边第二项为对流项，等号右边第一项为扩散项，等号右边第二项 S_ϕ 为源项。对不同的控制方程，ϕ、Γ_ϕ 和 S_ϕ 具有不同的意义，如对二维流动的连续性方程和动量方程，各变量的意义如表 8-1 所示。其中，$\mu + \mu_T$ 表示黏性系数；p 表示压强；S_i 表示运动方程的源项。

表 8-1　控制方程变量表

方程	ϕ	Γ_ϕ	S_ϕ
连续方程	1	0	0
运动方程	u_i	$\mu + \mu_T$	$-\dfrac{\partial p}{\partial x_i} + S_i$

8.1.2.3 离散方程的求解

代数方程组的求解方法主要分为两大类：**直接法**和**迭代法**。直接法是基于消

去技术的解决方案，理论上可以在固定步骤内准确求解方程组（忽略舍入误差），常用的直接求解法包括 Gramer 矩阵求逆法和 Gauss 消去法。与直接法不同，迭代法是一种逐步逼近的过程，便于编程实现。然而，它可能面临收敛性和收敛速度的问题，因此只能获得满足一定精度要求的近似解。常用的迭代法有 Jacobi 迭代法和 Gauss-Seidel 迭代法。对于大规模的线性方程组，迭代法通常比直接法更高效。

在结构化网格下，离散方程的系数矩阵通常呈现出标准的对角形式：一维问题为三对角矩阵，二维问题为五对角矩阵，而三维问题则为七对角矩阵。针对这些类型的标准对角矩阵离散方程组，已经开发出了高效的 TDMA（tri-diagonal matrix algorithm）算法，该算法专门用于求解一维问题中的三对角矩阵。对于更复杂的二维或三维问题，可以采用逐行逐列交替迭代的方法进行求解。这种方法通过交替更新可以有效地处理具有较高维度的对角矩阵。

在非结构化网格下，由于控制体周围相邻控制体的数量和编号不确定，离散方程的系数矩阵通常是大型稀疏矩阵，并且不一定是严格的对角矩阵。对于这类非标准对角矩阵的离散方程组，一般采用 Gauss-Seidel 迭代法进行求解。实际上，大多数工程流动问题呈现出非线性特征，这导致离散方程的系数往往与待求变量相关。尽管名义上这些方程是线性的，但在收敛之前，系数矩阵需要不断调整。因此，离散方程的迭代求解可分为两个主要任务：一是修正非线性方程组的系数（称为外迭代），二是求解线性代数方程组（称为内迭代）。在求解过程中，内迭代不必一次迭代至完全收敛，而是在迭代一次或几次后即可修正线性方程组的系数，从而实现这两种迭代的同步收敛。只要采用合理的迭代组织方式，其计算效率往往高于直接法，尤其是在节点数量较多的情况下，更显其优势。

8.1.2.4 误差来源及控制

流动数值模拟中的误差主要来源于以下几个关键环节：

① **模型建立**：在根据物理现象构建数学模型时，因对流动本质理解不足，可能会引入建模误差。这种误差源于控制方程、边界条件和物性参数无法准确反映真实的物理背景。

② **网格划分**：网格的布局和尺度直接影响计算结果，因此不合理的网格划分会引入相应的计算误差，例如，网格大小不均或分布不当导致的结果偏差。

③ **方程离散**：由控制方程离散过程中的截断误差、计算边界处理不合理引入的误差、网格的疏密与分布以及网格的正交性等因素导致的误差，还包括非稳态问题的时间项离散误差。

④ **模型计算**：模拟过程中产生的计算误差有两种：一是浮点运算的舍入误差；二是由离散方程求解过程中不完全迭代引入的误差。

⑤ **结果整理**：这一环节通常不会引入显著误差，主要是对计算结果进行后处理。

对于数值模拟的误差来源，可以参考以下的分类和定义。数学模型的误差来源主要分为建模误差、离散误差和计算误差三大类，如图 8-4 所示。

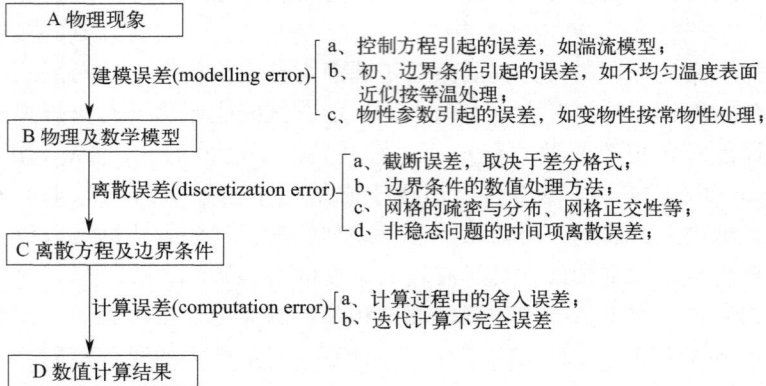

图 8-4　数值模拟误差分类

对于不同类型的流动问题，数值模拟误差的影响程度和重要性确实存在显著差异。对非恒定流模拟而言，其建模误差、离散误差与恒定流模拟基本相同，但是由迭代不完全所造成的计算误差却有别于恒定流模拟。这是因为恒定流求的是线性方程组的收敛解，而非恒定流求的是线性方程组的收敛过程，在求解的过程中线性方程组的迭代计算是不完全的。凡是影响线性方程组收敛特性的计算参数和技术手段，都可能对非恒定流的模拟结果产生重要影响。在恒定流模拟中，时间步长的影响仅限于截断误差，但是在非恒定流模拟中，时间步长的影响则不仅限于截断误差，还包括迭代不完全所造成的计算误差。

在数值模拟中，除了浮点运算的舍入误差外，其他类型的误差通常可以采取一定措施来减小，如采用精度更高的湍流模型、优化网格布局、采用高精度离散格式等。实际上，许多措施往往是以计算量的增加为代价的。因此，流动问题的数值模拟应在计算精度和计算量之间寻求平衡点，应致力于寻求能满足精度要求的高效模拟方法。

8.1.3　高级数值模拟方法简介

在工程和自然界中，流动现象大多以湍流的形式存在。湍流具有三维和非稳态的特点，包含多种特征尺度的旋涡，这些旋涡能够增强流场的搅动和物质混合效果。湍流脉动在时间和空间上表现出广泛的尺度分布，因此精确描述其运动是非常复杂的。因此，研究平均湍流脉动的输运量封闭方法及其相关的封闭方程

（即湍流模型），并不断发展与改进这些模型，已成为工程领域湍流研究和应用的主流方向。目前，使用湍流模型进行数值求解湍流平均方程依然是工程湍流计算的主要手段。

湍流模拟方法主要有**直接数值模拟（DNS）**、**大涡数值模拟（LES）**和**雷诺时均模拟（RANS）**。其中，DNS 方法通过直接求解 N-S 方程对湍流进行计算，最大的优势在于无须对湍流流动进行任何简化或近似，从而理论上能够提供相对准确的模拟结果。然而，在高雷诺数流动中，一个 $0.1\text{m}\times0.1\text{m}$ 的区域可能包含尺度为 $10\sim100\mu\text{m}$ 的旋涡。因此，要全面描述所有尺度的旋涡，DNS 所需的网格数量将高达 $10^9\sim10^{12}$；同时，由于湍流脉动的频率约为 10kHz，时间步长必须小于 $100\mu\text{s}$。这使得 DNS 仅适用于低雷诺数的简单湍流问题，而难以应对实际工程中的高雷诺数流动，但其模拟结果仍然有助于揭示湍流的发生机制。

为了解决 DNS 方法的局限性，研究人员提出了 RANS 方法来模拟实际工程问题。虽然 DNS 能够提供流动中旋涡结构的详细信息，但这些结果对解决实际工程问题的意义有限。从工程应用的角度来看，更关注湍流引起的平均流场变化，即整体效果。RANS 方法的核心思想是通过求解时均化的雷诺方程，而非直接求解 N-S 方程，以获得流动物理量的平均值。这样一来，RANS 方法所需的网格数量和计算时间显著减少，且其计算结果能够满足工程需求，因此在工程领域得到了广泛应用。然而，RANS 方法需要引入不同类型的湍流模型，如零方程、一方程和两方程模型，这些模型在普适性方面存在不足。随着实际研究问题的复杂性增加以及分析深度的提升，流动中出现的各种奇异现象变得难以解释，因此亟须获取更为详尽的流动信息。显然，RANS 所获得的平均流动信息无法完全满足这些需求，而 DNS 虽能提供详细信息，但由于高计算成本，目前仍不具备实际工程应用的可行性。因此，迫切需要一种新型数值方法来有效解决上述矛盾。

LES 方法有效地弥补了 RANS 和 DNS 存在的不足，其基本思想是对流场进行空间过滤，将流动分为大尺度脉动和小尺度脉动；直接计算大尺度脉动，而小尺度脉动对大尺度脉动的影响则通过亚格子应力模型来表征，从而能够在瞬时流场中获得更详细的流动细节。采用 LES 方法可以显著降低计算网格数量（在相同雷诺数下，LES 所需网格数比 DNS 少一个数量级），同时增加时间步长。此外，由于小尺度结构被近似认为是各向同性的，因此所建立的亚格子应力模型具有更好的普适性，有效解决了 RANS 模型缺乏普适性的问题。虽然 LES 方法仍然需要较大的计算量，但随着计算机技术的迅猛发展，LES 在实际工程中的应用逐渐变得可行，例如，在分析流体机械内部非定常流动等问题时，LES 方法展现出良好的潜力。因此，LES 方法已成为当前 CFD 研究与应用的一个重要热点。

8.2　直接数值模拟方法

直接数值模拟（DNS）是直接求解 N-S 方程来模拟湍流现象的方法。为了精确描述所有尺度的旋涡，计算网格必须小于最小旋涡尺度。数值求解的方程组如下

$$\left. \begin{array}{l} \dfrac{\partial u_i}{\partial t} + u_j\,\dfrac{\partial u_i}{\partial x_j} = -\dfrac{1}{\rho}\dfrac{\partial p}{\partial x_i} + \upsilon\,\dfrac{\partial^2 u_i}{\partial x_j \partial x_j} + f_i \\[3mm] \dfrac{\partial u_i}{\partial x_i} = 0 \end{array} \right\} \tag{8-6}$$

以上方程无量纲化后 $\rho=1$，$\upsilon=1/Re$，雷诺数 $Re=UL/\upsilon$；U 是流动的特征速度；L 是流动的特征长度。高雷诺数湍流是指 $Re\gg1$ 的流动。

Orzag 和 Patterson（1972）首次利用 DNS 研究了各向同性湍流，当时网格数只有 32^3，雷诺数 $Re_\lambda=35$。目前，各向同性湍流 DNS 的最大网格数可达 4096^3，对应的雷诺数 $Re_\lambda \sim O\ (10^3)$。DNS 能够提供湍流场的完整信息，而实验测量通常只能获取有限的流场数据。例如，实验中难以测量压强脉动和流场中的涡量分布等参数，而在 DNS 中，这些信息可以轻松获得。因此，DNS 为深入研究湍流特性提供了可靠的原始数据。此外，DNS 能够实时捕捉流动的演化过程，使其成为研究湍流控制方法的有效工具。利用 DNS 数据库，研究人员还可以评估现有的湍流模型，从而探索改进这些模型的途径。这使得 DNS 在湍流研究领域具有重要的应用价值。

湍流是多尺度的不规则运动，湍流 DNS 和层流数值计算存在显著差异：①湍流脉动具有宽带的波数谱和频谱，这就要求湍流 DNS 必须具备较高的时间和空间分辨率，以捕捉到所有相关的旋涡结构。②为了获取湍流的统计特性，需要大量的样本流动数据。如果湍流处于时间平稳状态，则需要足够长的时间序列来确保结果的可靠性。在充分发展的湍流中，通常需要进行超过 10^5 个时间积分步，以获得有效的统计信息。

8.2.1　直接数值模拟的空间分辨率

以均匀各向同性湍流为例，在正方体均匀网格中分析湍流 DNS 的空间分辨率与流动雷诺数的关系。假定各向同性湍流的含能尺度或积分尺度为 l，Kolmogorov 耗散尺度为 η。

为了足够准确地计算湍流的大尺度运动，正方体的长度 L 必须大于含能尺度 l，另外，为了保证准确模拟湍流小尺度运动，网格尺度 Δ 必须小于耗散尺度 η。因此，一维网格数至少应满足以下不等式

$$N_x = L/\Delta > l/\eta \tag{8-7}$$

Kolmogorov 耗散尺度 $\eta \sim (\upsilon^3/\varepsilon)^{1/4}$，而 $\varepsilon \sim u'^3/l$（u' 是脉动速度均方根值），将这些关系式代入式（8-7）可得

$$N_x > (Re_l)^{3/4} \tag{8-8}$$

式中，$Re_l = u'l/\upsilon$。

三维总网格数 N 则至少应满足

$$N = N_x N_y N_z > (Re_l)^{9/4} \tag{8-9}$$

例如，$Re_l = 10^4$，就要求网格数 $N = 10^9$，这是非常大的网格数量。

直接数值模拟实际工程湍流运动时，对网格分辨率的要求更加严格。例如，计算边界层湍流，横向的计算域长度 $L_y \sim O(\delta)$，纵向计算域长度 $L_x \sim 10\delta$，可见它们均大于湍流脉动的积分尺度。因此，根据式（8-8），直接数值模拟剪切湍流所需的网格数量比模拟各向同性湍流的更多。为了实现剪切湍流的 DNS，可以考虑适当放宽耗散尺度的要求。由于湍动能耗散的峰值尺度大于 Kolmogorov 耗散尺度，因此可以要求网格尺度 $\Delta \sim O(\eta)$，而不要求 $\Delta < \eta$。Moser 和 Moni 等（1987）曾估计，在槽道湍流中，绝大部分的湍动能耗散发生在尺度大于 15η 的湍流脉动中。实际上，大部分壁湍流的 DNS 中，除了垂直于壁面方向的近壁分辨率外，在流向和展向的分辨率都大于 η，例如，$\Delta x \sim \Delta z \sim (5 \sim 10)\eta$。经验表明，基于此网格分辨率的 DNS 结果足以揭示壁湍流中的湍流输运过程和雷诺应力生成机制。

应当指出，网格尺度与计算方法密切相关。谱方法的数值精度最高，而差分法的精度则取决于所采用的差分格式。Moni 等（1998）曾估计，在同等的计算精度下，如果谱方法的网格尺度是 1.5η 的话，二阶中心差分的网格尺度应是 0.26η，四阶中心差分的网格尺度则为 0.55η。

均匀湍流 DNS 的计算域长度由湍流脉动的大尺度决定。经验表明，计算域的长度应为积分尺度的 $8 \sim 10$ 倍。过小的计算域将丧失一部分大尺度湍动能。对于壁湍流，流向计算域长度应当大于 $2000\upsilon/u_\tau$（约为近壁条带平均长度的 2 倍），展向计算域长度应当大于 $400\upsilon/u_\tau$（约为近壁条带平均间距的 4 倍）。过小的计算域将无法包含湍流大尺度拟序结构，从而不能够正确模拟壁湍流中的动量和能量输运。对于雷诺数超大的流动模拟，流向计算域长度至少应为槽宽的 10 倍，展向计算域至少应为槽宽的 3 倍。

8.2.2　直接数值模拟的时间分辨率

为了保证计算的稳定性和准确性，数值计算的时间步长必须满足 CFL（Courant-Friedrichs-Lewy）条件，即

$$\Delta t \leqslant C \frac{\Delta}{u'} \qquad\qquad (8\text{-}10)$$

式中，C 是 CFL 数，是一个关键参数，通常取值在 $0\sim1$，以确保数值计算的稳定性。

CFL 条件的核心意义在于，它限制了时间步长的大小，从而保证在一个时间步内，信息传播的距离不超过一个网格单元。如果时间步长过大，可能导致数值解的不稳定或不准确。在实际应用中，针对不同的方法和问题类型，CFL 数的选择也有所不同。一般来说，对于显式方法，通常取较小的 CFL 数（如 0.1），而对于隐式方法，由于其天然的稳定性，CFL 数可以取较大的值（如 1.0）。此外，CFL 条件还与具体的数值方法和求解的问题类型有关。例如，在处理对流项时，CFL 条件可能需要更加严格的限制，而在处理扩散项时，限制可以相对放宽。为了减少计算量，可以考虑采用部分隐式推进的策略，增大时间步长。例如，对于黏性项采用隐式处理，而对于对流项仍然采用显式方法，这样可以有效地提高计算效率，同时保持数值的稳定性。

在数值计算中，时间推进的长度应当数倍于大涡的特征时间 L/u'，由此可以推算出总的计算步数 N_t 应大于 $L/\Delta \sim (Re_l)^{3/4}$。

8.2.3　初始条件和边界条件

湍流初始条件和边界条件对湍流 DNS 的计算准确性具有重要影响。因此合理设定这些条件是一个关键挑战。在湍流 DNS 中，开放边界上的速度应当反映任意时刻的样本速度，包括平均速度和脉动速度。如果湍流处于定常状态，可以借助类似流动的经验或预估方法来确定开放边界上的平均速度场。然而，脉动速度因其随时间变化而呈现出不规则特性，这种随机过程在事先难以精确预测。此外，初始流场中的脉动速度场的空间随机分布同样无法提前确知。

通常情况下，初始条件和边界条件只能近似设定。这些条件必须符合流动控制方程以及相关的物理约束。例如，在不可压缩流动中，初始速度场的散度必须为零。此外，脉动速度场在长时间和远距离上的相关性也应当趋近于零。这些约束条件确保了模拟结果的物理合理性，并为湍流 DNS 提供了必要的基础。

8.2.3.1　初始条件

（1）均匀湍流

均匀湍流的初始脉动场应具有统计均匀性，要求其既满足连续性方程，又符合能谱约束。初始场的能谱可以基于实验测得的谱，或采用近似的理论谱进行设定。无论选择何种能谱，生成的初始脉动场通常是近似各向同性的。然而，需要经过一段时间的推进，均匀湍流场才能逐渐进入真正的各向同性状态。这一过程对于确保模拟的物理特性和准确性至关重要。

（2）剪切湍流

理想的初始条件应从层流状态开始，并通过适当的扰动使流动自然过渡到湍流。然而，在实际操作中，这种方法往往难以实现预期效果，主要有以下几点原因：①直接数值模拟流动从层流到湍流的转变极具挑战性。流动转变可以通过多种路径实现，而具体哪种类型的扰动能够有效触发这一转变仍在不断研究中。②即使存在能够促使层流转变为湍流的特定扰动，该过程通常也需要较长时间才能完成，这使得模拟变得更加复杂和耗时。③在湍流转捩的最终阶段，流动行为变得极其复杂。这不仅要求极低的数值耗散率，还需要比传统 DNS 更高的网格分辨率和计算精度，以准确捕捉所有细节。这些因素共同导致了在湍流转捩模拟中的困难和挑战，使得实现理想的初始条件变得更加复杂。

以直槽道湍流 DNS 为例，在低于线性不稳定的临界雷诺数的条件下（例如 $Re=3000$），可以尝试结合抛物线速度分布与某种三维线性扰动模态来引发湍流。理论上，期望这些扰动通过非线性相互作用能够促使流动进入湍流状态。然而，在实际计算过程中，情况可能如下：初始阶段，扰动会经历短暂的衰减。在这一阶段，流动似乎保持在层流状态，并未表现出明显的湍流特征。随后，由于非线性效应的影响，扰动开始迅速增长。经过一段时间的发展，从速度分布和扰动强度的变化来看，流动似乎即将达到湍流状态。然而，就在此时，扰动却突然再次减弱，流动最终重新回到层流状态，这种现象被称为**逆转捩**。为了克服这种逆转捩现象，一种有效的方法是在观察到扰动开始衰减时，引入一个满足连续性方程的随机扰动场。这种随机扰动场的引入意在强迫脉动继续增强，促进流动转变为湍流。这种做法与转捩实验中设置绊线以加速转捩过程的原理类似，有助于维持并发展成湍流状态。

在混合层或其他自由剪切湍流中，由于这些流动具有线性不稳定性，扰动始终能够增长。因此，对于这类流动，以层流状态加上不稳定扰动模态作为初始场，通过 DNS 方法模拟湍流的发生和发展过程相对容易。这种方法的优势在于，随着时间推移，所施加的扰动会自然地通过非线性相互作用逐渐放大，从而促使流动转变为湍流。这一过程在数学和物理模型中更具可预测性，使得研究者可以更有效地分析和理解自由剪切流动中的湍流特征及其演化机制。

8.2.3.2　边界条件

（1）固体壁面采用无滑移边界条件

（2）周期性条件

如果湍流脉动在某一方向上是平稳且统计均匀的，那么可以采用周期性边界条件。在该方向上，由于湍流的空间平稳性，入口和出口处的湍流脉动的随机性质是完全相同的。对于空间均匀湍流，可以在三个方向上都采用周期性条件。这种方法在数值计算中较为简单，易于实现，因此在处理缓变的非均匀湍流时，也常常将周期性条件作为近似边界条件。通过这种方式，可以有效地简化计算，同时保持对湍流特征的合理描述。

（3）渐近条件

对于湍流边界层或其他薄剪切层，湍流脉动或涡量主要集中在薄层内；而在三维物体绕流中，湍流脉动或涡量则主要集中在物体表面附近和尾迹区域。在远离这些薄层和物面的渐近区域，速度场逐渐趋近于无旋的均匀场。因此，对于不可压缩流动，可采用以下方法，即

$$\lim_{y \to \infty} u = U_\infty , \quad v = w = 0 \tag{8-11}$$

然而，数值模拟只能计算有限域内的流动，因此渐近条件只能采用近似形式。一种常见的做法是在离开薄层或物体横向一定距离的平面上设置"虚拟边界"，并在该虚拟边界 $y = H$ 上给出以下条件，即

$$u = U_\infty , \quad v = w = 0 \tag{8-12}$$

则此方法的计算精度取决于虚拟边界与薄层或物体之间的距离 H。

（4）进口条件

进口条件属于开放边界条件。对于单方向均匀湍流，如直槽道湍流，可以在垂直于流动的进出口面上采用周期性条件。

对于空间发展的流动，如湍流边界层，需给出进口的速度分布。对于比较简单的空间发展湍流，如流向衰减的格栅湍流、准平行的平面混合层等，可以利用 Taylor 冻结流假设将计算简化，即在一个等速坐标系中将原来的空间发展问题转化成时间演化问题，这样流向可以采用周期性条件。

对于复杂的湍流运动，如果无法采用流向均匀性的近似，就必须明确指定进口条件。一种方法是将进口截面向上游移动一定距离，并在该截面上施加时间上随机的速度脉动分布。在使用这种进口边界条件进行时间推进计算时，随机的速度脉动会向下游传播。尽管这些初始随机脉动并不代表真实的湍流，但经过相当长的传输距离后，它们会逐渐演变成真实的湍流状态。这一发展距离大约是进口处平均位移厚度的 50 倍。另一种改进的方法是在进口前使用流向均匀条件（即在流向上采用周期性条件）来计算一个湍流场，然后将这个算例的出口速度场作为实际问题的进口条件。采用这种方法，可以将初始的发展阶段缩短到大约 20 倍进口位移厚度。此外，还有一种更简便且经济的方法是计算空间发展的湍流边界层流动，利用边界层中湍流脉动量的流向相似性，将出口处的扰动按相似关系赋值到入口处。这种方法能够有效地简化计算，并提高模拟的准确性和效率。

（5）出口条件

与进口条件类似，出口也属于开放边界，出口的脉动量是随机的。对于流向均匀的脉动场，可以采用进出口周期性条件。由于湍流速度场是随时间变化的，对于流向发展的湍流必须采用非定常的出口条件，一种近似的条件为

$$\frac{\partial Q}{\partial t} + u_{出口}\frac{\partial Q}{\partial x} = 0 \tag{8-13}$$

式中，Q 为任意流动变量。对于湍流运动，式（8-13）是一种近似边界条件。在出口附近的湍流场并不是真实的流动状态。与进口条件类似，应当把数值出口边界条件设置在实际出口下游一定距离处。

另一种计算上更为简单的近似边界条件被称为**强黏性区方法**。该方法涉及从物理出口边界向下游延伸一段距离，例如出口截面长度的 5～8 倍。在物理出口边界到计算出口边界之间的区域被称为强黏性区，在该区域内流动的黏性系数被设定为远大于真实的黏性系数。当流动进入这个高黏度区域后，湍流脉动会迅速衰减，并转变为层流状态。因此，计算出口边界可以给定准确的层流边界条件。如果平均流动是定常的，那么计算出口边界上的层流运动也是定常的，此时可以使用简单的定常层流出口条件。这种方法不仅简化了计算过程，还能有效地确保计算结果的准确性和稳定性，其表达式为

$$\frac{\partial Q}{\partial x} = 0 \tag{8-14}$$

（6）可压缩湍流的附加边界条件

对于可压缩湍流，在进出口和渐近边界上都需要根据特征分析来给出条件。如果忽视特征分析，在这些边界上会产生非物理反射波，从而产生不合理的数值结果。

8.3　大涡数值模拟方法

在湍流中，大尺度旋涡携带的能量远远超过小尺度旋涡，因此流体的输运特性主要受到大尺度旋涡的影响，而小尺度旋涡的影响相对较弱。因此，在模拟计算中，精确计算大尺度旋涡运动，同时简化小尺度旋涡运动的计算是合理的。**大涡模拟（LES）**的基本思想是直接计算大尺度旋涡运动，而仅对小尺度脉动的统计输运行为进行建模。在 LES 中，放弃直接计算小尺度旋涡的脉动特性，使得模拟过程中可以采用更大的空间网格尺度和时间步长，从而显著降低了对计算资源的需求，最终大幅减少了计算量。通过这种方法，LES 能够有效捕捉湍流中的主要特征，同时避免因小尺度运动引起的计算复杂性，为高效的湍流模拟提供

了一种可行的途径。

8.3.1 脉动的过滤

实现 LES 的第一步是把小尺度脉动过滤掉。下面介绍常用的均匀滤波器。

（1）谱空间的低通滤波

在物理空间和谱空间均可以开展过滤运算。谱空间过滤的思想是：对脉动信号做低通滤波，低通滤波的最大波数称为截断波数，记作 k_c，令高波数的脉动等于零。具体做法是：物理空间的湍流脉动在谱空间的投影为 $\hat{f}(k)$，则在谱空间过滤后，$k>k_c$ 的高波数部分等于零，谱空间过滤后的脉动用 $\hat{f}<(k)$ 表示，则

$$\hat{f}<(k)=G_l(k)\hat{f}(k) \tag{8-15}$$

式中，$G_l(k)$ 表示谱空间过滤算子；k 表示波数，通常指的是单位长度内的波长数量，即每米中的波长个数，定义为 $k=2\pi/\lambda$，其中 λ 为波长，这表明波数与波长呈反比关系。

各向同性（在波数空间的各个方向上用相同的滤波器）低通滤波器的数学表达式为

$$G_l(k)=\theta(k_c-|k|) \tag{8-16}$$

式中，$\theta(x)$ 为阶梯函数，当 $x<0$ 时，$\theta(x)=0$；$x>0$ 时，$\theta(x)=1$。截断波数用 $k_c=\pi/l$ 表示，l 是相当的物理空间滤波尺度。一维谱空间的低通滤波器如图 8-5 所示。

（2）物理空间的低通滤波

对于复杂流动，不可能在谱空间开展数值模拟，因此需要在物理空间将湍流脉动进行过滤。物理空间的低通滤波可以用积分方法实现，在 l 尺度上进行的滤波函数记作 $G_l(x)$，则任意湍流脉动的过滤为

$$\tilde{f}(x)=\int G_l(x-y)f(y)\mathrm{d}y \tag{8-17}$$

式中，$\tilde{f}(x)$ 表示 $f(x)$ 过滤后的函数。

图 8-5 一维谱空间低通滤波器

物理空间的滤波器必须满足正则条件，即

$$\int_\Omega G_l(\eta)\,\mathrm{d}\eta=1 \tag{8-18}$$

式中，Ω 是过滤空间体积。正则条件保证过滤体内物理量的守恒性，任意常数在过滤过程仍是常数。

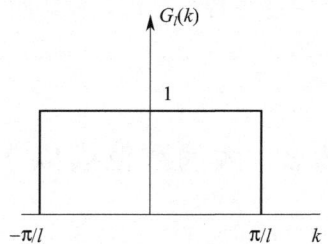

　　在物理空间常用的滤波器有各向同性的盒式滤波器和高斯滤波器。一维盒式滤波器的过滤函数可写为

$$G_l(\eta) = \frac{1}{l}\theta\left(\frac{1}{2} - |\eta|\right) \tag{8-19}$$

式中，l 是滤波器的长度，即尺度小于 l 的脉动被过滤掉。

　　一维盒式滤波器如图 8-6(a) 所示。

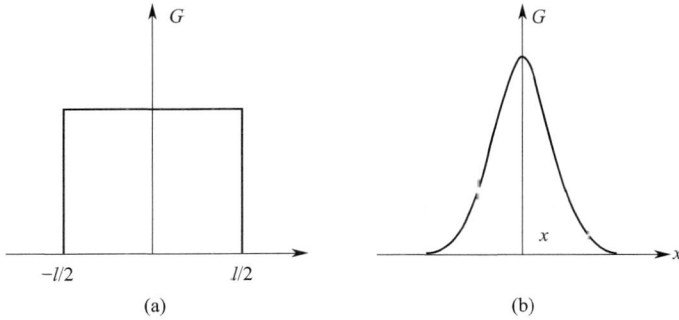

图 8-6　物理空间低通滤波器

（a）盒式滤波器；（b）高斯滤波器

　　将过滤函数 $G_l(x)$ 取作高斯函数，称为高斯滤波器。一维高斯滤波器如图 8-6(b) 所示，其数学表达式为

$$G_l(\eta) = \left(\frac{6}{\pi l^2}\right)^{1/2} \exp\left(-\frac{6\eta^2}{l^2}\right) \tag{8-20}$$

　　上述滤波器的函数形式和过滤尺度在全空间不变，属于物理空间均匀滤波器。均匀三维滤波器可以用乘积方法构成，即

$$G_l(\xi, \eta, \zeta) = G_l(\xi)G_l(\eta)G_l(\zeta) \tag{8-21}$$

三维盒式过滤公式为

$$\begin{aligned}
\widetilde{f}(x, y, z) &= \iiint_\Omega G_l(x-\xi, y-\eta, z-\zeta)f(\xi, \eta, \zeta)\mathrm{d}\xi\mathrm{d}\eta\mathrm{d}\zeta \\
&= \frac{1}{l^3}\iiint_\Omega G_l(x-\xi, y-\eta, z-\zeta)f(\xi, \eta, \zeta)\mathrm{d}\xi\mathrm{d}\eta\mathrm{d}\zeta
\end{aligned} \tag{8-22}$$

（3）湍流速度的低通滤波

　　经过过滤后，湍流速度 u_i 可以分解为低通脉动 $\widetilde{u}_i$ 和剩余脉动 u_i'' 之和，即

$$u_i = \widetilde{u}_i + u_i'' \tag{8-23}$$

　　低通脉动将由 LES 方法解出，因此称为可解尺度脉动；剩余脉动称为不可解尺度脉动或亚格子尺度脉动。

　　值得注意的是，在第 6 章的系综平均过程中（尤其是在准定常和均匀湍流场

的情况下，这实际上就是时间平均过程）存在以下几个重要性质：①系综平均值的再次平均等于系统平均值，这意味着在多次实验或长时间观测中得到的统计平均值与通过单次长时间观测所获得的结果是一致的。②脉动的系综平均等于零，这表明，尽管瞬时速度可能会围绕某个平均值上下波动，但从长远来看，这些波动将相互抵消。③系综平均和空间求导过程的可交换性，这意味着可以先对流动变量进行平均，再进行空间上的微分运算，或者反过来操作，结果将是相同的。

一般情况下，物理空间的过滤运算不存在以上性质，即一般情况下，$\widetilde{(\widetilde{f})} \neq \widetilde{f}$，$\widetilde{(f - \widetilde{f})} \neq 0$，$\widetilde{\partial f / \partial x} \neq \partial \widetilde{f} / \partial x$ 等。最后一个不等式表明，求导和过滤运算不能交换。容易证明，只有均匀过滤过程存在求导和过滤运算的可交换性。

8.3.2 大涡模拟控制方程和亚格子应力

湍流速度场或其他湍流量经过滤后仍然是不规则量，只是这些不规则量中小尺度脉动已经过滤掉了，只剩下大于尺度 Δ 的湍流脉动。假设求导和过滤运算具有可交换性，将不可压缩流动连续性方程和 N-S 方程作空间过滤，可得如下方程组

$$\left.\begin{array}{l} \dfrac{\partial \widetilde{u}_i}{\partial x_i} = 0 \\[3mm] \dfrac{\partial \widetilde{u}_i}{\partial t} + \dfrac{\partial \widetilde{u_i u_j}}{\partial x_j} = -\dfrac{1}{\rho}\dfrac{\partial \widetilde{p}}{\partial x_i} + v\dfrac{\partial^2 \widetilde{u}_i}{\partial x_j \partial x_j} + \widetilde{f}_i \end{array}\right\} \quad (8\text{-}24)$$

令 $\widetilde{u_i u_j} = \widetilde{u}_i \widetilde{u}_j + (\widetilde{u_i u_j} - \widetilde{u}_i \widetilde{u}_j)$，并称 $-(\widetilde{u_i u_j} - \widetilde{u}_i \widetilde{u}_j)$ 为**亚格子应力**，则上述公式可改写为

$$\dfrac{\partial \widetilde{u}_i}{\partial t} + \dfrac{\partial \widetilde{u}_i \widetilde{u}_j}{\partial x_j} = -\dfrac{1}{\rho}\dfrac{\partial \widetilde{p}}{\partial x_i} + v\dfrac{\partial^2 \widetilde{u}_i}{\partial x_j \partial x_j} - \dfrac{\partial (\widetilde{u_i u_j} - \widetilde{u}_i \widetilde{u}_j)}{\partial x_j} + \widetilde{f}_i \quad (8\text{-}25)$$

上述方程和雷诺时均方程有类似的形式，右端含有不封闭项，即

$$\widetilde{\tau}_{ij} = \widetilde{u}_i \widetilde{u}_j - \widetilde{u_i u_j} \quad (8\text{-}26)$$

与雷诺应力相仿，亚格子应力是过滤掉的小尺度脉动和可解尺度湍流间的动量输运。要实现大涡模拟，必须构造亚格子应力的封闭模式。

式（8-26）中，$\widetilde{u}_i \widetilde{u}_j$ 是可解尺度的动量输运；$\widetilde{u_i u_j}$ 是总的动量输运的低通滤波。因此亚格子应力可近似为可解尺度向亚格子尺度的动量输运。亚格子应力可进一步表示为

$$\widetilde{\tau}_{ij} = \widetilde{u}_i \widetilde{u}_j - \widetilde{\widetilde{u}_i \widetilde{u}_j} - \widetilde{\widetilde{u}_i u''_j} - \widetilde{\widetilde{u}_j u''_i} - \widetilde{u''_i u''_j} = L_{ij} + C_{ij} + R_{ij} \quad (8\text{-}27a)$$

式中，L_{ij}、C_{ij} 和 R_{ij} 分别为

$$L_{ij} = \widetilde{\widetilde{u}_i \widetilde{u}_j} - \widetilde{u}_i \widetilde{u}_j \tag{8-27b}$$

$$C_{ij} = -\widetilde{\widetilde{u}_i u''_j} - \widetilde{\widetilde{u}_j u''_i} \tag{8-27c}$$

$$R_{ij} = -\widetilde{u''_i u''_j} \tag{8-27d}$$

式中，L_{ij} 称为 Leonard 应力，$\widetilde{u}_i \widetilde{u}_j$ 是可解尺度的动量输运，它是乘积项，因此含有小尺度脉动，$\widetilde{\widetilde{u}_i \widetilde{u}_j}$ 是 $\widetilde{u}_i \widetilde{u}_j$ 的低通滤波，因此 L_{ij} 是可解尺度动量输运中的小尺度输运部分，它是封闭量，只需要对封闭量 $\widetilde{u}_i \widetilde{u}_j$ 做一次过滤；C_{ij} 称为交叉应力，它由可解尺度脉动和不可解尺度脉动相互作用产生，是可解尺度和亚格子脉动间的动量输运；R_{ij} 称为亚格子雷诺应力，是亚格子脉动之间的动量输运。

8.3.3 常用的亚格子应力模型

（1）Smargorinsky 涡黏模式

假定采用各向同性滤波器过滤掉的小尺度脉动处于局部平衡状态，即从可解尺度到不可解尺度脉动的能量传输等于湍动能耗散，那么可以采用涡黏形式的亚格子应力模式。这种模式通过引入一个涡黏性系数来描述小尺度湍流对大尺度湍流的影响，从而更准确地模拟复杂流动中的湍流行为。该模式的具体表达形式为

$$\widetilde{\tau}_{ij} = \widetilde{u}_i \widetilde{u}_j - \widetilde{u_i u_j} = 2(C_s \Delta)^2 (\widetilde{S}_{ij} \widetilde{S}_{ij})^{1/2} \widetilde{S}_{ij} - \frac{1}{3} \widetilde{\tau}_{kk} \delta_{ij} \tag{8-28}$$

这种简单的亚格子应力模型被称为 Smargorinsky（1963）涡黏模式，它本质上类似于混合长度形式的涡黏模式。亚格子涡黏性系数 $\upsilon_t = (C_s \Delta)^2 (\widetilde{S}_{ij} \widetilde{S}_{ij})^{1/2}$，$C_s \Delta$ 相当于混合长度，C_s 称为 Smargorinsky 常数。

基于高雷诺数各向同性湍流的能谱可确定 Smargorinsky 常数。在给定的过滤尺度位于惯性子区的情况下，从可解尺度到不可解尺度的能量传输率的平均值等于湍动能的耗散率，这意味着能量在不同尺度之间转移时保持平衡，即

$$\varepsilon = <\upsilon_t \widetilde{S}_{ij} \widetilde{S}_{ij}> = (C_s \Delta)^2 <(\widetilde{S}_{ij} \widetilde{S}_{ij})^{3/2}> \tag{8-29}$$

Lilly（1987）利用 $-5/3$ 湍动能谱，并假定 $<(\widetilde{S}_{ij} \widetilde{S}_{ij})^{3/2}> \approx <\widetilde{S}_{ij} \widetilde{S}_{ij}>^{3/2}$，可得 Smargorinsky 常数为

$$C_s \approx \frac{1}{\pi} \left(\frac{2}{3C_K}\right)^{3/4} \tag{8-30}$$

式中，$C_K = 1.4$，为 Kolmogorov 常数。于是 $C_s \approx 0.18$。

Smagorinsky 涡黏模式是一种耗散型模型，最初被应用于模拟大气和海洋中的湍流流动。然而，研究发现这种模式在某些情况下，特别是在近壁区以及层流

到湍流的转捩阶段，耗散过大。在近壁区，湍流脉动趋于零，因此亚格子应力也应该趋于零。但是根据式（8-28）计算得到的壁面亚格子应力却是一个有限值，这与物理实际情况不符。为了解决这个问题，需要采用近壁阻尼公式来修正模型，即用 l_s 取代 $C_s\Delta$：

$$l_s = C_s\Delta\ [1-\exp\ (y^+/A^+)\ ],\ A=26 \tag{8-31}$$

在层流开始转变为湍流的早期阶段，湍动能耗散非常小，但根据式（8-29）计算得出的湍动能耗散与充分发展的湍流耗散几乎相同。因此，Smagorinsky 涡黏模式不适用于计算流动转捩过程。

（2）尺度相似模式和混合模式

Bardina 等（1980）提出，从大尺度脉动到小尺度脉动的动量输运主要由可解尺度脉动中的最小尺度脉动产生，并且过滤后可解尺度脉动的最小尺度脉动速度与被过滤掉的小尺度脉动速度相似，因此通过二次过滤和相似性假设，可以导出亚格子应力的表达式，这种方法被称为尺度相似模式。

将可解尺度速度再做一次过滤，其剩余的脉动是可解尺度中的最小尺度脉动，则有

$$\widetilde{u}_i = \widetilde{\widetilde{u}}_i + \widetilde{u''}_i \tag{8-32}$$

尺度相似假设认为可解尺度中的最小尺度脉动和亚格子脉动相似，即

$$u''_i \propto \widetilde{u''}_i = \widetilde{u}_i - \widetilde{\widetilde{u}}_i \tag{8-33}$$

将式（8-33）代入式（8-27d）中，假设亚格子雷诺应力等于可解尺度中最小脉动间的动量输运，即

$$R_{ij} = -\widetilde{u''_i u''_j} \approx -\widetilde{u''}_i\widetilde{u''}_j = -(\widetilde{u}_i - \widetilde{\widetilde{u}}_i)(\widetilde{u}_j - \widetilde{\widetilde{u}}_j) \tag{8-34}$$

式（8-27c）中近似为

$$C_{ij} = -\widetilde{\widetilde{u}_i u''_j} - \widetilde{\widetilde{u}_j u''_i} \approx -\widetilde{\widetilde{u}}_i\widetilde{u''}_j - \widetilde{\widetilde{u}}_j\widetilde{u''}_i = -\widetilde{\widetilde{u}}_i(\widetilde{u}_j - \widetilde{\widetilde{u}}_j) - \widetilde{\widetilde{u}}_j(\widetilde{u}_i - \widetilde{\widetilde{u}}_i) \tag{8-35}$$

将式（8-34）、式（8-35）和式（8-27b）相加，可得尺度相似模式下的亚格子应力的表达式，即

$$\widetilde{\tau}_{ij} = L_{ij} + C_{ij} + R_{ij} = \widetilde{\widetilde{u}_i\widetilde{u}_j} - \widetilde{\widetilde{u}}_i\widetilde{\widetilde{u}}_j \tag{8-36}$$

可见，式（8-36）是封闭的。将其代入 LES 方程（8-25），即可求解大尺度脉动。基于 DNS 结果进行过滤验证，发现式（8-36）和式（8-26）结果的统计相关性很好，也就是说尺度相似模式能够很好地模拟可解尺度和亚格子模式间的动量输运。

然而，尺度相似模式的湍动能耗散偏小，往往导致计算发散。因此，在实际应用中，通常采用一种混合模式，即将 Smargorinsky 涡黏模式和尺度相似模式

进行叠加，即

$$\widetilde{\tau}_{ij} = \alpha(\widetilde{\widetilde{u}_i\widetilde{u}_j} - \widetilde{\widetilde{u}_i}\widetilde{\widetilde{u}_j}) + 2(C_s\Delta)^2(\widetilde{S}_{ij}\widetilde{S}_{ij})^{1/2}\widetilde{S}_{ij} \tag{8-37}$$

式中，$\alpha = 0.45 \pm 0.15$。这种混合模式结合了两种模式的优点，可以更准确地模拟复杂流动中的湍流行为。也就是说，这种模式既能模拟湍流动量输运，又能模拟湍流能量输运。

【拓展阅读】

吴仲华：叶轮机械三元流动理论奠基人

吴仲华（1917—1992），世界杰出工程热物理学家，叶轮机械三元流动理论奠基人，中国科学院学部委员（院士）。他的一生致力于燃气轮机与工程热物理领域的研究与教育，为中国乃至世界的能源动力事业作出了卓越贡献。

吴仲华（1917—1992）

一、求学与科研经历

吴仲华 1917 年出生于上海一个知识分子家庭，自幼聪明好学。1935 年，他考入清华大学机械系，开始了他的学术生涯。抗日战争期间，他随校南迁昆明，在艰苦的条件下完成了学业，并于 1940 年毕业于西南联大。毕业后，吴仲华留校任教，继续深造。

1944 年，吴仲华考取庚款赴美留学，进入麻省理工学院（MIT）深造。在 MIT，他刻苦钻研，于 1947 年获得博士学位。毕业后，他进入美国国家航空咨询委员会（NASA 的前身）实验室工作，从事航空发动机基础理论研究。在工作期间，吴仲华取得了辉煌的研究成果。他发表了著名的论文《轴流、径流和混流式亚声速与超声速叶轮机械中三元流动的普遍理论》，创立了国际公认的叶轮机械三元流动理论，为燃气轮机设计奠定了理论基础。这一成就使他在国际科技界声名鹊起。

二、回国投身新中国建设

尽管在美国取得了卓越的成就，但吴仲华始终心系祖国。1950 年，他毅然决然地放弃了在美国的优厚待遇，携全家回国，投身到新中国的建设事业中。回国后，他先后在清华大学动力机械系、中国科学院动力研究室等单位工作，致力于燃气轮机与工程热物理领域的研究与教学。在清华大学期间，吴仲华创建了我国第一个燃气轮机专业和教研组，为国家培养了大批专业人才。他亲自授课，传授先进的科学知识和研究方法，深受学生爱戴。同时，他还积极参与国家科技项目的研究工作，为推动我国燃气轮机事业的发展作出了重要贡献。

20 世纪 60 年代初，吴仲华敏锐地意识到工程热物理学科的重要性。他倡议并创立了工程热物理学科，旨在系统研究能量以热的形式转化的规律及其应用。这一学科的创立为我国能源动力领域的研究开辟了新的方向。在中国科学院的支持下，吴仲华于 1980 年组建了工程热物理研究所，并担任所长。在他的领导下，研究所迅速发展成为国际一流的科研团队，承担了多项国家重大科技项目的研究工作。同时，他还积极推动工程热物理学科的学术交流与国际合作，为我国工程热物理学科的发展奠定了坚实基础。

三、科学成果与学术成就

吴仲华最著名的科学成就莫过于叶轮机械三元流动理论的创立。这一理论将复杂的三维流动分解为相互关联的两族流面的二维流动，极大地简化了计算过程，提高了燃气轮机等叶轮机械的性能。该理论被广泛应用于航空发动机、燃气轮机等动力机械的设计中，对推动世界航空工业的发展产生了深远影响。

作为工程热物理学科的主要开拓者之一，吴仲华在该领域作出了诸多贡献。他推动了工程热物理学科的创立与发展，系统研究了能量转化、输运和利用的规律。同时，他还致力于将工程热物理学科的研究成果应用于实际工程中，为解决能源动力领域的实际问题提供了有力支持。吴仲华对燃气轮机技术的发展也作出了重要贡献。他参与了多项燃气轮机重大科技项目的研究工作，推动了我国燃气轮机技术的进步。同时，他还积极倡导燃气轮机在国防和能源利用中的重要作用，为我国燃气轮机事业的发展指明了方向。

四、教育理念与学科贡献

吴仲华在教育方面有着独特的理念。他强调培养"研究型工程师"，即既具备扎实的理论基础，又具备解决实际工程问题能力的人才。在清华大学和中国科学技术大学任教期间，他亲自授课，传授先进的科学知识和研究方法。同时，他还注重培养学生的创新能力和实践能力，鼓励他们积极参与科研项目和实践活动。吴仲华非常注重理论与实践的结合。他认为，科学研究必须紧密联系实际工程需求，才能产生真正有价值的成果。因此，他在教学和科研工作中始终强调理论与实践的结合，鼓励学生将所学知识应用于实际工程中，解决实际问题。

吴仲华是中国工程热物理学科的创立者与主要推动者之一。在他的领导下，中国工程热物理学会和《工程热物理学报》相继成立，为工程热物理学科的学术交流与研究提供了重要平台。吴仲华非常注重科研团队的建设和学术氛围的培育。他积极引进和培养优秀人才，组建了一支高水平的科研团队。同时，他还倡导开放、包容的学术氛围，鼓励科研人员自由探索、勇于创新。吴仲华在能源动力领域战略研究方面也发挥着重要作用。他积极参与国家能源动力领域战略研究和决策工作，提出了许多具有前瞻性和创新性的建议。他倡导基于能的梯级利用的燃气轮机总能系统，为推动我国能源动力领域的发展作出了重要贡献。吴仲华的精神将永远激励着我们不断攀登科学高峰，为祖国建设贡献自己的力量。

思考题

1. CFD 计算精度取决于哪些因素？

2. 对于同一个问题，如何选择计算网格？结构化网格和非结构化网格的优缺点是什么？

3. 为什么要开展网格无关性验证？是否网格无关性验证了，就说明计算结果是可靠的？

4. 在非定常 CFD 计算中，时间步长是如何考虑的？

5. CFD 计算中，偏微分方程的离散格式如何选取？离散格式的精度对计算有何影响？

6. DNS、LES 和 RANS 三种方法的本质区别是什么？

7. CFD 计算中如何选择数值方法，选择 DNS、LES 还是 RANS 方法？

8. 在 LES 和 RANS 方法中，需要建立封闭模型方程，使得计算过程比 DNS 方程更加复杂，但工程中为什么往往选择 LES 或 RANS 方法？

附录 A

场论基础

场论是现代物理学中一个极为重要且广泛应用的领域。它不仅在理论物理中占据核心地位，还在工程、材料科学和许多其他学科中有广泛的应用。场论的核心思想是"场"，即一种分布在空间和时间中的物理实体。一般情况下流体的各种物理量（如温度、压强和速度等）是沿空间变化的，用场论的符号和方法描写这些变化有重要的优点，即形式简洁，与坐标系无关，且每一符号都有明确的物理内涵。

（1）标量场

空间区域 D 的每点 M（x，y，z）都对应一个数量值 φ（x，y，z），就称它们在此空间区域 D 上构成一个标量场，用点 M（x，y，z）的标函数 φ（x，y，z）表示。

例如，温度场 T（x，y，z）、密度场 ρ（x，y，z）都是标量场。

（2）矢量场

空间区域 D 的每点 M（x，y，z）都对应一个矢量值 $\boldsymbol{A}$（x，y，z），就称它们在此空间区域 D 上构成一个矢量场，用点 M（x，y，z）的矢量函数 $\boldsymbol{A}$（x，y，z）表示。其分量的关系为

$$\boldsymbol{A}(x,y,z)=A_1(x,y,z)\boldsymbol{e}_1+A_2(x,y,z)\boldsymbol{e}_2+A_3(x,y,z)\boldsymbol{e}_3 \qquad \text{（A-1）}$$

例如，速度场 $\boldsymbol{u}$（x，y，z）就是矢量场。

（3）方向导数

设有一标量场 φ（x，y，z），它在空间曲线 s 上相邻两点 M 和 M_1 处的值为 $\varphi(M)$ 和 $\varphi(M_1)$。若在点 M 处曲线 s 的切线方向为 $\boldsymbol{l}$，则比值

$$\frac{\varphi(M_1)-\varphi(M)}{MM_1} \qquad \text{（A-2）}$$

的极限叫作标量函数 $\varphi(M)$ 沿方向 l 的导数，并记作

$$\frac{\partial \varphi(M)}{\partial l} = \lim_{M_1 \to M} \frac{\varphi(M_1) - \varphi(M)}{MM_1} \qquad (\text{A-3})$$

式中，MM_1 表示曲线 s 上点 M 与 M_1 之间的弧长 Δs。

利用复合函数求导法可得

$$\lim_{M_1 \to M} \frac{\varphi(M_1) - \varphi(M)}{MM_1} = \frac{\partial \varphi(M)}{\partial x}\frac{\mathrm{d}x}{\mathrm{d}s} + \frac{\partial \varphi(M)}{\partial y}\frac{\mathrm{d}y}{\mathrm{d}s} + \frac{\partial \varphi(M)}{\partial z}\frac{\mathrm{d}z}{\mathrm{d}s} \qquad (\text{A-4})$$

式中，$\dfrac{\mathrm{d}x}{\mathrm{d}s}$、$\dfrac{\mathrm{d}y}{\mathrm{d}s}$ 和 $\dfrac{\mathrm{d}z}{\mathrm{d}s}$ 是曲线 s 在点 M 的切线的方向余弦，分别记为 $\cos(l, x)$、$\cos(l, y)$ 和 $\cos(l, z)$，则由式（A-3）可得

$$\frac{\partial \varphi(M)}{\partial l} = \frac{\partial \varphi(M)}{\partial x}\cos(l, x) + \frac{\partial \varphi(M)}{\partial y}\cos(l, y) + \frac{\partial \varphi(M)}{\partial z}\cos(l, z)$$

$$(\text{A-5})$$

方向导数代表标量函数 φ 沿方向 l 的变化率，其数值可通过式（A-5）由沿互相垂直的三个方向的导数来表达。

（4）梯度

由于过点 M 可引出无数多方向，即有无数多方向导数。想找到那样的方向，使沿该方向的方向导数值最大。

首先来考虑标量场的等位面。这样的曲面由下述条件表述，即在该曲面上所有的点处标量函数 $\varphi(M)$ 都保持同一个常数值 C。给此常数以不同的数值，就得到一簇等位面 $\varphi(M) = C$，且过空间每一个点将引出一个确定的等位面。

现定义一个坐标系，它的一个方向是等位面的法线方向 n，另外两个方向是与等位面相切的两个相互垂直的方向 t_1 和 t_2。由于沿等位面 $\varphi(M)$ 值不变，所以，沿切线方向 t_1 和 t_2 的方向导数应为零，即

$$\frac{\partial \varphi(M)}{\partial t_1} = \frac{\partial \varphi(M)}{\partial t_2} = 0 \qquad (\text{A-6})$$

于是，式（A-5）就变成

$$\frac{\partial \varphi(M)}{\partial l} = \frac{\partial \varphi(M)}{\partial n}\cos(l, n) \qquad (\text{A-7})$$

由此可见，若在方向 n 作出一个矢量，其代数值等于 $\partial \varphi(M)/\partial n$，则由式（A-7）可知，这个矢量在任何方向 l 上的投影就是方向导数 $\partial \varphi(M)/\partial l$。

由此，可定义标量函数 $\varphi(M)$ 的梯度。就是说，一个标量场的梯度是由下述法则作出的一个矢量场，即在每一点，矢量的方向是沿过该点的等位面的法线方向，而它的代数值等于函数 $\varphi(M)$ 沿所述法线的方向导数。标量场的梯度用记号 $\mathrm{grad}\varphi(M)$ 表示，即

$$\mathrm{grad}\varphi(M) = \frac{\partial\varphi(M)}{\partial n}\boldsymbol{n}_0 \tag{A-8}$$

式中，$\boldsymbol{n}_0$ 是等位面的单位法向矢量。可见，该法线方向的选择不会影响 $\mathrm{grad}\varphi$ (M) 的方向。这个矢量总是指向标量 $\varphi(M)$ 增加的法线方向。

根据式（A-8），式（A-7）可写成

$$\frac{\partial\varphi(M)}{\partial l} = \boldsymbol{l}_0 \cdot \mathrm{grad}\varphi(M) \tag{A-9}$$

式中，$\boldsymbol{l}_0$ 是 l 方向的单位矢量。可见，标量 $\varphi(M)$ 沿 l 的方向导数等于梯度在该方向 l 上的投影。

由式（A-9）可以看出，梯度 $\mathrm{grad}\varphi(M)$ 在三个坐标轴上的分量分别等于沿这些坐标轴的方向导数 $\partial\varphi(M)$ $/\partial x$、$\partial\varphi(M)$ $/\partial y$ 和 $\partial\varphi(M)$ $/\partial z$。于是，标量 $\varphi(M)$ 的梯度在直角坐标系中可表示为

$$\mathrm{grad}\varphi(M) = \frac{\partial\varphi(M)}{\partial x}\boldsymbol{e}_1 + \frac{\partial\varphi(M)}{\partial y}\boldsymbol{e}_2 + \frac{\partial\varphi(M)}{\partial z}\boldsymbol{e}_3 \tag{A-10}$$

由式（A-9）还可以看出，只有当方向 l 与梯度方向一致时，方向导数 $\partial\varphi(M)$ $/\partial l$ 才达到最大，即过点 M 的无数多方向中，沿梯度方向的导数最大。因此，梯度反映了标量场沿空间最大的变化率，它是标量场不均匀性的量度。

（5）散度

流体运动时，通过任意控制体的界面不断有流体流入和流出，引起该控制体内流体质量的变化，下面给出量度这一过程的数学关系。

考虑一般的矢量场 $\boldsymbol{A}(M)$。在场内取一曲面 F，在点 M 处其单位法线矢量为 $\boldsymbol{n}_0$，通常矢量 $\boldsymbol{A}$ 与 $\boldsymbol{n}_0$ 的方向是不一致的，矢量 $\boldsymbol{A}$ 在法线 $\boldsymbol{n}_0$ 向的投影可写成

$$A_{n_0} = \boldsymbol{A} \cdot \boldsymbol{n_0} = A_x\cos(\boldsymbol{n}_0,\boldsymbol{x}) + A_y\cos(\boldsymbol{n}_0,\boldsymbol{y}) + A_z\cos(\boldsymbol{n}_0,\boldsymbol{z}) \tag{A-11}$$

定义 $A_{n_0}\mathrm{d}S$ 为矢量 $\boldsymbol{A}$ 通过微元面积 $\mathrm{d}S$ 的通量。沿整个曲面 S 积分，则得矢量 $\boldsymbol{A}$ 通过曲面 S 的通量。由式（A-11）可知，此通量可表示为

$$\int_S A_{n_0}\mathrm{d}F = \int_S [A_x\cos(\boldsymbol{n}_0,\boldsymbol{x}) + A_y\cos(\boldsymbol{n}_0,\boldsymbol{y}) + A_z\cos(\boldsymbol{n}_0,\boldsymbol{z})]\mathrm{d}S \tag{A-12}$$

在场内取一点 M，它在体积 V 内，若 V 之界面为 S。令体积 V 向 M 点无限收缩，则将比值 $\dfrac{\int_S A_{n_0}\mathrm{d}F}{V}$ 之极限（如果存在）定义为矢量 $\boldsymbol{A}$ 的散度，并以 $\mathrm{div}\boldsymbol{A}$ 表示，即

$$\mathrm{div}\boldsymbol{A} = \lim_{V\to 0}\frac{\int_S A_{n_0}\mathrm{d}F}{V} \tag{A-13}$$

可见，矢量的散度表示单位体积上矢量 $\boldsymbol{A}$ 通过微元体界面的通量。

若矢量 $\boldsymbol{A}$ 具体代表密度与速度的乘积 $\rho\boldsymbol{u}$，则通过微元体界面的通量为通过界面的质量流量，即单位时间流出（或流入）界面的质量，亦即微元体所减少（或增加）的质量。于是，散度 $\mathrm{div}(\rho\boldsymbol{u})$ 表示单位时间单位体积内质量的变化，即单位时间密度的变化

$$\mathrm{div}(\rho\boldsymbol{u}) = -\frac{\partial \rho}{\partial t} \tag{A-14}$$

式中，负号表示质量流出时对应微元体内密度下降。

由散度的定义式（A-13）右端项可知，它是一个与坐标系选择无关的数量，也就是说，矢量的散度是一个标量。

现推导散度在直角坐标系中的表达式。若矢量 $\boldsymbol{A}$ 的三个分量 A_x、A_y 和 A_z 的一阶偏导数连续，则由高斯公式可得

$$\int_S A_{n_0} \mathrm{d}F = \int_S [A_x \cos(\boldsymbol{n}_0, x) + A_y \cos(\boldsymbol{n}_0, y) + A_z \cos(\boldsymbol{n}_0, z)] \mathrm{d}S$$
$$= \int_V \left(\frac{\partial A_x}{\partial x} + \frac{\partial A_y}{\partial y} + \frac{\partial A_z}{\partial z}\right) \mathrm{d}V \tag{A-15}$$

由于体积积分的被积函数是连续的，则由中值定理可将式（A-15）写为

$$\int_S A_{n_0} \mathrm{d}F = V\left(\frac{\partial A_x}{\partial x} + \frac{\partial A_y}{\partial y} + \frac{\partial A_z}{\partial z}\right)_Q \tag{A-16}$$

式中，Q 是容积 V 中的某一点，下标 Q 表示函数在该点取值。将此式代入式（A-13）中，则得

$$\mathrm{div}\boldsymbol{A} = \lim_{V \to 0} \frac{\int_S A_{n_0} \mathrm{d}F}{V} = \lim_{V \to 0} \left(\frac{\partial A_x}{\partial x} + \frac{\partial A_y}{\partial y} + \frac{\partial A_z}{\partial z}\right)_Q \tag{A-17}$$

当体积 V 向 M 点无限收缩时，Q 点最后与 M 点重合，故得

$$\mathrm{div}\boldsymbol{A} = \frac{\partial A_x}{\partial x} + \frac{\partial A_y}{\partial y} + \frac{\partial A_z}{\partial z} \tag{A-18}$$

这就是散度在直角坐标系中的表达式。

（6）环量和旋度

给定一矢量场 $\boldsymbol{A}(M)$ 在场内取任意一曲线 s，则曲线积分 $\int_s \boldsymbol{A}(M) \cdot \mathrm{d}\boldsymbol{r}$ 被称为矢量 $\boldsymbol{A}(M)$ 沿曲线 s 的环量。

设 M 是流场内一点，在 M 点附近取无限小封闭曲线 s，取定某一方向为该曲线方向。设张于周线 s 上的曲面为 S，其法线方向 $\boldsymbol{n}$。选取这样的方向为法线的正方向，它在右手坐标系中与曲线 s 的正方向形成右手螺旋系。令封闭曲线 s 和张于其上的曲面 S 都以下述方式向 M 点无限收缩，使曲面面积趋于零，其法

线方向 n 趋于某个预定的方向 l。于是，得到极限 $\lim\limits_{S\to 0}\dfrac{\int_s \boldsymbol{A}(M)\cdot \mathrm{d}\boldsymbol{r}}{S}$。若此极限存在，则将此极限定义为某一矢量在 l 向的分量，该矢量称为矢量 $\boldsymbol{A}$ 的旋度，并记作 rot$\boldsymbol{A}$ 或 curl$\boldsymbol{A}$，即

$$\mathrm{rot}_l\boldsymbol{A}=\lim_{S\to 0}\frac{\int_s \boldsymbol{A}(M)\cdot \mathrm{d}\boldsymbol{r}}{S} \tag{A-19}$$

斯托克斯定理将曲面积分与沿此曲面上的封闭曲线的积分联系了起来。利用这一定理，与导出式（A-18）的方法类似，可以得出旋度在直角坐标系中的表达式为

$$\mathrm{rot}\boldsymbol{A}=(\mathrm{rot}_x\boldsymbol{A})\boldsymbol{e}_1+(\mathrm{rot}_y\boldsymbol{A})\boldsymbol{e}_2+(\mathrm{rot}_z\boldsymbol{A})\boldsymbol{e}_3 \tag{A-20}$$

式中，三个分量分别为

$$\left.\begin{aligned}
\mathrm{rot}_x\boldsymbol{A}&=\frac{\partial A_z}{\partial y}-\frac{\partial A_y}{\partial z}\\
\mathrm{rot}_y\boldsymbol{A}&=\frac{\partial A_x}{\partial z}-\frac{\partial A_z}{\partial x}\\
\mathrm{rot}_z\boldsymbol{A}&=\frac{\partial A_y}{\partial x}-\frac{\partial A_x}{\partial y}
\end{aligned}\right\} \tag{A-21}$$

或写成

$$\mathrm{rot}\boldsymbol{A}=\begin{vmatrix}
\boldsymbol{e}_1 & \boldsymbol{e}_2 & \boldsymbol{e}_3\\
\dfrac{\partial}{\partial x} & \dfrac{\partial}{\partial y} & \dfrac{\partial}{\partial z}\\
A_x & A_y & A_z
\end{vmatrix} \tag{A-22}$$

现研究旋度的物理意义。设有一半径为 R 的圆盘，以角速度 $\boldsymbol{\omega}$ 旋转，若取圆盘的外缘周线为封闭曲线 s，圆盘面积为 S，用速度矢量 $\boldsymbol{u}$ 代替一般矢量 $\boldsymbol{A}$，则式（A-19）中的分子为

$$\int_s \mathrm{u}\cdot \mathrm{d}\boldsymbol{r}=2\pi R^2\boldsymbol{\omega} \tag{A-23}$$

分母为

$$S=\pi R^2 \tag{A-24}$$

由此可得

$$\mathrm{rot}_l\boldsymbol{u}=2\boldsymbol{\omega} \tag{A-25}$$

由于圆盘的旋转轴线与圆盘法线方向重合，所以 $\mathrm{rot}_l\boldsymbol{u}=|\mathrm{rot}\boldsymbol{u}|$，即

$$\mathrm{rot}\boldsymbol{u}=2\boldsymbol{\omega} \tag{A-26}$$

由式（A-21）甚至更容易看出这一结果。若旋转轴线与 z 轴重合，则 z 向

速度 $w=0$，且任何分速沿 z 向的偏导数为零，于是得

$$\text{rot}_x \boldsymbol{u} = \text{rot}_y \boldsymbol{u} = 0 \tag{A-27}$$

若 x 向和 y 向速度分别用 u 和 v 表示，则得

$$\text{rot}_z \boldsymbol{u} = \frac{\partial v}{\partial x} - \frac{\partial u}{\partial y} = \boldsymbol{\omega} - (-\boldsymbol{\omega}) = 2\boldsymbol{\omega} \tag{A-28}$$

可见，速度矢量 $\boldsymbol{u}$ 的旋度 $\text{rot}\boldsymbol{u}$ 是物体转动快慢的量度，在数值上等于当地转动角速度的二倍。以上关系虽是由刚体转动得出的，但它也适于流体运动，在流体中也可相应定义转动角速度，它等于速度矢量旋度的 1/2。

（7）哈密顿算子

现引进矢量分析中一个非常重要的算子，称为哈密顿算子，它的表达式为

$$\nabla = \boldsymbol{e}_1 \frac{\partial}{\partial x} + \boldsymbol{e}_2 \frac{\partial}{\partial y} + \boldsymbol{e}_3 \frac{\partial}{\partial z} \tag{A-29}$$

这是一个具有矢量和微分双重性质的运算符号。一方面它是一个矢量，已建立的任何矢量运算法则对它都适用；另一方面它又是一个微分子算子，可以按微分法则进行运算，但它只对位于算子 ∇ 右边的量发生微分作用。

下面根据上述法则，推演哈密顿算子 ∇ 与标量和矢量的各种作用，例如

$$\nabla\varphi = \left(\boldsymbol{e}_1 \frac{\partial}{\partial x} + \boldsymbol{e}_2 \frac{\partial}{\partial y} + \boldsymbol{e}_3 \frac{\partial}{\partial z}\right)\varphi = \boldsymbol{e}_1 \frac{\partial\varphi}{\partial x} + \boldsymbol{e}_2 \frac{\partial\varphi}{\partial y} + \boldsymbol{e}_3 \frac{\partial\varphi}{\partial z} \tag{A-30}$$

由式（A-10）可见

$$\nabla\varphi = \text{grad}\varphi \tag{A-31}$$

即哈密顿算子与标量的作用等于该标量的梯度。

例如，

$$\nabla \cdot \boldsymbol{A} = \left(\boldsymbol{e}_1 \frac{\partial}{\partial x} + \boldsymbol{e}_2 \frac{\partial}{\partial y} + \boldsymbol{e}_3 \frac{\partial}{\partial z}\right) \cdot (A_x\boldsymbol{e}_1 + A_y\boldsymbol{e}_2 + A_z\boldsymbol{e}_3)$$

$$= \frac{\partial A_x}{\partial x} + \frac{\partial A_y}{\partial y} + \frac{\partial A_z}{\partial z} \tag{A-32}$$

由式（A-18）可见

$$\nabla \cdot \boldsymbol{A} = \text{div}\boldsymbol{A} \tag{A-33}$$

即哈密顿算子与矢量的内积等于该矢量的散度。

例如，

$$\nabla \times \boldsymbol{A} = \left(\boldsymbol{e}_1 \frac{\partial}{\partial x} + \boldsymbol{e}_2 \frac{\partial}{\partial y} + \boldsymbol{e}_3 \frac{\partial}{\partial z}\right) \times (A_x\boldsymbol{e}_1 + A_y\boldsymbol{e}_2 + A_z\boldsymbol{e}_3)$$

$$= \begin{vmatrix} \boldsymbol{e}_1 & \boldsymbol{e}_2 & \boldsymbol{e}_3 \\ \dfrac{\partial}{\partial x} & \dfrac{\partial}{\partial y} & \dfrac{\partial}{\partial z} \\ A_x & A_y & A_z \end{vmatrix} \tag{A-34}$$

由式（A-22）可见

$$\nabla \times \boldsymbol{A} = \text{rot}\boldsymbol{A} \tag{A-35}$$

即哈密顿算子与矢量的矢量积等于该矢量的旋度。

以上例子说明，引入哈密顿算子后，表达简洁，运算方便。

（8）梯度、散度和旋度混合运算

用哈密顿算子后容易得出下述梯度、散度和旋度混合运算的公式。

$$\text{div rot}\boldsymbol{A} = \nabla \cdot (\nabla \times \boldsymbol{A}) = 0 \tag{A-36}$$

$$\text{rot grad}\varphi = \nabla \times (\nabla\varphi) = 0 \tag{A-37}$$

$$\text{div grad}\varphi = \nabla \cdot (\nabla\varphi) = \frac{\partial^2 \varphi}{\partial x^2} + \frac{\partial^2 \varphi}{\partial y^2} + \frac{\partial^2 \varphi}{\partial z^2} = \Delta\varphi \tag{A-38}$$

式中

$$\Delta = \nabla \cdot \nabla = \nabla^2 = \frac{\partial^2}{\partial x^2} + \frac{\partial^2}{\partial y^2} + \frac{\partial^2}{\partial z^2} \tag{A-39}$$

称为拉普拉斯算子。

$$\text{grad div}\boldsymbol{A} = \nabla(\nabla \cdot A) \tag{A-40}$$

$$\text{div grad}(\varphi\psi) = \varphi\Delta\psi + \psi\Delta\varphi + 2\,\nabla\varphi \cdot \nabla\psi \tag{A-41}$$

$$\text{grad div}\boldsymbol{A} - \text{rot rot}\boldsymbol{A} = \Delta\boldsymbol{A} \tag{A-42}$$

附录 B

笛卡尔张量及其基本运算

在流体力学中广泛采用张量，不仅是因为采用张量表示法书写十分简练、运算方便，特别是当表达基本规律的基本方程中同时出现张量和矢量时，张量表示法就更突显其优势，更重要的是，流体力学中出现的一些重要物理量，如应力、应变等，本身就是张量。因此，掌握张量的基本性质，便于研究流体力学。

在笛卡尔直角坐标系中定义的张量称为笛卡尔张量，而在任意曲线坐标系中定义的张量称为普遍张量。该附录只限于介绍笛卡尔张量的定义、性质及其运算。

（1）张量表示法

由于张量通常包含多个分量，如果在公式中逐一写出这些分量会显得非常繁杂，因此规定了以下张量表示法：

① 将坐标改写为 x_1、x_2、x_3。

② A_i 表示一个矢量，i 是自由指标，可取 1、2、3。例如，$\mathrm{grad}\varphi$ 的张量表示为 $\dfrac{\partial \varphi}{\partial x_i}$。

③ 求和约定。为便于书写，约定在同一项中如有两个自由指标相同时，就表示要对这个指标从 1 到 3 求和，例如

$$A_i B_i = A_1 B_1 + A_2 B_2 + A_3 B_3 \tag{B-1}$$

$$\frac{\partial A_i}{\partial x_i} = \frac{\partial A_1}{\partial x_1} + \frac{\partial A_2}{\partial x_2} + \frac{\partial A_3}{\partial x_3} = \mathrm{div}\boldsymbol{A} \tag{B-2}$$

$$(\boldsymbol{A} \cdot \nabla)\boldsymbol{B} = A_j \frac{\partial B_i}{\partial x_j} = A_1 \frac{\partial B_i}{\partial x_1} + A_2 \frac{\partial B_i}{\partial x_2} + A_3 \frac{\partial B_i}{\partial x_3} \tag{B-3}$$

$$\Delta \boldsymbol{A} = \nabla^2 \boldsymbol{A} = \frac{\partial}{\partial x_i}\left(\frac{\partial A_j}{\partial x_i}\right) = \frac{\partial^2 A_j}{\partial x_i \partial x_i} = \frac{\partial^2 A_j}{\partial x_1 \partial x_1} + \frac{\partial^2 A_j}{\partial x_2 \partial x_2} + \frac{\partial^2 A_j}{\partial x_3 \partial x_3} \tag{B-4}$$

④ 符号 δ_{ij} 定义为

$$\delta_{ij} = \begin{cases} 0 & i \neq j \\ 1 & i = j \end{cases} \tag{B-5}$$

例如，若 e_i 是正交坐标轴 q_i 的单位矢量，则有

$$e_i \cdot e_j = \delta_{ij} \tag{B-6}$$

式中，δ_{ij} 被称为克罗内克（Kronecker）符号。

⑤ 置换符号 ε_{ijk} 定义为

$$\varepsilon_{ijk} = \begin{cases} 0 & i、j、k \text{ 中有两个以上指示相同} \\ 1 & i、j、k \text{ 为偶排列（如 } \varepsilon_{123}、\varepsilon_{231}、\varepsilon_{312} \text{ 等）} \\ -1 & i、j、k \text{ 为奇排列（如 } \varepsilon_{213}、\varepsilon_{321}、\varepsilon_{132} \text{ 等）} \end{cases} \tag{B-7}$$

例如

$$\boldsymbol{A} \times \boldsymbol{B} = \varepsilon_{ijk} A_j B_k \tag{B-8}$$

$$\text{rot} \boldsymbol{A} = \varepsilon_{ijk} \frac{\partial A_k}{\partial x_j} \tag{B-9}$$

又如行列式

$$\Delta = \begin{vmatrix} a_{11} & a_{12} & a_{13} \\ a_{21} & a_{22} & a_{23} \\ a_{31} & a_{32} & a_{33} \end{vmatrix} = \varepsilon_{ijk} a_{i1} a_{j2} a_{k3} \tag{B-10}$$

（2）张量的定义

设 e_1、e_2、e_3 和 e'_1、e'_2、e'_3 分别是旧的和新的直角坐标系中的单位矢量，则新旧单位矢量之间存在下列关系

$$\left. \begin{array}{l} e'_1 = a_{11} e_1 + a_{12} e_2 + a_{13} e_3 \\ e'_2 = a_{21} e_1 + a_{22} e_2 + a_{23} e_3 \\ e'_3 = a_{31} e_1 + a_{32} e_2 + a_{33} e_3 \end{array} \right\} \tag{B-11}$$

式中，$a_{ij} = e_i \cdot e_j (i, j = 1, 2, 3)$ 是二坐标系中不同坐标轴夹角的余弦。采用张量表示法则式（B-11）可简写为

$$e'_i = a_{ij} e_j , \quad e_i = a_{ji} e'_j \tag{B-12}$$

现考虑矢量 $\boldsymbol{A}$。A_1、A_2、A_3 和 A'_1、A'_2、A'_3 分别是它在旧坐标轴上和新坐标轴上的投影。显然，它们之间应有如下关系

$$\left. \begin{array}{l} A'_1 = \boldsymbol{A} \cdot e'_1 = a_{11} A_1 + a_{12} A_2 + a_{13} A_3 \\ A'_2 = \boldsymbol{A} \cdot e'_2 = a_{21} A_1 + a_{22} A_2 + a_{23} A_3 \\ A'_3 = \boldsymbol{A} \cdot e'_3 = a_{31} A_1 + a_{32} A_2 + a_{33} A_3 \end{array} \right\} \tag{B-13}$$

或简写为

$$A'_i = a_{ij} A_j \ , \ A_i = a_{ji} A'_j \tag{B-14}$$

这是在坐标旋转时矢量的分量所应遵守的规则。

现有另一矢量 $\boldsymbol{B}$，在坐标旋转时其分量也应遵守类似关系

$$B'_i = a_{ij} B_j \tag{B-15}$$

或记为

$$B'_j = a_{jl} B_l \ , \ B_j = a_{lj} B'_l \tag{B-16}$$

现考虑某一量，其分量等于矢量 $\boldsymbol{A}$ 与 $\boldsymbol{B}$ 的分量分别相乘，共 9 个，即

$$C_{ij} = A_i B_j \tag{B-17}$$

若在坐标旋转时该量的分量 C_{ij} 的变化满足 A_i 和 B_j 所应遵守的规则，即

$$C_{ij} = A_i B_j = a_{ki} A'_k a_{lj} B'_l = a_{ki} a_{lj} C'_{kl} \tag{B-18}$$

则称 $[\boldsymbol{C}]$ 为二阶张量，并常用其分量的符号 C_{ij} 表示。

由此，可将一般 n 阶张量定义如下：设在每一个坐标系内给出 3^n 个数 $A_{pqr\cdots st}$，当坐标旋转时这些数按以下公式进行转换，即

$$A'_{\underbrace{ijk\cdots lm}_{n\text{个指标}}} = a_{pi} a_{qj} a_{rk} \cdots a_{ls} a_{mt} A_{\underbrace{pqr\cdots st}_{n\text{个指标}}} \tag{B-19}$$

则此 3^n 个数定义一个 n 阶张量。

（3）几个特殊张量

① 对称张量。

设 $[\boldsymbol{C}]$ 是一个对称张量，若其分量之间满足

$$C_{ij} = C_{ji} \tag{B-20}$$

则称此张量为对称张量，表示为

$$[\boldsymbol{C}] = \begin{bmatrix} C_{11} & C_{12} & C_{13} \\ C_{21} & C_{22} & C_{23} \\ C_{31} & C_{32} & C_{33} \end{bmatrix} = \begin{bmatrix} C_{11} & C_{21} & C_{31} \\ C_{12} & C_{22} & C_{32} \\ C_{13} & C_{23} & C_{33} \end{bmatrix} \tag{B-21}$$

式（B-10）表明，凡置换张量的任一对角标，其分量值不变的张量称为对称张量。张量的对称性质与坐标系的选择无关。对于上述二阶对称张量，有 9 个分量，其中有 6 个独立的分量在力学和物理学中常用到的张量主要是对称张量。

② 反对称张量。

设 $[\boldsymbol{D}]$ 是一个二阶张量，若其分量之间满足

$$D_{ij} = -D_{ji} \tag{B-22}$$

即 $D_{21} = -D_{12}$、$D_{32} = -D_{23}$、$D_{13} = -D_{31}$，而 D_{11}、D_{22} 和 D_{33} 必须均为零，则称此张量为反对称张量，可表示为

$$[\boldsymbol{D}] = \begin{bmatrix} D_{11} & D_{12} & D_{13} \\ D_{21} & D_{22} & D_{23} \\ D_{31} & D_{32} & D_{33} \end{bmatrix} = \begin{bmatrix} 0 & D_{12} & D_{13} \\ -D_{12} & 0 & D_{23} \\ -D_{13} & -D_{23} & 0 \end{bmatrix} = \begin{bmatrix} 0 & -\omega_3 & \omega_2 \\ \omega_3 & 0 & -\omega_1 \\ -\omega_2 & \omega_1 & 0 \end{bmatrix}$$

(B-23)

其中，$\omega_1 = D_{32}$、$\omega_2 = D_{13}$、$\omega_3 = D_{21}$。于是

$$D_{ij} = -\varepsilon_{ijk}\omega_k \tag{B-24}$$

张量的反对称性质与坐标系的选择无关，反对称张量的作用实际上相当于一矢量。

③ 二阶单位张量 $[\boldsymbol{I}]$ 和置换张量 $[\varepsilon_{ijk}]$。

将克罗内克符号 δ_{ij} 写成矩阵形式

$$[\boldsymbol{I}] = [\delta_{ij}] = \begin{bmatrix} \delta_{11} & \delta_{12} & \delta_{13} \\ \delta_{21} & \delta_{22} & \delta_{23} \\ \delta_{31} & \delta_{32} & \delta_{33} \end{bmatrix} = \begin{bmatrix} 1 & 0 & 0 \\ 0 & 1 & 0 \\ 0 & 0 & 1 \end{bmatrix} \tag{B-25}$$

其各分量的数值为两个单位矢量 $\boldsymbol{e}_i$ 和 $\boldsymbol{e}_j$ 的点积，即式（B-6）所示。

由定义可知，$[\delta_{ij}]$ 是各向同性张量，也就是说当坐标系转换后，张量的分量不变，即 $\delta'_{ij} = \delta_{ij}$。$[\delta_{ij}]$ 是唯一的二阶各向同性张量（不存在一阶各向同性张量）。而唯一的三阶各向同性张量为置换张量 $[\varepsilon_{ijk}]$，它是一个反对称单位张量，其各分量的数值是式（B-7），是 3 个正交单位矢量 $\boldsymbol{e}_i$、$\boldsymbol{e}_j$、$\boldsymbol{e}_k$ 的标量三重积，即

$$\varepsilon_{ijk} = \boldsymbol{e}_i \cdot (\boldsymbol{e}_j \times \boldsymbol{e}_k) \tag{B-26}$$

δ_{ij}、ε_{ijk} 是很有用的张量符号，它们经常在张量表示法中出现，两者间存在 $\varepsilon-\delta$ 恒等关系式，即

$$\varepsilon_{ijk}\varepsilon_{mnk} = \delta_{im}\delta_{jn} - \delta_{in}\delta_{jm} \tag{B-27}$$

（4）并矢

并矢又称为两矢量的外积。在直角坐标系中，若 $\boldsymbol{A} = A_i\boldsymbol{e}_i$、$\boldsymbol{B} = B_j\boldsymbol{e}_j$ 为两个矢量（一阶张量），定义两个矢量的并矢为

$$\boldsymbol{A}\boldsymbol{B} = A_iB_j\boldsymbol{e}_i\boldsymbol{e}_j \tag{B-28}$$

对 i、j 求和展开，可得 9 项，对应的矩阵运算为

$$\boldsymbol{A}\boldsymbol{B} = \begin{bmatrix} \boldsymbol{e}_1 & \boldsymbol{e}_2 & \boldsymbol{e}_3 \end{bmatrix} \begin{bmatrix} A_1B_1 & A_1B_2 & A_1B_3 \\ A_2B_1 & A_2B_2 & A_2B_3 \\ A_3B_1 & A_3B_2 & A_3B_3 \end{bmatrix} \begin{bmatrix} \boldsymbol{e}_1 \\ \boldsymbol{e}_2 \\ \boldsymbol{e}_3 \end{bmatrix} \tag{B-29}$$

令 $A_iB_j = C_{ij}$，可构成一新的张量，$\boldsymbol{C} = \boldsymbol{A}\boldsymbol{B} = C_{ij}\boldsymbol{e}_i\boldsymbol{e}_j$。可见，两个矢量并矢所得新张量的阶次是两矢量的阶次之和。

因此，任一个二阶张量 $[\boldsymbol{C}]$ 均可用下式表示，便于运算，即

$$[\boldsymbol{C}]=C_{ij}\boldsymbol{e}_i\boldsymbol{e}_j=\boldsymbol{e}_iC_{ij}\boldsymbol{e}_j \tag{B-30}$$

二阶单位张量可用两个单位矢量 $\boldsymbol{e}_i$ 和 $\boldsymbol{e}_j$ 的并矢来表示，即

$$[\boldsymbol{I}]=[\delta_{ij}]=\boldsymbol{e}_i\boldsymbol{e}_j \tag{B-31}$$

（5）张量的代数运算

① 张量分解。

非对称的二阶张量总可以分解为一个对称张量和一个反对称张量，其分量运算为

$$E_{ij}=\frac{1}{2}(E_{ij}+E_{ji})+\frac{1}{2}(E_{ij}-E_{ji}) \tag{B-32}$$

因为 $E_{ij}\neq E_{ji}$ ，令

$$F_{ij}=\frac{1}{2}(E_{ij}+E_{ji})\ ,\ G_{ij}=\frac{1}{2}(E_{ij}-E_{ji}) \tag{B-33}$$

则有

$$E_{ij}=F_{ij}+G_{ij}\ 或\ [\boldsymbol{E}]=[\boldsymbol{F}]+[\boldsymbol{G}] \tag{B-34}$$

式中，$[\boldsymbol{F}]$ 为对称张量；$[\boldsymbol{G}]$ 为反对称张量。

② 张量相等。

两张量相等则各分量一一对应相等，即

$$P_{ij}=Q_{ij} \tag{B-35}$$

若两个张量在某一笛卡尔坐标系中相等，则它们在任一笛卡尔坐标系中也相等，即

$$P'_{mn}=c_{im}c_{jn}P_{ij}\ ,\ Q'_{mn}=c_{im}c_{jn}Q_{ij} \tag{B-36}$$

如果 $P_{ij}=Q_{ij}$ ，则 $P'_{mn}=Q'_{mn}$ 。

③ 张量相加减。

张量必须同阶才能加减。张量的加减为其同一坐标系中对应分量相加减，且两张量加减后阶数不变，这与矩阵的加减法对应。如两个二阶张量 $[\boldsymbol{P}]$ 和 $[\boldsymbol{Q}]$ 相加，其运算为

$$P_{ij}\pm Q_{ij}=E_{ij}\ 或\ [\boldsymbol{P}]\pm[\boldsymbol{Q}]=[\boldsymbol{E}] \tag{B-37}$$

④ 张量数乘。

张量数乘（或标量乘）等于以该数（或标量）乘以张量的所有分量，也与数量乘以矩阵对应。如二阶张量 $[\boldsymbol{P}]$ 乘以数 λ ，即 $[\boldsymbol{E}]=\lambda[\boldsymbol{P}]$ ，则有

$$E_{ij}=\lambda P_{ij} \tag{B-38}$$

⑤ 张量的点积和双点积。

点积又称为两矢量的内积。定义点积"·"为并矢中相邻（最靠近）单位矢量的点积，得到一个新的张量。

矢量 $\boldsymbol{A}=A_i\boldsymbol{e}_i$ 与二阶张量 $[\boldsymbol{E}]=E_{jk}\boldsymbol{e}_j\boldsymbol{e}_k$ 与点积运算，考虑左向点积，即

$$
\begin{aligned}
\boldsymbol{A} \cdot [\boldsymbol{E}] &= (A_i \boldsymbol{e}_i) \cdot (E_{jk} \boldsymbol{e}_j \boldsymbol{e}_k) \\
&= A_i E_{jk} (\boldsymbol{e}_i \cdot \boldsymbol{e}_j) \boldsymbol{e}_k = A_i E_{jk} \delta_{ij} \boldsymbol{e}_k \\
&= A_i E_{ik} \boldsymbol{e}_k
\end{aligned}
\tag{B-39}
$$

若令 $B_k = A_i E_{ik}$,则有

$$
[B_1 \ B_2 \ B_3] = [A_1 A_2 A_3]
\begin{bmatrix}
E_{11} & E_{12} & E_{13} \\
E_{21} & E_{22} & E_{23} \\
E_{31} & E_{32} & E_{33}
\end{bmatrix}
\tag{B-40}
$$

于是

$$
\boldsymbol{A} \cdot [\boldsymbol{E}] = [A_1 A_2 A_3]
\begin{bmatrix}
E_{11} & E_{12} & E_{13} \\
E_{21} & E_{22} & E_{23} \\
E_{31} & E_{32} & E_{33}
\end{bmatrix}
\begin{bmatrix}
\boldsymbol{e}_1 \\
\boldsymbol{e}_2 \\
\boldsymbol{e}_3
\end{bmatrix}
\tag{B-41}
$$

同样，也可用矩阵运算表示矢量的右向点积 $[\boldsymbol{E}] \cdot \boldsymbol{A}$ ，即

$$
[\boldsymbol{E}] \cdot \boldsymbol{A} = A_i E_{ki} \boldsymbol{e}_k
\tag{B-42}
$$

一般 $[\boldsymbol{E}] \cdot \boldsymbol{A} \neq \boldsymbol{A} \cdot [\boldsymbol{E}]$ ，只有 $[\boldsymbol{E}]$ 是二阶对称张量时，才有 $[\boldsymbol{E}] \cdot \boldsymbol{A} = \boldsymbol{A} \cdot [\boldsymbol{E}]$ 。

反对称张量和矢量的右向点积等于两矢量的叉乘积(矢积)，即

$$
\begin{aligned}
[\boldsymbol{D}] \cdot \boldsymbol{A} &= (\boldsymbol{e}_i D_{ij} \boldsymbol{e}_j) \cdot (A_k \boldsymbol{e}_k) = \boldsymbol{e}_i D_{ij} A_k \delta_{jk} = \boldsymbol{e}_i D_{ij} A_j \\
&= [\boldsymbol{e}_1 \boldsymbol{e}_2 \boldsymbol{e}_3]
\begin{bmatrix}
0 & -\omega_3 & \omega_2 \\
\omega_3 & 0 & -\omega_1 \\
-\omega_2 & \omega_1 & 0
\end{bmatrix}
\begin{bmatrix}
A_1 \\
A_2 \\
A_3
\end{bmatrix} \\
&=
\begin{vmatrix}
\boldsymbol{e}_1 & \boldsymbol{e}_2 & \boldsymbol{e}_3 \\
\omega_1 & \omega_2 & \omega_3 \\
A_1 & A_2 & A_3
\end{vmatrix}
= \varepsilon_{ijk} \boldsymbol{e}_i \omega_j a_k = \boldsymbol{\omega} \times \boldsymbol{A}
\end{aligned}
\tag{B-43}
$$

需指出的是，二阶张量的外积没有对应的矩阵运算。

两个二阶张量的点积运算为

$$
\begin{aligned}
[\boldsymbol{P}] \cdot [\boldsymbol{Q}] &= (\boldsymbol{e}_i P_{ij} \boldsymbol{e}_j) \cdot (\boldsymbol{e}_m Q_{mn} \boldsymbol{e}_n) \\
&= P_{ij} Q_{mn} \delta_{jm} \boldsymbol{e}_i \boldsymbol{e}_n = P_{ij} Q_{jn} \boldsymbol{e}_i \boldsymbol{e}_n \\
&= C_{in} \boldsymbol{e}_i \boldsymbol{e}_n = [C_{in}]
\end{aligned}
\tag{B-44}
$$

式中， $C_{in} = P_{ij} Q_{jn}$ 。

两个二阶张量的双点积运算有两种形式，其运算分别为

· 串联式

$$
\begin{aligned}
[\boldsymbol{P}] \cdot \cdot [\boldsymbol{Q}] &= (\boldsymbol{e}_i P_{ij} \boldsymbol{e}_j) \cdot \cdot (\boldsymbol{e}_m Q_{mn} \boldsymbol{e}_n) \\
&= P_{ij} Q_{mn} (\boldsymbol{e}_j \cdot \boldsymbol{e}_m)(\boldsymbol{e}_i \cdot \boldsymbol{e}_n) = P_{ij} Q_{mn} \delta_{jm} \delta_{in} = P_{ij} Q_{ji}
\end{aligned}
\tag{B-45}
$$

· 并联式

$$[\boldsymbol{P}]\!:\![\boldsymbol{Q}]=(\boldsymbol{e}_i P_{ij}\boldsymbol{e}_j)\!:\!(\boldsymbol{e}_m Q_{mn}\boldsymbol{e}_n)$$
$$=P_{ij}Q_{mn}(\boldsymbol{e}_i\cdot\boldsymbol{e}_m)(\boldsymbol{e}_j\cdot\boldsymbol{e}_n)=P_{ij}Q_{mn}\delta_{im}\delta_{jn}=P_{ij}Q_{ij} \tag{B-46}$$

并联式双点积常会用到，$P_{ij}Q_{ij}$ 中有两个角标相同，为零阶张量，是一个标量，表示两个二阶张量的对应分量相乘。

⑥ 二阶张量的主轴方向和三值。

作张量 $[p_{ij}]$ 和空间任意非零矢量 $\boldsymbol{A}$ 的右向点积

$$[p_{ij}]\cdot\boldsymbol{A}=\boldsymbol{B} \tag{B-47}$$

则得空间中另一矢量 $\boldsymbol{B}$，若矢量 $\boldsymbol{B}$ 与矢量 $\boldsymbol{A}$ 共线，即

$$\boldsymbol{B}=\lambda\boldsymbol{A} \tag{B-48}$$

则称矢量 $\boldsymbol{A}$ 的方向为张量 $[p_{ij}]$ 的主轴方向，λ 称为张量的主值。现求张量的主值和主轴方向，由式(B-47)和式(B-48)可得

$$[p_{ij}]\cdot\boldsymbol{A}=\lambda\boldsymbol{A} \tag{B-49}$$

即

$$\left.\begin{array}{l}p_{11}A_1+p_{12}A_2+p_{13}A_3=\lambda A_1\\p_{21}A_1+p_{22}A_2+p_{23}A_3=\lambda A_2\\p_{31}A_1+p_{32}A_2+p_{33}A_3=\lambda A_3\end{array}\right\} \tag{B-50}$$

这就是确定 A_1、A_2 和 A_3 的线性齐次代数方程，要使该方程有不全为零的解，下列行列式必须为零，即

$$\begin{vmatrix}p_{11}-\lambda & p_{12} & p_{13}\\p_{21} & p_{22}-\lambda & p_{23}\\p_{31} & p_{32} & p_{33}-\lambda\end{vmatrix}=0 \tag{B-51}$$

上述行列式对 λ 展开可得

$$\lambda^3-\lambda^2(p_{11}+p_{22}+p_{33})+\lambda\left(\begin{vmatrix}p_{11} & p_{31}\\p_{13} & p_{33}\end{vmatrix}+\begin{vmatrix}p_{11} & p_{21}\\p_{12} & p_{22}\end{vmatrix}+\begin{vmatrix}p_{22} & p_{32}\\p_{23} & p_{33}\end{vmatrix}\right)$$
$$-\begin{vmatrix}p_{11} & p_{12} & p_{13}\\p_{21} & p_{22} & p_{23}\\p_{31} & p_{32} & p_{33}\end{vmatrix}=0 \tag{B-52}$$

这就是确定 λ 的三次代数方程(它有 3 个根，可以是 3 个实根，也可以是 1 个实根，2 个共轭复根)。求出主值 λ 后，代入式(B-50)即可求出 $\boldsymbol{A}$，由此可得对应于 λ 的主轴方向。

从确定 λ 的三次方程(B-52)，可推出根与系数之间存在下列关系，即

$$
\left.
\begin{aligned}
I_1 &= p_{11} + p_{22} + p_{33} = \lambda_1 + \lambda_2 + \lambda_3 \\
I_2 &= \begin{vmatrix} p_{11} & p_{31} \\ p_{13} & p_{33} \end{vmatrix} + \begin{vmatrix} p_{11} & p_{21} \\ p_{12} & p_{22} \end{vmatrix} + \begin{vmatrix} p_{22} & p_{32} \\ p_{23} & p_{33} \end{vmatrix} = \lambda_1\lambda_2 + \lambda_1\lambda_3 + \lambda_2\lambda_3 \\
I_3 &= \begin{vmatrix} p_{11} & p_{12} & p_{13} \\ p_{21} & p_{22} & p_{23} \\ p_{31} & p_{32} & p_{33} \end{vmatrix} = \lambda_1\lambda_2\lambda_3
\end{aligned}
\right\}
$$

(B-53)

由于 λ 是标量，即不变量，可推出张量分量的组合量 I_1、I_2 和 I_3 也是不变量，即是不随坐标轴的转换而改变数值的量，称为二阶张量 $[p_{ij}]$ 的第一、第二、第三不变量。

二阶对称张量的 3 个主值 λ 都是实数，而且一定存在 3 个互相垂直的主轴。二阶对称张量在主轴坐标系中具有最简单的标准形式，即

$$
[\boldsymbol{S}] = \begin{bmatrix} \lambda_1 & 0 & 0 \\ 0 & \lambda_2 & 0 \\ 0 & 0 & \lambda_3 \end{bmatrix}
$$

(B-54)

参考文献

[1] 王松岭 . 高等工程流体力学 . 北京：中国电力出版社，2011.
[2] 周云龙，郭婷婷 . 高等工程流体力学 . 北京：中国电力出版社，2008.
[3] 张鸣远，景思睿，李国君 . 高等工程流体力学 . 北京：高等教育出版社，2012.
[4] 王献孚，熊鳌魁 . 高等流体力学 . 武汉：华中科技大学出版社，2003.
[5] 刘全忠，李小斌 . 高等流体力学 . 哈尔滨：哈尔滨工业大学出版社，2017.
[6] 朱克勤，彭杰 . 高等流体力学 . 北京：科学出版社，2017.
[7] 郑群，高杰，姜玉廷，等 . 高等流体力学 . 北京：科学出版社，2021.
[8] 周光坰，严宗毅，许世雄，等 . 高等流体力学 . 北京：高等教育出版社，2011.
[9] 董志勇 . 高等流体力学 . 北京：科学出版社，2020.
[10] 高学平 . 高等流体力学 . 天津：天津大学出版社，2008.
[11] 吴克启，舒朝辉 . 高等流体力学 . 北京：中国电力出版社，2009.
[12] 刘应中，缪国平 . 高等流体力学 2版 . 上海：上海交通大学出版社，2000.
[13] 林建忠，阮晓东，陈邦国，等 . 北京：清华大学出版社，2005.
[14] 陈卓如，王洪杰，刘全忠，等 . 工程流体力学 . 3版 . 北京：高等教育出版社，2013.
[15] 周云龙，洪文鹏 . 工程流体力学 4版 . 北京：中国电力出版社，2024.
[16] 钱翼稷 . 空气动力学 . 北京：北京航空航天大学出版社，2004.
[17] 闫再友，陆志良，王江峰 . 空气动力学 . 北京：科学出版社，2018.
[18] 李万平 . 计算流体力学 . 武汉：华中科技大学出版社，2004.
[19] 吴德铭，郜冶 . 实用计算流体力学基础 . 哈尔滨：哈尔滨工业大学出版社，2006.
[20] 蔡伟华，李小斌，张红娜，等 . 黏弹性流体动力学 . 北京：科学出版社，2016.
[21] 刘道银，王利民 . 计算流体力学基础与应用 . 南京：东南大学出版社，2021.
[22] 张兆顺，崔桂香，许春晓，等 . 湍流理论与模拟 . 2版 . 北京：清华大学出版社，2017.
[23] 陈懋章 . 粘性流体动力学基础 . 北京：高等教育出版社，2002.
[24] 谢树艺 . 矢量分析与场论 . 3版 . 北京：高等教育出版社，2004.